JN262801

分子からみた生物進化

DNAが明かす生物の歴史

宮田 隆　著

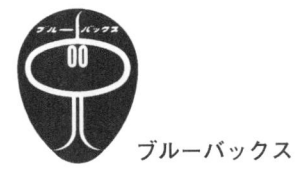

ブルーバックス

カバー装幀／芦澤泰偉・児崎雅淑
カバーイラスト／山田博之
図版製作／さくら工芸社

はじめに

子供の頃、博物館で巨大な恐竜の化石を見て、その大きさに圧倒されて立ちすくんでしまったり、かつて地球上には一メートル近くにもなる巨大なトンボが空を飛び回っていたことを絵本で知って、昔の生物に驚きと興味を抱いたのは、きっと私だけではないであろう。似たような体験は誰もがもっていて、心のアルバムに大切に保管されていることだろう。生物の進化に興味を抱く人が多いといわれるが、こうした子供の時の体験が背景にあるのかもしれない。

進化にはさらに重要なことがある。生物をよりよく知るには進化を理解することが大切なのだ。生物は歴史的存在なので、生物がなぜそういう形をもち、行動をとるのか、といった、"why"に答えようとすると、どうしても進化的視点に立って考えることが必要になる。〝なぜ〟キリンの首は長いのか、という問いに答えようとすると、祖先の首も長かったのであろうか、あるいは、祖先では首をなにに使っていたのか、といったことを知る必要がある。進化遺伝学の大御所テオドシウス・ドブジャンスキーは、「進化の視点がなければ、生物学の知識は意味をなさない」とまでいい切っている。進化を背景にもった生物学の重要性を説いた名言といえよう。

生物の進化というと、まず生物の化石が思いつく。古生物学の研究者が石や土砂を丹念に取り除き、化石を取り出す作業をしている写真をよく目にする。過去に生きた生物の化石は進化を語る上で重要な直接証拠である。しかし、化石は容易に手に入るわけではないので、どうしても少ない証拠で進化を論じなければならない。このことが、議論の多い、専門家以外にはわかりにくい研究分野にしていた理由かもしれない。

今から半世紀ほど前に、新しい進化の研究分野が誕生した。DNAや遺伝子あるいはタンパク質といった分子から生物進化を研究する、「分子進化学」と呼ばれる分野がそれである。なぜ、分子で進化の研究ができるのか？　それは、現在生きている生物のDNAが、遺伝情報をもった分子であることは誰でも知っていることだが、同時に、進化の情報ももっているからである。よく知られているように、DNAは遺伝情報をもつ巨大分子で、その情報は四つの塩基、アデニン（A）、チミン（T）、グアニン（G）、シトシン（C）で書かれている。この四文字の並びは進化の情報ももっているのである。その意味で、DNAは「分子化石」と呼ぶことができる。

進化を分子で考える利点は、進化を論じる上で必要な証拠が、生化学的手段で比較的簡単に得られ、かつそのデータには客観性があるということである。現在、さまざまな生物からたやすくDNAを取り出すことができるようになっている。今やわれわれは、三〇億もの塩基の並びからなる膨大な長さのヒトのDNAさえ解読する技術を手にしているのである。この分子化石から進化の情報を入手するのに、今ではそれほど特別な技術を必要としない。多くの場合コンピュータを利用する必要はあるものの、基本的には簡単であり、客観性がある。

生物の進化といえば、すぐにダーウィンを思い出し、『種の起源』という本と自然選択という単語が直ちに連想される。これほどの一般性はないが、分子進化といえば、木村資生博士と「分子進化の中立説」が直ちに思いつくまでになっている。目で見てそれとわかる形態レベルの進化は、ダーウィンの自然選択説で説明されるが、分子レベルでの進化は「淘汰に有利でも不利でもない、中立な変異が偶然に集団に広まった結果おこる」というのが中立説の主張である。

この学説は、一九六八年に提唱され、激しい論争の末に、分子レベルでの進化の主要な理論として定着した。木村博士は一九八三年に、それまでの結果を集大成し、『分子進化の中立説』と題する本を出版した。この本は二〇世紀の進化学における金字塔の一つであろう。こうした偉大な業績が日本人の手によって成されたことは、同じ研究分野の一研究者にとって、大きな誇りであり、直接指導を受ける機会に恵まれたことは、幸運なことであった。

分子進化学の誕生以来三〇年あまり経過した一九九四年に、分子進化の中立説を中心に、それまでの成果を一般読者にわかりやすく紹介することを目的に、筆者は、『分子進化学への招待』（旧版）を出版した。以来二〇年の歳月が経過したが、その間、分子進化学並びにそれを取り巻く分子生物学が大きな発展を遂げた。その結果、旧版の内容を大幅に変更する必要に迫られ、ほぼ全面改訂という形で本書を出版する運びになった。

本書の第1章から第7章までの章で、主に分子進化の基本的な概念と分子進化のしくみについて解説する。第1章では、ダーウィンがいかにして進化に関する概念を獲得していったかをのべながら、ダーウィン以前から分子進化学までの歴史をざっと眺める。第2章から第7章で、なぜ、DNAには進化の情報があるのか。また、その情報はどうしたら引き出せるのか。分子のデータから、進化に関する議論をどう進めていくのか、実際の研究の現場でおきたことを示しながら、分子進化学的な考え方に慣れてもらうことが目的である。この部分は旧版と大きな変更はない。

第8章から第14章までは、分子進化機構に関する最近の発展を解説した部分で、新しい章もあり、旧版にある章も新しい知見に基づいて大幅に変更している。第8章では、旧版以降に発表された重要なデータによって、「オス駆動進化説」が確立したことをのべる。そのため、内容をより詳しく紹介する。第9章では、近年新しい研究分野として発展したバイオインフォマティックスの基礎となった、コンピュータによる配列解析法をやや詳しくのべ、発見に至る道筋を紹介する。

分子進化の中立説以来、分子レベルの進化は中立説で、目で見てそれとわかる表現形のレベルでの進化は自然選択説で説明される。では、二つのレベルの進化をどう橋渡しするか。木村資生博士は、「これは今後に残された重要な問題である」といい残している。第13章を中心に、第11章から第14章までの四つの章で、この問題を考える。

およそ五億四〇〇〇万年前、カンブリア紀と先カンブリア時代の境で、斬新なデザインをもった多様な多細胞動物が爆発的に出現した。これは生物進化史上最大のイベントで、カンブリア爆発といわれている。筆者らは、この動物の爆発的多様化は、新しい遺伝子を作ることなく、すでに単細胞の時代に作られていた遺伝子を利用しておきたのではないかと主張する。第13章の終わりで、カンブリア爆発という表現形の大進化が、多細胞用の遺伝子を新しく「作る」（ハード）ことによってではなく、すでにあったものを「使う」（ソフト）ことで達成されたのではないかという、筆者らの「ソフトモデル」を紹介する。また、第11章から第14章までに紹介する例を使って、このモデルの拡張を試みる。

第15章から第22章では、分子進化学のもう一方の大きな分野である、分子系統進化学を紹介する。ここでは、同じ分子系統進化学を扱った旧版の第2部を全面的に書き改めた。章によっては本書と旧版の間で一部重なる部分もあるが、そうした章でも新しい重要な知見が追加され、全体として新しくなっている。

ダーウィンは生物の分類に対して革新的な考えをもっていた。ダーウィンは、生物の分類は生物の系統樹に基づいてなされるべきであると主張する。形の類似性だけで生物を分類すべきではないと彼はいう。系統的な近縁性の印として、形の類似性が生み出されるのだと。この考えに基づけば、ごく最近に寄生性の獲得によって体を単純化してしまった生物を、通常単純な構造をもつ古いグループに分類してしまう過ちを犯す危険を避けることができるだろう。

さらにダーウィンは、痕跡器官のような生理的に重要でない形質が、生物の真の類似性を教えてくれるはずだと考えた。現代的な表現をすれば、生理的に重要でない形質の変化は大部分〝中立的〟なので、異なる生物の間でこうした形質がよく似ているということは、共通の祖先から枝分かれして間もないことを意味するからである。

こうしてダーウィンは中立的な変異に基づく系統樹の重要性を指摘した。そして、この系統樹から生物の分類がなされるべきで、形質の類似性に基づく分類の危険性を指摘した。なんという革新的な考えであろうか。まさに現代に通用する考えで、一五〇〇年も前にほとんど一人で考えついたとは、驚嘆のあまり言葉がない。天才は時間を超える。中立変異による系統樹の推定とそれに基づく分類というダーウィンの夢は、図らずも一〇〇年後に分子進化学の誕生、とりわけ、分子系統樹推定法の発見によって叶えられたことになる。

長い時間間隔で見ると、生物の進化は「単純から複雑へ」向かっておこる。しかし、この法則は常に成り立つとは限らない。たとえば、他の生物に寄生して生きる生物は、さまざまな器官・組織を失って単純な体になり、短時間でたくさんの個体を生じる。形態で見る限り、ダーウィンが警告したように、寄生性の生物は系統的にも分類的にも、古い生物として扱われる危険性がある。

では、中立変異で推定される分子系統樹はどうか。ダーウィンが期待した通りの正しい推定が得られるのか。残念なことに、形態に基づく系統樹と同じように、分子系統樹も寄生性の生物を古い時代に枝分かれした生物グループとして誤って推定してしまう可能性がある。寄生性の生物は、短時間で多くの子孫を残すため、ＤＮＡに多くの変異を蓄積してしまう。それが、あたかも長い時間をかけてＤＮＡに蓄積したと、誤った扱いをしてしまうことがあるのだ。「単純から複雑へ」という大原則に合致した結果が形態と分子の両面からの系統樹で得られることから、間違った確信へと導いてしまう。

ここでは、生物進化のいろいろな局面でこうした問題に出会い、それらをいかに乗り越えてきたかということを中心に、生物進化の全歴史を分子系統樹にそって話を進める。

最終章はわれわれヒトの進化の話だ。ヒトの進化の問題は分子系統進化学の誕生を促し、ヴィンセント・サリッチとアラン・ウイルソンによる霊長類の分子系統樹は、人類誕生の時期が五〇〇万年前という、衝撃的な結果で全世界を驚かせた。最近では、スヴァンテ・ペーボのグループがはじめてネアンデルタール人の化石からＤＮＡを単離し、人類の分子系統樹に含めることに成功した。

分子系統樹の特徴は、現在生存している生物から過去の生物がたどった進化の道筋が分かることにある。しかし、絶滅してしまった恐竜の進化は分子では分からない。その理由は、化石からはDNAが採れないからである。この常識に逆らって、ペーボらは化石からDNAを単離したのである。まさにペーボらは、古生物学と分子進化学の統合という名誉ある第一歩を記したことになる。第22章では、こうした最近の話題も含めて、これまでに明らかにされたわれわれの祖先の進化について紹介する。

これまで、筆者は主に自身の研究グループの研究者や大学院生の方々と共同で研究を進めてきた。こうした多くの方々の協力なしには、旧版も含めて、本書はありえなかった。本書は研究グループを代表して筆者が書いたもので、材料となった研究成果は、グループの多くの方々との共同研究から生まれたものである。

最後になったが、本書を書くにあたって多くの方々にお世話になった。長谷川政美博士、安永照雄博士、岩部直之博士、隈啓一博士、星山大介博士、加藤和貴博士には、多くの有益な助言をいただいた。講談社の堀越俊一氏には本の執筆を勧めていただいた。また、講談社の小澤久氏、能川佳子氏には終始、色々なことでお世話になった。これらの方々にあらためてお礼を申し上げたい。

平成25年冬　京都にて

著者

第1章　ダーウィンと近代進化学の幕開け

チャールズ・ダーウィンは自然選択説の提唱者として有名である。しかしダーウィンは自然選択説にとどまらず、進化に関する重要な概念を次々に発見している。『種の起源』（図1－1）はダーウィンの進化に関する複合理論の集大成とみなすことができる。ダーウィンは、ありふれた対象から進化の決定的な証拠を集めることで、壮大なスケールの進化理論を創造した。ダーウィンに始まる近代的進化論ができ上がるまでの過程を振り返りながら、ダーウィンの独創的な着想に触れてみよう。その後で、分子進化学の誕生とその後の歩みを概観してみよう。

多様な生物

人は日常生活をしていると、生物の種類の多さに気がつかないが、たまに野山を散歩すると、自然の豊かさに驚かされることがある。われわれは一生の間にどのぐらいの生物の種類を実感するだろうか。厳密な比較にはならないが、文字をもたないオーストラリア原住民は、生物を五〇

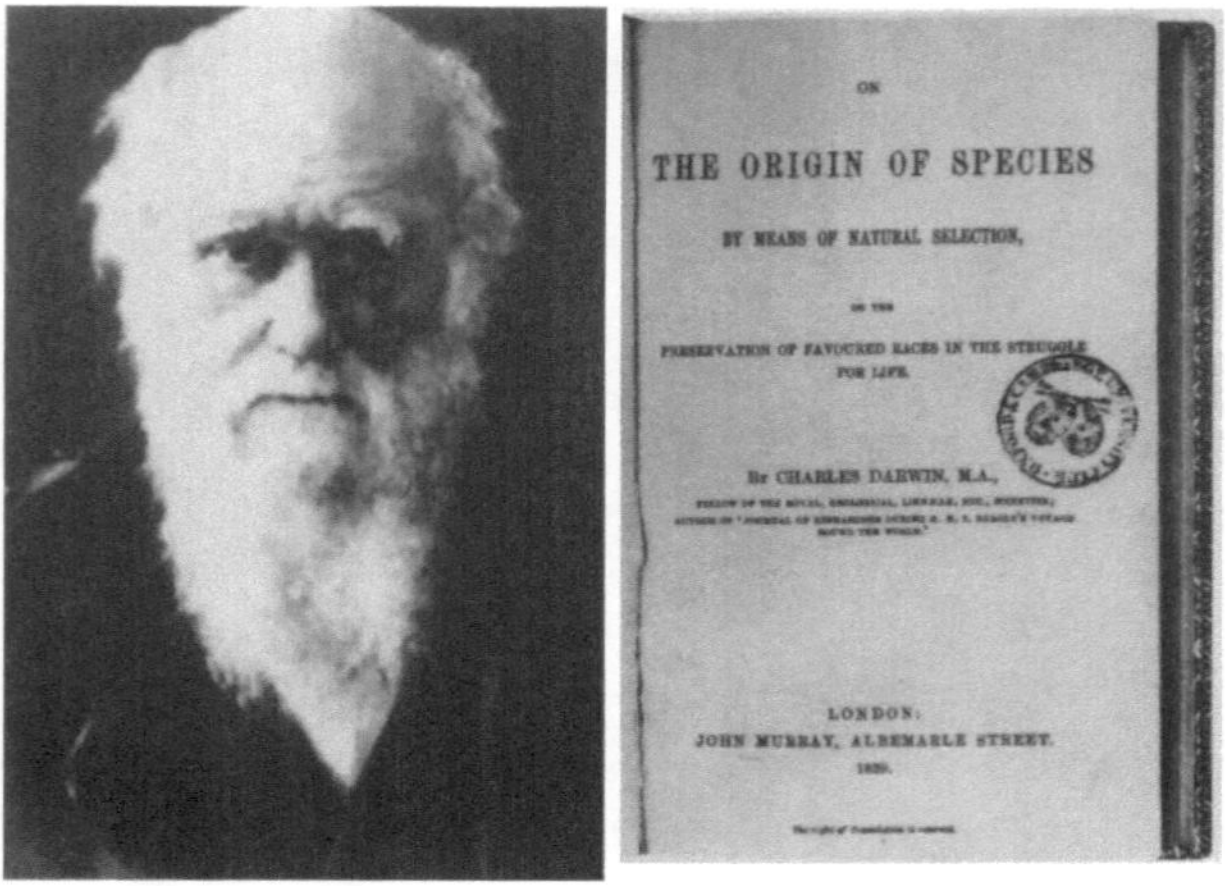

図1－1　チャールズ・ダーウィン（左）と著書『種の起源』のとびら（右）

〇種類ほどに分類していたらしい。ずいぶん多くの生物種を見聞きしているのに驚くが、おそらく、われわれ人間が野生状態で身近に感じることができる生物種はこの程度になるのだろう。しかし、実際には驚くほどの数になる。ある推定によると、全生物の種の数は一億種にも及ぶらしい。

多様性は地球上に生息している生物の大きな特徴の一つである。生物の多様性は形の違いだけではない。それは行動や生活様式にもみられる。なかにはわれわれの想像を絶するような形態や行動をもった生物が生存している。われわれの固定観念では想像もできないような生物の存在を知ると、つくづく地球上に生存する生物種の多さを思い知らされる。たとえば、タツノオトシゴという魚は、メスがオスの体内に卵を注入し、オスが子供を産む。ヒレアシシギという鳥は、オスが卵を温め、孵ったヒナの世話をする。こうしたやさしいオスをめぐってメス同士が争うようになり、その結果、この鳥では、オスより体の大きなメスが進化した。自然の豊かさは、われわれの固定観念をみごとに粉砕してしまう。

生物の世界はこれほど種の数が多いので、あるルールで分類することが必要になってくる。生物を分類しようという試みは古く、ギリシャ・ローマ時代にさかのぼるが、近代的な生物の分類はカール・フォン・リンネに始まる。リンネは、それまですでに知られていた動植物を整理し、一七三五年、著書『自然の体系』において、われわれが今日みるような分類体系を創始した。分類の基本単位を「種」とし、生物を種と、それより上位の分類単位である「属」の二つで、ラテン語を使って名付ける、いわゆる二命名法を考案した。リンネに始まる分類体系は、器官・組織など、生物がもつ特徴的な形質の類似性に基づいて、種、属、科、目、など、高次の階層性をもつ体系へと発展していった。

分類学は、古代ギリシャ・ローマ時代以来、博物学の中でも、格調高い学問とされてきた。それは、つい二〇〇年前までのヨーロッパにおける時代背景を反映している。一八世紀のヨーロッパを支配していた世界観は、プラトンのイデア説とキリスト教の創造神話が合体した、静的な世界観であった。すなわち、地球上に存在するあらゆる生物は神による創造の産物であり、とりわけ、人間は神の似姿として創られたのだという考えが一般に浸透していた。いわゆる創造神話である。神によって創られた生物は、以来変わることなく存続して今に至っている、という考えが、二〇〇〇年にわたって信じられてきた。

分類体系を形成しているそれぞれの階層には、一連の本質的形質、すなわち、神が創った理想像（原型）が備わっていると考えられていた。したがって、生物の分類体系を理解することは、とりもなおさず、神の意志を理解することになるのである。この理想像、つまり原型を探すために比較解剖学が発達したと考えられている。

種と進化

右でのべたように、種は分類の基本単位であるが、さらに進化の基本単位でもある。後の話を分かりやすくするために、種とは何か、進化とは何か、についての簡単な説明をしておこう。第3章で、進化についてはもう一度やや詳しくのべる。

種とは、交配によって繁殖力のある新しい個体を生みだしうる個体の集まりのことをいう。異なる種に属する個体の間では、繁殖力のある個体を生みだせない。この定義は、どの本にも書かれているものだが、種の正確な定義は現時点でも難しい。難しいという主な理由は、この表現ではすべての場合がカバーできていないということである。ダーウィンは、博物学者を納得させる

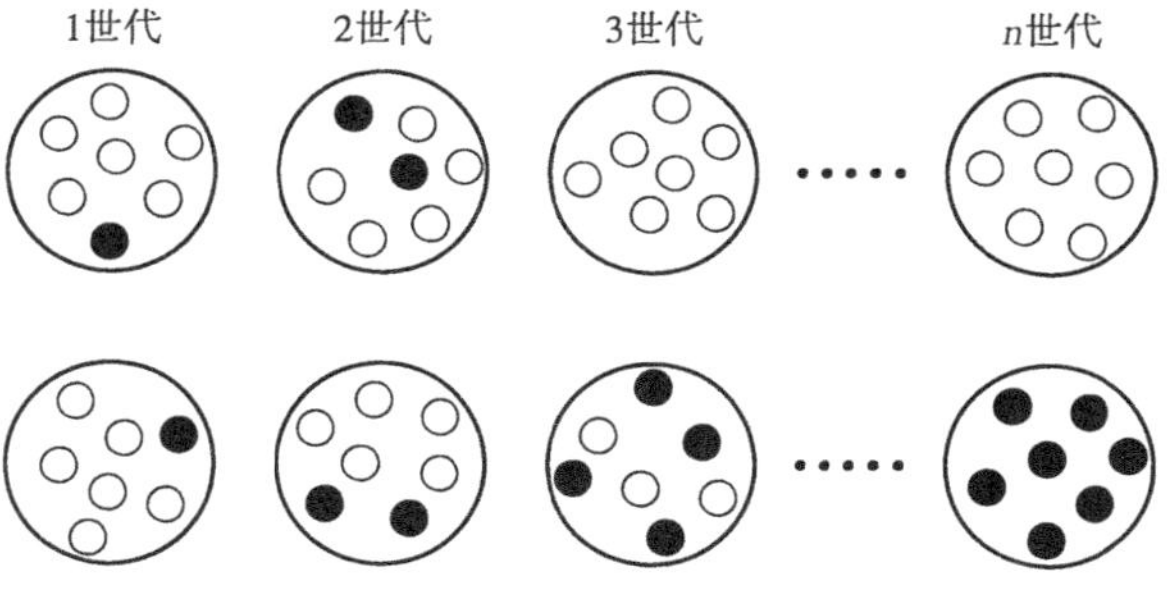

小さな丸は個体を、大きな丸は集団をあらわす。黒丸は突然変異をもった個体をしめす。上段では、突然変異体が3世代目で集団から消えているが、下段では、最終的に集団が突然変異体で置きかわっている

図1－2　変異が集団に広まる模式図

定義はまだ一つもないが、しかし、博物学者は種について話をする時は、自分が何を意味しているのかを漠然と知っている、とのべている。この状況は今でも本質的には変わっていない。ここでは、右でのべた、普通よく使われている定義で満足しておこう。

さて、以下で、種というものはそもそも不変な存在なのか、それとも変化しうるものなのか、ということが論じられるが、種が変わるとは何を意味しているのか、をのべておこう。それには進化とは何か、を理解しておく必要がある。種を構成している個体におこる遺伝的変化を突然変異と呼んでいる。進化とは、一個体に生じた突然変異が同じ種に属する個体の集まり、すなわち、集団全体に広まることをいう。最初、突然変異によって生じた変異型の形質をもった個体が集団内に現れる（図1－2の黒

丸）。変異型の形質をもった個体は、普通数世代のうちには集団から消えてしまうが、稀に、世代を重ねるにつれて、次第に変異型の個体が種内で数を増やし、逆に従来型の個体（図1－2の白丸）が減少して、ついには変異型の個体で集団が埋め尽くされてしまうことがある。このことを「進化」という。

突然変異が広まるという場合、種全体というより、種の一部である「集団」を普通は考える。同一種に属する個体でも、たとえば、地理的に隔離されているため、交配ができない場合がある。

ここでは、産業革命が原因で比較的最近おきた進化の実例を示しておこう。オオシモフリエダシャク（*Biston betularia*）というイギリスに生息している夜行性のガの一種がいる。このガは、夜間には活動しているが、昼間は木の幹の表面に止まっている。このガはかつて白っぽい翅（淡色型）をもっていた。そのため白っぽい地衣類に覆われた木の幹に止まっているときは、その姿がほとんど見分けられなかった。すなわち、淡色型は保護色になっていた。

一九世紀にはいると、産業革命がおこり、その結果、イギリスの工業地帯の周辺では、工場が出す煙で、木や建物など、あらゆるものがススの沈着で表面が黒くなってしまった。特に樹木の幹の表面を白く覆っていた地衣類がススのために枯死してしまい、幹は黒く変色してしまった。

一八五〇年頃に、マンチェスターの近くに翅の色が黒っぽい暗化型のガが出現した。このガの黒っぽい色は、産業革命以降の環境下ではむしろ保護色になったため、次第に数を増やし、半世紀もすると、この周辺では暗化型のガだけが見られるようになった。すなわち、かつて淡色型の個体だけで形成されていた種が、工業暗化という環境変化に伴って、暗化型の個体で形成された種へと進化したのである。それがわずか五〇年という短期間のうちにおきたのである。種の特徴的な色が淡色型から暗化型へと変化したことになる。つまり、種が変化したということは、進化がおきたことを意味する。

補足しておくが、ダーウィンは『種の起源』の中で、Evolution（進化）ではなく、Descent with modification（変化を伴う継承）という表現を使っている。これはEvolution（進化）という語が進歩や前進を意味しており、ダーウィンは（そして現在でも）進化にそのような意味を込めていなかったからである。

種の不変性と静的世界観

すでにのべたように一八世紀のヨーロッパは、プラトンのイデア説とキリスト教の創造神話が合体した、静的な世界観に支配されていた。こうした静的世界観の時代には、「種は変化しない」という考えに、当時の人々が何の疑問も感じなかったのは当然のことであった。しかし、一八世紀も後半に入ると、種の不変性にとって困った事実がぽちぽちと現れはじめた。

当時の地質学者は、古い地層のなかに、現在生息していない生物の遺骸を見つけるようになる。さらに、岩石のいろいろな層に現れる化石を比べると、下層のものほど原始的な生物の化石で、層とともに、化石の形が徐々に変化していることに彼らは気がついた。これは創造神話が柱とする種の不変性とは相容れない事実であった。

また、近代地質学の開拓者、ジェームス・ハットンやチャールズ・ライエルは地層の年代を測定し、地球の歴史は神によるただ一度の創造ではなく、非常に古くから連綿と続いているのだという考えに到達していた。こうして、地質学者が示す化石と地層の証拠によって、種の不変性が揺らぎだした。

当時のフランスの偉大な地質学者であり、博物学者のジョルジュ・キヴィエは、化石が岩石の層の下方から上方に向かって徐々に変化して見えるのは、繰り返しおきた天変地異のためだと説明した。過去地球は何度となく天変地異に見舞われ、動植物が死滅した。そのつど、神は前とは違った種を創ったのだ、とキヴィエは主張した。聖書に出てくるノアの洪水は、そうした天変地異の一回にあたるというのだ。

キヴィエはさまざまな動物の構造を比較研究し、当時としては、きわめて斬新な考えに到達していた。彼は、動物の器官の間にははっきりした関連があるので、一つの器官から他の器官を推論することができる、ということに気がついた。たとえば、ひづめと角をもつ草食動物には、草食用の歯と胃があると期待される。この器官の相関の法則から、動物は、脊椎動物、節足動物、軟体動物、放射動物の四つの基本パターンに分類できる、と彼は主張した。さらにキヴィエは、この四つのパターンこそ、神が作った動物の構築方式で、それぞれは厳密に仕切られていて、相互に移り変わることができないのだと主張した。キヴィエの説明では、過去の生物の化石は、天変地異のたびに、この構築方式にしたがって、そのつど神が作った動物の遺骸だというのだ。

キヴィエのこうした考えは、まさに当時の静的世界観の典型であり、この世界観に立って、たびかさなる化石からの挑戦に敢然と立ち向かったキヴィエに、当時の人々は大いなる尊敬の念を抱いたことであろう。皮肉なことに、キヴィエの部分相関の法則は、後の「種は変化する」という考えを準備した。キヴィエ自身、もう一歩のところで、「種は変化する」という結論に到達できたのである。ただ、その「仕切り」は移行可能とだけいえばよかったわけである。

偉大な発見も背後にある思想から自由でないと意味をなさない。キヴィエは、部分相関の法則を発見しながら、「種は変化し得る」という結論に辿り着けなかったのは、背後にあったプラトンのイデア説とキリスト教の創造神話からなる静的な世界観に強く縛られていたからであろう。そのため、「種は変化し得る」という、革命の旗手になれずに、ダーウィンに譲ることになった。

実際、フランスの博物学者、ジョフロワ・ド・サンチレールとジャン＝バティスト・ラマルクは、キヴィエのいう「仕切り」は移行可能であると主張し、キヴィエと激しく戦った。特に、ラマルクは独自の進化論を掲げて抵抗した。キヴィエが唱えた四つの基本的分類群に対して、キヴィエにはそれらの間の違いだけしか見えなかったのだが、皮肉なことに、盲目のラマルクにははっきりした類似性が見えていたのである。

ラマルクは、新しい環境に適応しようとする努力が、新しい器官を生み（用不用説）、そうして獲得した形質は遺伝する（獲得形質の遺伝）、という彼独自の進化論を掲げて登場した。大きな分類群の間でも、十分時間をかけさえすれば、このメカニズムで移行可能というわけである。しかし、このラマルクの進化論は、当時のヨーロッパに受け入れられることなく、キヴィエとの論争に敗れたラマルクは、失意のうちに生涯を閉じることになる。世に出るのが早すぎた天才の悲劇であろうか。

種は変化する

こうして、種は変化し得るという事実が徐々に蓄積し、それを支持する考えが広まりつつある頃にチャールズ・ダーウィンの『種の起源』が登場することになる。若い頃のダーウィンは、聖書に記載された創造神話を丸ごと信じていたようだったが、ビーグル号による世界一周航海を機に、種の不変性に疑問をもつようになる。何よりも地質学者でもあったダーウィンは、動物相にみられる膨大な種の絶滅を知ることになる。一八世紀にはすでに、アンモナイトや三葉虫の絶滅が明らかにされていた。皮肉なことに、種の不変性の偉大な擁護者、キヴィエが証明した、パリ盆地の第三紀層にみられる哺乳類の大規模な絶滅は、過去に絶滅という現象がおきていたことを認めざるを得ない強力な証拠となった。絶滅の決定的な証明になったのは、マンモスとマストドンの化石の発見で、これほど巨大な生物が地球上のどこかに生き残っているのなら、直ちに発見されているはずだからだ。

ダーウィンは、こうした地質学からの絶滅に関するデータを知って、「種は変わり得る」という考えに変わっていったと思われる。キヴィエのように、一度神が創った種は不変で、その種が天変地異で絶滅するたびに、神が似た種を新たに創ったのだと考えるより、「種は変わり得る」のだと考える方が自然に絶滅を理解できる。

ダーウィンは、「種は変わり得る」という証拠を身の回りに探し始めた。そして、役立たずの痕跡器官に、種が変化できることの証拠をみてとるのである。そのことが彼の著書『種の起源』の14章にのべられている。ダーウィンは、言われてみれば誰でも気がつくありふれたもののなかに重大な証拠を見つける天才だ。

機能をもたない痕跡器官がなぜ今の生物にも存在するのか、ということについて、合理的な説明ができない。そのため、どうしても過去との関係で解釈しなければならない。すなわち、かつては完全に機能を果たしていた祖先器官を仮定せざるを得ない。そういう器官が存在したとすれば、生物の構造は長い間に変化したということになる。痕跡器官の構造には一定の機能を果たすための「計画」が見て取れるが、その「計画」は挫折している。ということはとりもなおさず、神のプランが完全なものではなかったことを意味する。そんなお粗末なものを神が創るのか？というわけである。

ダーウィンはさらに手厳しく攻撃する。博物学者たちは、退化器官や痕跡器官は「対称性のために」あるいは「自然の図式を完成させるために」創造されたというが、これは説明ではなく、事実の単なる言い換えに過ぎない。それどころか、自己矛盾をおこしている。ボアは後肢や骨盤の痕跡をもつが、それらが「自然の図式を完成させるために」あるのなら、痕跡すらもたないヘビが存在しているのは矛盾している。そもそも、惑星が太陽の周りを楕円軌道で回るから、衛星が対称性のために惑星の周りを楕円軌道で回る、といっているようなものだ、と批判している。その後の部分で、退化器官や痕跡器官の存在は自説の進化論で合理的に説明できることをのべている。

種はどのように生まれるか

［共通の祖先からの枝分かれによる新種の形成］　神による種の創造と不変性はダーウィンの頭から消え、種は変わり得るという考えがそれに取って代わったが、それだけで神を必要としない

近代的進化論ができあがったわけではない。ほかの重要な概念が同時に理論に組み込まれる必要があった。すなわち、種はいかにして生じるのか、という問題が解決されなければならなかった。

ダーウィンは、ビーグル号による世界一周航海から帰国後、ガラパゴス諸島で採取したマネシツグミの標本を鳥類学者のジョン・グールドに送っている。グールドは、ガラパゴスの三つの島に住むマネシツグミは互いに異なる固有種であるということをダーウィンに伝えた。この指摘を受けてダーウィンは、これら三つの種は南米大陸の一種によく似ており、それに由来すると考えた。こうした事実からダーウィンは、三種のマネシツグミは、長い間それぞれの島に隔離され、互いの交流をなくした結果、異なる種として「分岐」によって生じたことを理解した（図1－3）。さらにダーウィンは、南米大陸のマネシツグミはガラパゴス諸島の三種のマネシツグミの「共通の祖先」になっていることを認識した。

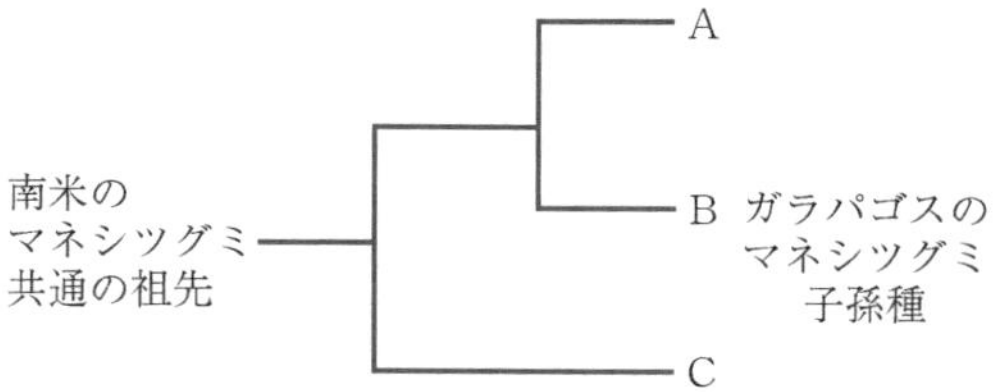

図1－3　枝分かれによる種の生成機構

こうしてダーウィンは、「新しい種はいかにして生じるか」という重大問題を正しく理解することができたのである。すなわち、祖先種から分岐によって新しい種が生じることを理解したのである。当時、種はいかにして生じるかということについてまったく理解できていなかった。

共通の祖先からの枝分かれによって新しい種が生成されるという考えは、種が指数関数的に増殖し、多様化することを意味する。当時、種は変化するということを主張していた地質学者や生物学者も、種が増殖するということをまったく理解できていなかった。ラマルクは、種は増殖せず、新しい進化系列は自然発生すると考えていた。安定平衡の世界を強調していたチャールズ・ライエルは、種の数は一定であり、新種は絶滅種を補うために導入されると考えていた。ダーウィンはこれらの考えを退け、新しい種は分岐によって生じ、増殖するということを初めて正しく認識したのである。

祖先種からの分岐によって新種が生成され増殖するという考えから、なぜ自然界で生物が多様なのかということが自然に理解できる。さらに、より高次の分類群は、より遠い祖先に由来する子孫で構成されるとして理解できる。カール・フォン・リンネによる生物の分類体系にみられる階層性は、こうした歴史性に由来するものとして、ダーウィンによって初めて理解された。

リンネに始まる生物の分類体系は、器官・組織など、生物がもつ特徴的な形質の類似性に基づいて、種、属、科、目など、より高次の階層性をもつ体系へと発展していった。それぞれの階層には、一連の本質的形質、神が創った理想像、が備わっていると考えられていた。この理想像、すなわち原型を探すために比較解剖学が発達した。後にリチャード・オーウェンによって相同性という概念が導入された。相同な器官は動物ごとに機能や構造が変わるが、体の上での配置が一致し、個体発生の過程では同一の前駆体から生じる。こうして相同な構造を探査して、それぞれの階層の原型を明らかにしようとする比較解剖学は、リンネの分類体系とともに、ダーウィンの『種の起源』が出版されるころには高い水準にまで達していた。

ダーウィンによる共通の祖先と分岐による新しい種の生成という概念は、比較解剖学が求めつづけた原型が共通の祖先として解釈でき、各階層内の系統は共通の祖先から分岐によって生じたという解釈へと導いた。エルンスト・マイヤーの言葉を借りれば、もっぱら記載中心だった比較解剖学、比較発生学、分類学などの分野は、それまで謎であった多くの事実に、共通の祖先という説明を与えることによって、因果関係の科学となったのである。

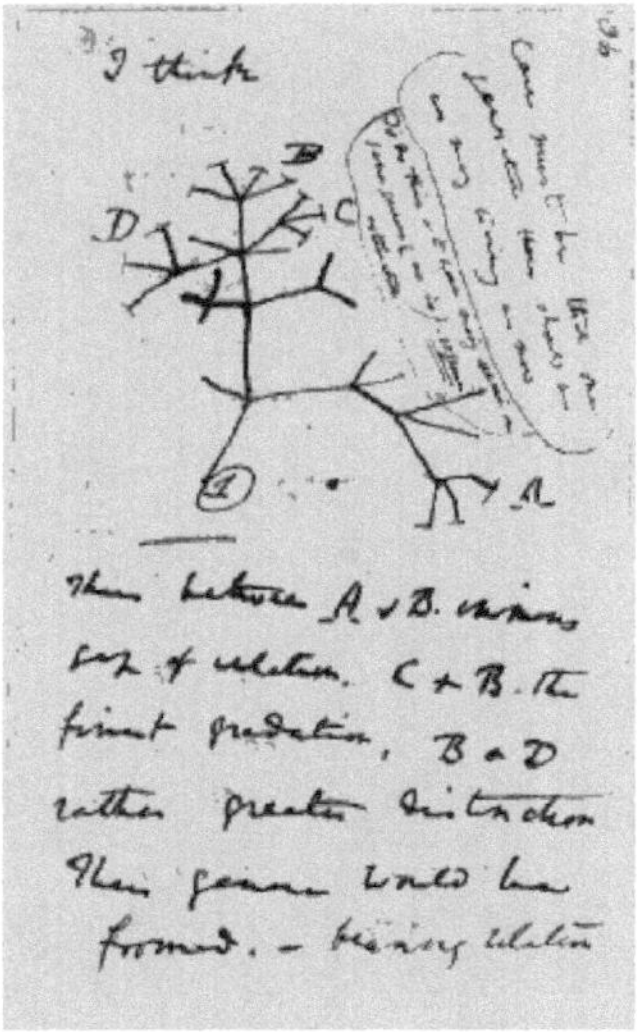

図１－４　ダーウィンが系統樹に関するアイディアを記したノート

ダーウィンは、共通の祖先と分岐

による新しい種の生成という考えに到達した直後に、「過去におきた生物進化の道筋は不規則に分岐する樹として表すことができる」というアイディアを一八三七年のノートに記している。まさに系統学の始まりである（図1-4）。

それ以降、分類学・系統学は進化学の一分野として大きく発展する。分類・系統学者は、長い時間をかけて膨大な生物の資料を集め、地球上の全生物が過去にたどった進化の道筋を明らかにしてきた。それには化石や地質学の進歩が大きく寄与したことはいうまでもない。一般的に、下層部からの化石は上層部の化石より古い時代の生物に由来すると考えられるから、化石は特定の生物が他の生物とどのような順で出現したかを示す直接証拠である。二〇世紀に入って放射性同位元素が発見され、化石の絶対年代が測定可能になった。こうした最新技術の導入によって、分類学・系統学はより精密な科学の一分野として発展していった。

【自然選択説】　ダーウィンは、種は変化し、新しい種は共通の祖先から分岐によって生じるということは理解した。しかし、どのようなメカニズムで種が変わるのか、という問題はまだ理解できていなかった。今では誰でも知っている有名な逸話だが、あるとき趣味でトマス・ロバート・マルサスの『人口論』を読んでいた時に、種の形成機構に関する啓示を得た。すなわち、現実の世界では、常に生存競争がおきており、こうした状況下では、有利な変異が種内に広まり保存され、不利な変異が滅びる傾向にある。これは、後に自然選択説（あるいは自然淘汰説）という名前で呼ばれるようになる考えである。

20ページに出てきたオオシモフリエダシャクの例を使って自然選択説の説明をしてみよう。このガは、産業革命の前では白っぽい翅（淡色型）をもっていて、昼間、白っぽい地衣類に覆われた幹に止まっているときは、その姿はほとんど見分けがつかず、鳥などの補食者に対して、保護色になっていた。

しかし、産業革命後、工場の出す煤煙のため、幹が黒ずみ、その結果、淡色型は保護色でなくなった。そのうち、突然変異で翅の色が黒っぽい暗化型のガが出現する。暗化型は、産業革命以降の環境下ではむしろ保護色になった。その結果、暗化型のガは「自然選択」によって、次第に数を増やし、集団中に広まった。暗化型の形質は淡色型の形質より鳥の捕食から逃れやすく、その結果、より長く生き延び、より多くの子孫を残す上で有利である。このような有利な形質を自然が選択しているように見えることから、「自然選択」と呼んだわけである。

自然選択によって進化を説明するという考えは、きわめて重大な発見であった。というのは、生物が進化するということを、この時初めて神の手から離れて、機械論的に説明することが可能になったからである。

ダーウィンはこの時の興奮した心境を、友人への手紙で次のように語っている。

「とうとう明らかになり始めたのですが」、と彼は植物学者のフッカーに書きました。「私にとっては殺人を告白するような気持ちですが、種は変化する、と確信しています」――ロベルト・カスパー著『リンゴはなぜ木の上になるか』養老孟司・坂井建雄訳

こうして、ダーウィンの進化理論は、生物科学では初めて、神の支配から解放されて、機械論的に、人間を含めた生物の進化を理解することを可能にした。一八世紀の物質科学の世界では、神の存在なしに、物質の運動に関する論理体系が完成しており、運動を機械論的に予測することが可能であった。当時のフランスの物理学者、ピエール・シモン・ド・ラプラスはナポレオンに対して、「ある瞬間における宇宙のすべての部分とその運動を知ったら、宇宙の全将来が予言できよう。なぜならすべては機械論的必然にしたがっておこるからだ」とのべた。ナポレオンは、「ではどこに神がいるのか」と尋ねると、ラプラスは、「そんな仮定は私には不必要です」と答えている（ロベルト・カスパー著『リンゴはなぜ木の上になるか』養老・坂井訳）。

ダーウィンの進化理論はまた、ヒトの特殊な地位を奪い、ヒトを全生物の一系統に過ぎない地位に陥れた。ジークムント・フロイトによれば、これまで科学は人間の自己愛に対して大きな打撃を加えてきた（フロイト『精神分析入門』）。一つは、ニコラウス・コペルニクスによる地動説

で、地球は宇宙の中心ではなく、広大な宇宙のほんの一部に過ぎないことを知らしめた。二つめは、ダーウィンの進化理論によって、人間は神による創造ではなく、動物の子孫であることを認識させられた。

ダーウィンを困らせた問題

［まれな移行型］　ダーウィンは『種の起源』の中で、自分の学説の難点をさらけ出して、いろいろと議論している。それは、ダーウィンの偉大さを如実に示す一面である。ダーウィンは、進化は跳躍的におこるのではなく、漸進的におこると主張した。「漸進的進化」はダーウィン進化論の大きな特徴の一つになっている。もしそうなら、化石に移行型が多く見つかってしかるべきである。

たとえば、鳥は恐竜から進化したと考えられているが、進化がダーウィンのいうようにゆっくりおこるなら、恐竜としての形態を多くもち、かつ原始的な飛揚の形態をとどめた、恐竜的鳥の化石が見つかるはずである。幸い、ダーウィンの時代に始祖鳥の化石（図１－５）は見つかっていたが、このような移行型を示す化石があまり見つからなかった。

ダーウィンは、ある種から別の種への進化は限られた地域でおこるため、移行型を示す化石は見つかりにくいと考えた。つまり学説の不備よりも、化石の質を問題にしたわけである。これは

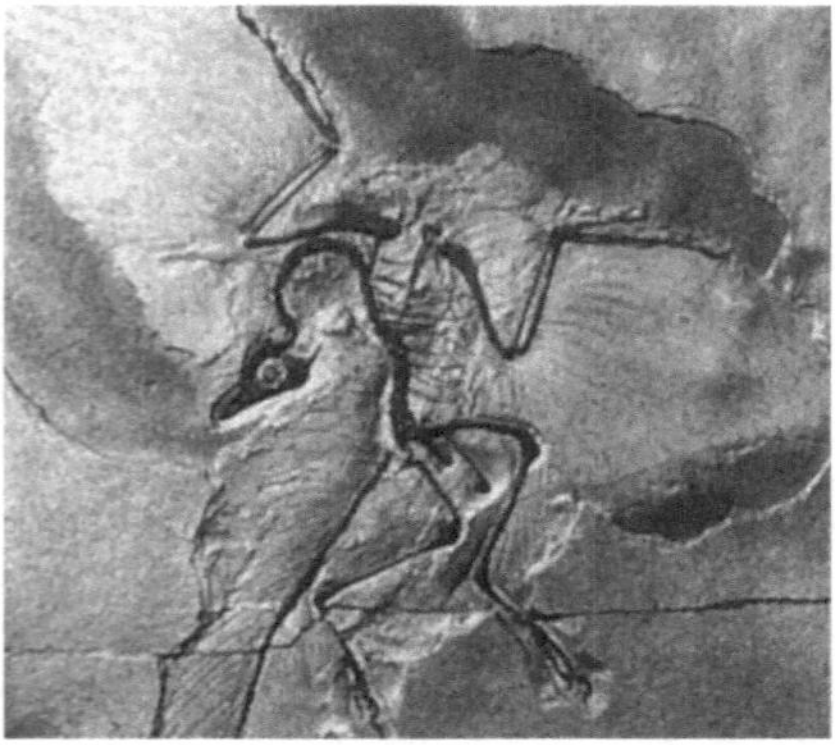

図1－5　始祖鳥の化石（熊切圭介氏）

当時の人になかなか納得してもらえなかったようである。それは無理からぬことで、たとえば、今から六億年前のカンブリア紀の地層から動物の化石が急に見つかりだすが、こうした事実は、宗教・思想上の問題もさることながら、その時期に神による種の創造がおきたとする方が、当時の人には考えやすかったに違いない。

移行型を示す化石がまれにしか見つからないという問題は、進化は漸進的におこるのか、あるいは断続的におこるのか？　という問題に形を変えて、最近まで議論の的になっている。

［地球の年齢］　ダーウィンの漸進的進化説と関連して、彼を悩ませたもう一つの問題は、地球の年齢に関する問題であった。ダーウィンが生きた時代の偉大な物理学者ウイリアム・トムソン（後のケルビン卿）は地球の年齢を熱力学的に計算した。彼は、地球は誕生以来冷める一方であると仮定して、どろどろの状態から現在の温度になるまでの時間を冷却速度から計算した。その

結果、地球の年齢は、長く見積もっても、二億年程度だと結論した。

大物理学者によるたった一ページの論文が、当時の地質学と生物学をひっくり返してしまいそうな状況に、ダーウィンは大変当惑したに違いない。ダーウィンは想像を絶するほどの長い地球の年齢を考えていたからである。ダーウィンの生物進化に対する基本的な考えは、自然選択による漸進的進化である。「自然は跳躍しない」というのが彼の信念であった。この考えは長い地球の年齢に裏打ちされている。彼自身、地質学的時間を丘陵の浸食速度から定量的に解析することを試みている。そして、イギリスのウィールド地方の森林地帯が現在のレベルまで浸食されるのに最低でも三億年を要したと結論した。したがって地球の年齢はこれよりはるかに長いはずである。この結果は『種の起源』の初版に掲載されている。初版の出版の三年後にケルビン卿の計算が報告されたのだが、そのためであろうか、第二版以降ダーウィンの計算は削除されている。しかし、「自然は跳躍しない」という彼の信念はその後もまったく変わらなかった。

ダーウィンを困らせたこの問題は、ずっと後になって解決した。その解決の糸口は天文学者であった彼の息子のジョージ・ダーウィンによって見いだされた。ジョージ・ダーウィンは地球の内部には、当時発見されて間もない放射性元素の崩壊に伴って発生する熱源があり、これを考慮して地球の年齢を計算し直すことを指摘した。ケルビン卿の時代には放射能は発見されていなかった。計算し直された地球の年齢は四六億年で、ケルビン卿の推定値から大幅に過去にさかのぼったのだ。

【遺伝の問題】　ダーウィンを困らせたもう一つの問題は遺伝の問題であった。ダーウィンが信じていた遺伝学は「混合遺伝」で、これは両親からの遺伝的性質が、ちょうどコーヒーとミルクを混ぜるように、混合するというものであった。混合遺伝によると、せっかく自然選択で獲得された有利な形質が、世代を経るごとに、次第に薄められてしまう。

図1－6　グレゴリー・メンデル

近代的遺伝学はグレゴリー・メンデル（図1－6）によって、ダーウィンが生きていた一八六六年に発見されていた。しかし不幸にして、メンデル遺伝学の重要性は当時の人に認識されていなかった。メンデルはエンドウマメの交配実験から、両親から受けつぐ、現在の遺伝子に対応する粒子的な遺伝要素が遺伝の本質であることを発見していた。両親から受けついだ一対の要素のうち、一方は優性であり、他方は劣性である。両者は決して混じりあうことなく、優性の形質だけが表現されることをメンデルは知っていた。したがって、メンデルは、もしダーウィンから悩みを打ち明けられていたら、自然選択によって選ばれた有利な形質は、薄められることなく、世代から世代へと受け継がれていくことができるのだと答えたことであろう。

一九〇〇年に、カール・エリッヒ・コレンス、エーリヒ・フォン・チェルマク、ユーゴー・ド・フリースの三人の遺伝学者によって、メンデル遺伝学が再発見され、近代遺伝学がスタートした。それによってダーウィンの学説が急速に広まったかというと、決してそうではなかった。メンデル遺伝学の再発見の後、新しい種は自然選択のもとで徐々に形成される、とダーウィン流に考える生物統計学派と、新しい種は突然変異によって一足飛びに生じる、とするメンデル学派との激しい対立がおきた。

しかし、この対立は見かけ上のことで、ショウジョウバエを用いた遺伝学の発達で、突然変異の実体が次第に明らかになるにつれて、混乱が自然に消滅していった。

その後、ダーウィンの進化理論とメンデル遺伝学が合体して「集団遺伝学」が誕生し、さらに古生物学をも取り込んで、「進化の総合説」へと大きく発展していった。こうしてダーウィンの進化論は近代的な形にさま変わりしながら、一応の完成をみた。

分子進化学の誕生

二〇世紀は、二つの発見が契機になって、物質科学と生命科学が爆発的に発展した奇跡の世紀であった。一つは、一九〇〇年にドイツの物理学者、マックス・プランクによって提唱された量子仮説で、この発見がきっかけとなって、量子物理学を中心にした現代物理学の大発展がおき

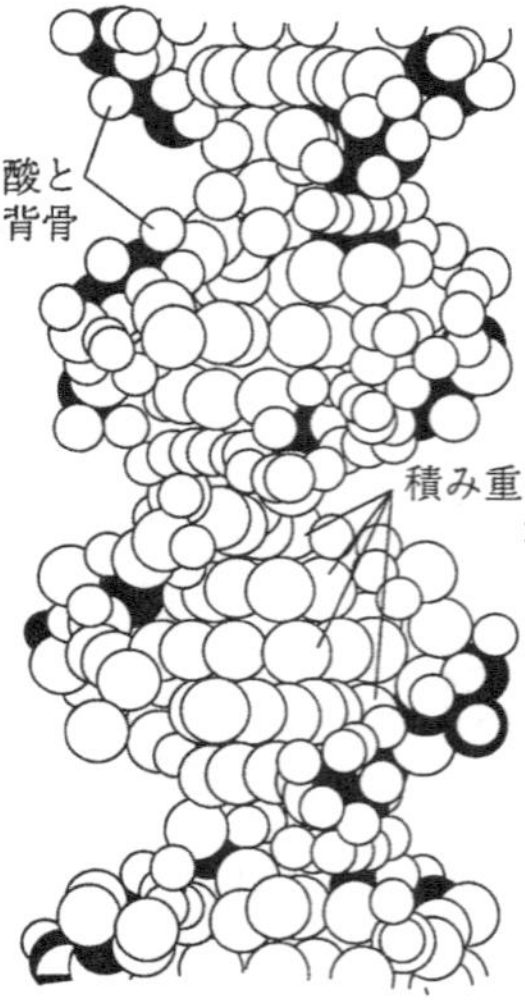

図１－７　DNAの二重らせん構造の模型

た。もう一つは、一九五三年、ジェームス・ワトソンとフランシス・クリックによる遺伝物質ＤＮＡの構造（図１－７）の解明で、この発見によって、遺伝という現象が分子レベルから説明できることが示された。この研究が契機になって、生命現象を分子から研究する分子生物学が誕生し、さまざまな生物科学の分野を巻き込んで爆発的な発展を遂げた。

分子生物学の発展は進化の研究にも大きな影響を及ぼした。生物の進化は分子から理解できるであろうか？　分子生物学の誕生後まもなく、分子生物学者と進化学者から、この新しい問題に対する挑戦が始まった。

よく知られているように、ＤＮＡはすべての遺伝情報の担い手である。また、あまり一般には知られていないことだが、ＤＮＡはもう一つの重要な情報も担っている。すなわちＤＮＡは進化の痕跡をとどめている、いわばＤＮＡは進化の化石なのである。

```
ヒト            ATGGTGCTGTCTCCTGCCGACAAGACCAACGTCAAGGCCGCCTGGGGTAAGGTC
オランウータン  ATGGTGCTGTCTCCTGCCGACAAGACCAACGTCAAGACCGCCTGGGGGAAGGTC

                GGCGCGCACGCTGGCGAGTATGGTGCGGAGGCCCTGGAGAGGATGTTCCTGTCC
                GGCGCGCACGCCGGCGACTATGGTGCGGAGGCCCTGGAGAGGATGTTCCTGTCC

                TTCCCCACCACCAAGACCTACTTCCCGCACTTCGACCTGAGCCACGGCTCTGCC
                TTCCCCACCACCAAGACCTACTTCCCCCACTTCGACCTGAGCCATGGCTCTGCC

                CAGGTTAAGGGCCACGGCAAGAAGGTGGCCGACGCGCTGACCAACGCCGTGGCG
                CAGGTTAAGGACCACGGCAAGAAGGTGGCCGACGCGCTGACCAACGCCGTGGCG

                CACGTGGACGACATGCCCAACGCGCTGTCCGCCCTGAGCGACCTGCACGCGCAC
                CACGTGGACGACATGCCCAACGCGCTGTCCGCCCTGAGCGACCTGCACGCTCAC

                AAGCTTCGGGTGGACCCGGTCAACTTCAAGCTCCTAAGCCACTGCCTGCTGGTG
                AAGCTTCGGGTGGACCCGGTCAACTTCAAGCTCCTGAGCCACTGCCTGCTGGTG

                ACCCTGGCCGCCCACCTCCCCGCCGAGTTCACCCCTGCGGTGCACGCCTCCCTG
                ACCCTGGCCGCCCACCTCCCTGCCGAGTTCACCCCTGCGGTGCACGCCTCCCTG

                GACAAGTTCCTGGCTTCTGTGAGCACCGTGCTGACCTCCAAATACCGTTAA
                GACAAGTTCCTGGCTTCTGTGAGCACCGTGCTGACCTCCAAATACCGTTAA
```

ヘモグロビンの α 鎖を暗号化している領域の配列。ヒトとオランウータンで塩基が異なる座位を四角でかこんだ

図1－8　ヒトとオランウータンの塩基配列の比較

たとえば、ヒトとサルはおおもとをたどれば一つの祖先にいきつく。もともと両者のDNAはその祖先では同一であったのだが、ヒトとサルに分かれて以来、それぞれの系統で突然変異を受け、次第に異なるDNAに変化していった。そのためヒトとサルのDNAはよく似ているが、所々に違いが見られる。一つの生物種から取り出したDNAをみているだけでは分からないが、異なる生物種のDNAを比べてみることで、配列の違いを知ることができる。配列の違いは生物が進化する過程で受けた突然変異の痕跡であるから、それを調べれば進化に関する情報が得られるわけである。DNAの塩基配列の違いはまさに進化を物語っているのである（図1－8）。

このようにDNAに蓄積された過去の進化

に関する情報をもとに、ＤＮＡやＲＮＡ（リボ核酸）あるいはタンパク質といった分子を使って進化を研究する「分子進化学」が、分子生物学の一研究分野として、一九六〇年代に誕生した。

分子進化学の展開

一九六二年、その後の分子進化学の発展に重要な意味をもつ発見がエミール・ズッカーカンドルとライナス・ポーリングによってなされた。二人は、いろいろな生物から採取されたタンパク質の解析から、タンパク質は時間の経過に伴って、一定の割合で突然変異を蓄積する性質があることを発見した。あたかも時計の針が一定の割合で時を刻むのに似ていることから、この性質を「分子時計」と呼んでいる。

分子時計の発見を契機に、その後、分子進化学をさらなる発展に導く重要な意味をもつ発見が、一九六〇年代に相次いでなされた。分子時計の発見は、生物系統学にこれまでになかった新しい研究手段を創造するきっかけとなった。それは、化石のような、過去に生きた生物に頼ることなく、「現在生きている生物」からＤＮＡあるいはタンパク質を採取し、それを比較することで、生物が辿った進化の歴史を逆に辿ることができるからである。こうして、分子から生物の系統を研究する「分子系統進化学」が誕生した。

一九六七年には、この分野で二つの重要な発見があった。ウォルター・フィッチとエマニュエル・マルゴリアシュは、菌類から哺乳類までの広範囲の生物を含む分子系統樹を推定することに成功した。この分子系統樹は、それまで知られていた系統樹をほぼ再現していたので、分子系統樹法に対する高い信頼性を勝ち取ることに成功した。この成功は、後に分子系統進化学という大きな分野へと発展するきっかけとなった。

同じ年に、ヴィンセント・サリッチとアラン・ウイルソンは、分子をベースにヒトと霊長類の進化を研究し、分子時計を応用してヒトとチンパンジーの分岐時期を五〇〇万年前と推定した。この推定値は、従来の化石による推定値を大幅に若返らせ、これを契機に人類進化の見直しがおきた（後述）。サリッチとウイルソンによる人類の起源に関する研究に代表されるように、分子系統進化学は、従来の伝統的な方法では得られなかった新しい知見を次々ともたらし、生物進化の歴史を解明する新しい手法として、急速に広まった。

一九六八年、分子の進化のしくみに関する非常に重要な研究が発表された。それまで得られた分子進化に関する知見を総合し、木村資生（もとお）博士（図１－９）が「分子進化の中立説」を提唱し、大きな反響を呼んだ。それまで、分子レベルでおこる進化も、ダーウィンの自然選択説で説明できるものと考えられていた。分子でおこる進化の大部分は、有利な変異が自然選択によって広まった結果おこるのではなく、淘汰に有利でもなく、不利でもない、中立な変異が偶然に集団に広まった結果おこる、と中立説は主張する。

図1－9　木村資生博士（『生命誌』1993年11月号より、大西成明氏撮影）

中立説の登場は、一〇〇年かけて作り上げたダーウィン進化論への重大な変更を意味したため、世界中から強い反論が巻き上がった。中立vs淘汰論争は長年にわたって続いたが、分子進化の分野から次第に中立説を支持する事実が蓄積していき、一九八三年に木村資生博士自身の手になる『分子進化の中立説』という本の出版を境に、論争が下火になり、中立説が一般に認められるようになった。

こうして、分子進化の中立説は、分子レベルでおこる進化を説明する理論として定着した。一方で、眼でみてそれとわかる表現形レベルでおこる進化はいぜんダーウィンのいう自然選択説で説明されると考えられている。現在、マクロなレベルでおこる進化とミクロなレベルでおこる進化を、異なる理論で説明するという棲み分けがなされている。木村博士ものべているように、いかにして二つのレベルの進化を統一的に理解できるか？　これは今後の分子進化学に課せられた重要な課題である。

一九七〇年代になると、分子生物学は、ミニレボリューションといわれる、新たな変革期に入る。遺伝子クローニングやＤＮＡ塩基配列決定法などの、いわゆる遺伝子工学技術の発達によって、複雑な多細胞生物へと研究対象が移り、遺伝子に関する情報が急速に増大した。

一九七〇年代後半から一九八〇年代前半にかけて、このようにして蓄積しつつある遺伝子塩基配列データと、高速演算可能なコンピュータの普及もあって、分子進化学が新たな展開期に入った。また、分子進化学者自身が遺伝子を操作し、塩基配列を決定するなど、新しい研究環境ができ上がっていった。分子進化学もミニレボリューション期に入ったわけである。

こうした分子進化学者を取り巻く環境の変化によって、質的に新しい進化の研究がおこった。膨大なデータに基づく中立説の検証、分類学史上おそらく最大の発見となった、カール・ウースらによる古細菌超生物界の発見、スヴァンテ・ペーボらによるネアンデルタール人の化石ＤＮＡの決定とそれを用いた人類の進化に関する研究などがある。ペーボらの研究は、古生物学と分子進化学を繋ぐ新たな研究分野へと発展するものと期待される。

また、膨大な塩基配列データを解析するためのコンピュータ法が並行して開発されていった。特定の遺伝子の塩基配列あるいはそれが暗号化しているタンパク質とよく似た配列をもつ遺伝子生化学を探したり、それに基づいて機能を推定するなどのコンピュータ法は、逆に分子生物学、生化学などの分野で利用されるようになった。これが後のバイオインフォマティックスの基礎となる。こうして、分子進化学とバイオインフォマティックスは互いに強い関連をもちながら一九七〇年代後半以降急速に発展していった。

第2章　遺伝のしくみ

この章では、分子進化学を理解する上で分子遺伝学に関する必要最小限の基本的知識をのべることとどめる。

遺伝情報の担い手・DNA

なぜ、子は親に似るのであろうか。この不思議な遺伝現象は、おそらく太古の昔から人々に興味をもたれていたに違いない。今日われわれはこの遺伝現象を支配するしくみと中心となる物質を知っている。その物質とは、DNA（デオキシリボ核酸）と呼ばれる巨大な分子のことである。DNAはすべての遺伝情報を内蔵したテープのようなものである。すなわち、それは顔立ち、体型、髪の色など、あらゆる形質を決定する情報を含んでいる。その情報は正確にコピーされて、子孫に伝達されていく。だから子が親に似るのであり、蛙の子は蛙なのである。

「鳶が鷹を生む」という言葉がある。この言葉は裏返せば、遺伝情報の伝達がいかに正確である

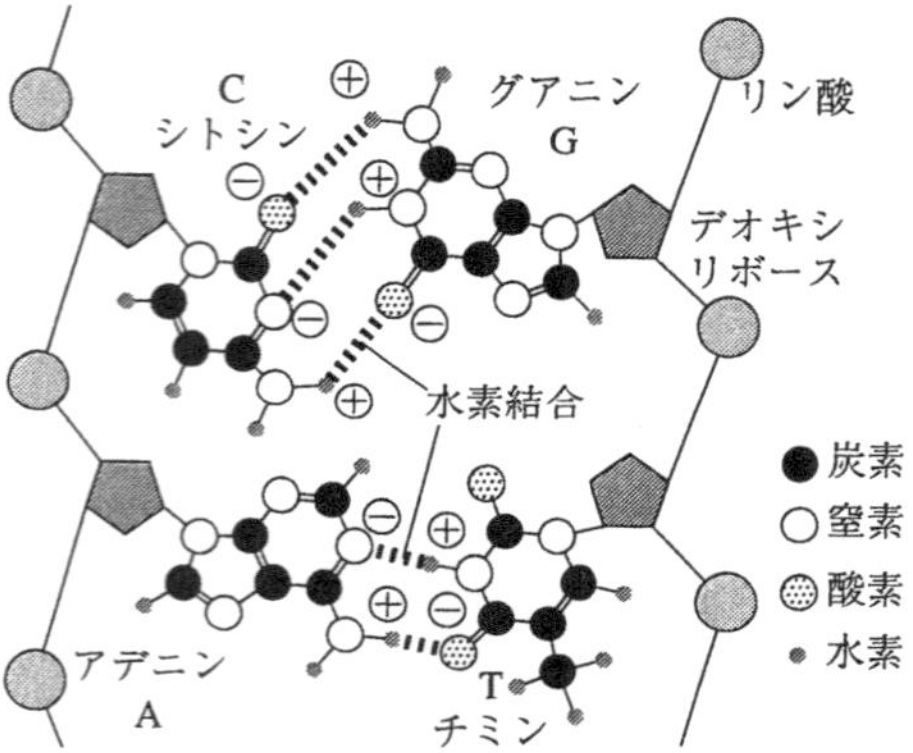

図2-1　アデニン（A）とチミン（T）、グアニン（G）とシトシン（C）の塩基対

かを表現しており、間違いは稀にしかおきないことを暗に意味している。ところで稀にしかおきないこの間違いこそが、生物の進化にとって重要な意味をもっている。一〇〇%正確に遺伝情報が伝達されたのでは進化はあり得ない。DNAが含む遺伝情報が、ほんのわずか親と子の間で違っていることが稀ではあるがあり得る、ということこそが進化にとって大切なのである。

一九五三年、ジェームス・ワトソンとフランシス・クリックは、生命にとって最も重要なDNAの構造を明らかにした。それは、二本の鎖が互いに絡み合いながら、らせん状に伸びた形をしている。それぞれの鎖は、リン酸、糖、塩基から構成されたヌクレオチドが一つの単位になって無数に重合し、直鎖状に伸びている。リン酸と糖でらせんの骨格を形成し、らせん軸に垂直に塩基が積み重なっている（図1-7参照）。

骨格部分のリン酸と糖はどの単位でみても同じ分子なので、どう考えても遺伝情報の担い手に

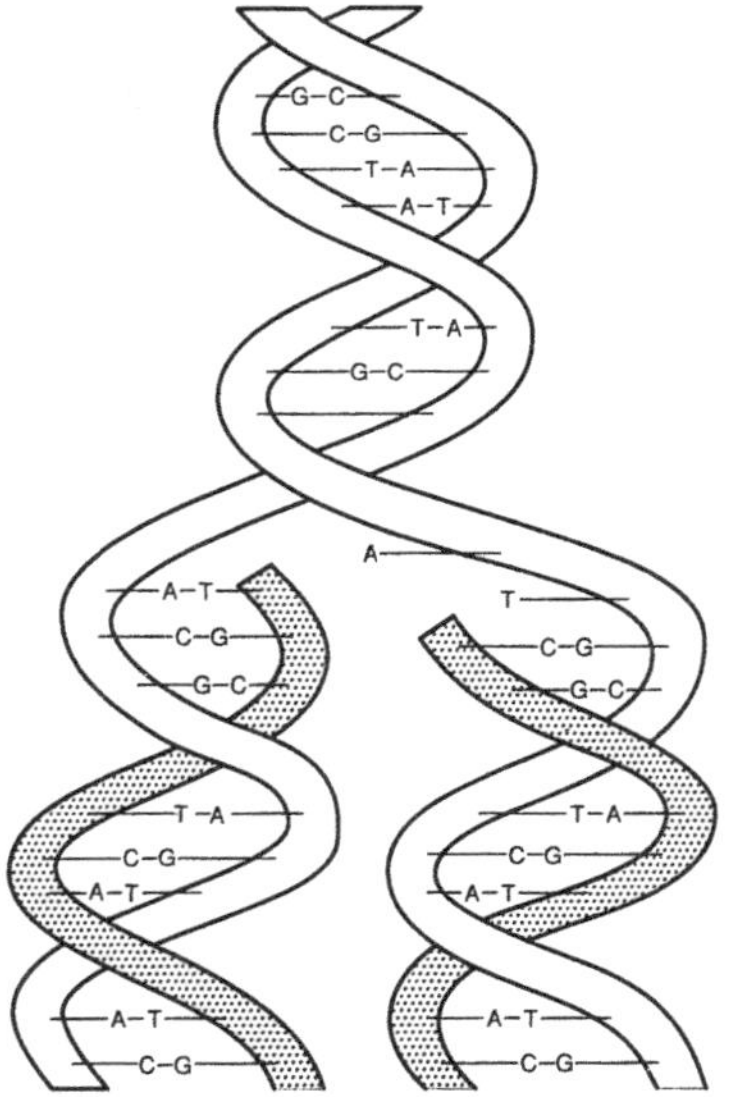

図2－2　DNA複製のしくみ

はなり得ない。一方塩基には、アデニン（A）、チミン（T）、グアニン（G）、シトシン（C）、の四つの異なる種類があり、それらが直鎖状に並んでいる。遺伝情報はこれら四文字の並び方、すなわち「配列」で暗号化されている。一本の鎖にある塩基の数は、たとえばヒトを含めた哺乳動物で数十億、大腸菌のような小さな生物でも数百万にものぼるので、もしそれらの塩基をすべて使ったとすれば、膨大な情報量を詰め込むことができる。

一方の鎖の塩基と他方の鎖の塩基は互いに手を出しあって、水素結合と呼ばれる弱い結合で結ばれている。その結合は特異的で、アデニンは常にチミンと、またグアニンは常にシトシンとのみ結合し、他の組み合わせではおこらない。この関係のことを「相補的関係」と呼んでいる（図2－1）。

このことは重要な意味をもつ。親から子へ遺伝情報が伝達される際に、まずDNAがコピー（複製）される。そのコピーが子へと受け渡される。DNAが複製されるときは、それぞれの鎖を鋳型として、その配列と相補的な配列をもつ鎖を合成するので、できあがった二つのDNAは完全に同じ塩基の配列をもつことになる。こうしてまったく同じ遺伝情報をもったDNAが親から子へと伝達されることになる（図2－2）。

タンパク質合成のしくみ

遺伝子とはDNAの一部分で、多くの場合、一つのタンパク質の情報が暗号化されている。A、T、G、Cの四文字で書き込まれた文字列から、二〇種類のアミノ酸の列からなるタンパク質を合成するための装置が細胞にある。遺伝子としての情報は、普通、DNAの二本の鎖のうちの一方にある。どの遺伝子も同一の鎖に乗っているわけではなく、遺伝子ごとにどちらかの鎖に乗っている。

タンパク質の合成は、まず遺伝子の情報、すなわち塩基配列が伝令RNA、あるいはメッセンジャーRNA（mRNA）と呼ばれるリボ核酸（RNA）に写し取られる。このことを「転写」という。RNAはDNAとよく似た構造をしているが、チミンのかわりにウラシル（U）と呼ばれる塩基が使われている。転写は相補的におこる。すなわちAはUに、GはCに、及びそれぞれの逆の形でDNAの情報がメッセンジャーRNAに写し取られる。

こうして合成されたメッセンジャーRNAはリボソームと呼ばれるタンパク質合成の場へと移動する。リボソームはRNAとタンパク質の巨大な複合体である。リボソーム上でメッセンジャーRNAの塩基配列は、三連字を一つの組として（それを「コドン」と呼んでいる）、アミノ酸に対応づけながら、アミノ酸の鎖すなわちタンパク質が合成される（図2-3）。

コドンとアミノ酸の対応は転移RNAあるいはトランスファーRNA（tRNA）と呼ばれる比較的小さなRNA分子の助けをかりて行われる。トランスファーRNAには、その一方の端にコドンと相補的な塩基配列をもつ「アンチコドン」があり、他の一方の端にアミノ酸の一つが結合されている。コドンとアンチコドンの相補的な塩基対の形成によって、メッセンジャーRNAのコドンがきちんと一つのアミノ酸に対応づけられる。この過程は「翻訳」と呼ばれている。

ところで塩基の種類は四種類あるので、塩基の三連字から作られるコドンの総数は4×4×4＝64通りとなる。一方アミノ酸の種類は二〇種類であるから、一つのアミノ酸が複数個のコドンと対応するものがでてくる。このような同じ「意味」をもつコドンの集まりを「縮退コドン」と

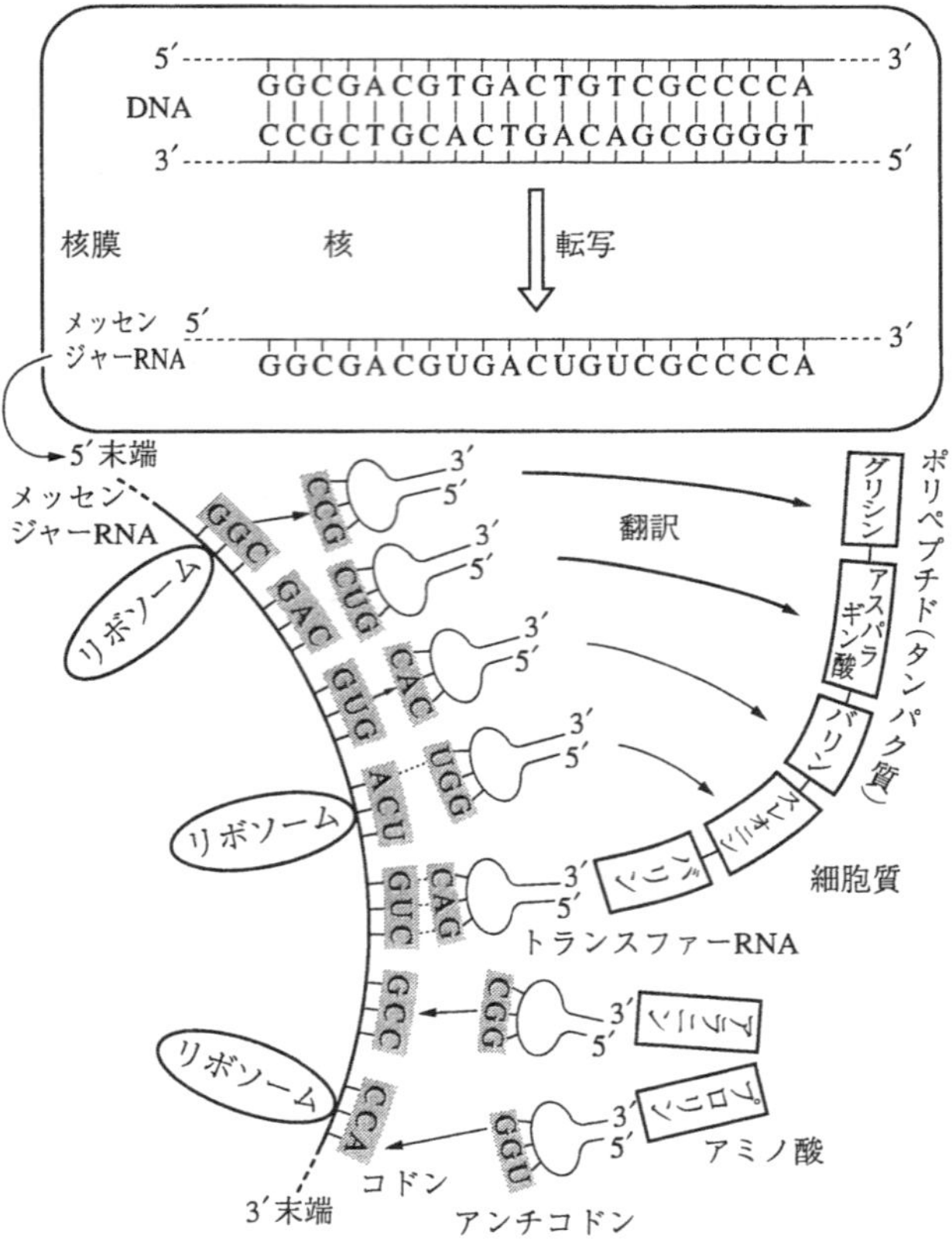

核のなかでつくられたメッセンジャーRNAが細胞質の中にでてくると、その3つの塩基の組(コドン)に応じて、それと相補的な塩基の3つの組(アンチコドン)を一方にもち、他方にアミノ酸をもっているトランスファーRNAが結合する。これらのアミノ酸が重合してタンパク質ができる

図2－3　タンパク質合成のしくみ

1	2				3
	U	C	A	G	
U	フェニルアラニン	セリン	チロシン	システイン	U
	フェニルアラニン	セリン	チロシン	システイン	C
	ロイシン	セリン	読み終わり	読み終わり	A
	ロイシン	セリン	読み終わり	トリプトファン	G
C	ロイシン	プロリン	ヒスチジン	アルギニン	U
	ロイシン	プロリン	ヒスチジン	アルギニン	C
	ロイシン	プロリン	グルタミン	アルギニン	A
	ロイシン	プロリン	グルタミン	アルギニン	G
A	イソロイシン	スレオニン	アスパラギン	セリン	U
	イソロイシン	スレオニン	アスパラギン	セリン	C
	イソロイシン	スレオニン	リジン	アルギニン	A
	メチオニン	スレオニン	リジン	アルギニン	G
G	バリン	アラニン	アスパラギン酸	グリシン	U
	バリン	アラニン	アスパラギン酸	グリシン	C
	バリン	アラニン	グルタミン酸	グリシン	A
	バリン	アラニン	グルタミン酸	グリシン	G

図2－4　遺伝暗号表

呼んでいる。たとえばＧＧＵ、ＧＧＣ、ＧＧＡ、ＧＧＧはすべて同一のグリシンというアミノ酸に対応している。したがってこれら四つのコドンは互いに縮退コドンである。

六四通りのコドンと二〇種のアミノ酸との対応関係はすでにわかっている。それは「遺伝暗号表」（あるいは遺伝コード表）と名づけられた表にまとめられている。この暗号表はいわば「ＤＮＡ語」を「タンパク質語」に翻訳するための辞書のようなものである。遺伝暗号表はすべての生物に共通なので、もし遺伝子の塩基配列がわかれば、それが暗号化しているタンパク質のアミノ酸配列が決定できる（図2－4）。

メッセンジャーRNAのすべての部分がアミノ酸配列を暗号化しているわけではない。タンパク質を暗号化している領域、すなわちコード領域は開始コドンAUGで始まり、終止コドンUAA、UAG、UGAのいずれかで終わる。コード領域の前後にはタンパク質を暗号化していない非コード領域が通常存在する。このメッセンジャーRNAの構造は大腸菌を代表とする原核生物に対して正しい。しかし、ヒトを含めた真核生物の遺伝子については、以下でのべるように、修正が必要である。

真核生物の遺伝子

大腸菌のような原核生物では、遺伝子上でタンパク質の情報を暗号化しているコード領域は連続して存在している。しかし真核生物の遺伝子では、コード領域は途中、「イントロン」と呼ばれる意味のない、長い塩基配列で分離されている。すなわち、真核生物の遺伝子のコード領域は、タンパク質の情報になる「エクソン」と呼ばれる部分と、ほとんどが意味のないイントロンが相互に繰り返すモザイク構造になっている。イントロンの数は遺伝子ごとに異なり、一〇を超える遺伝子も少なくない。しかもその一つ一つの長さは一般に長く、一万塩基の長さに及ぶものもある。したがって真核生物では原核生物より、転写から翻訳へ至る過程が複雑になる。

まず無意味なイントロン部分も含めて全領域が転写され、前駆体のメッセンジャーRNAが合成される。次いでイントロン部分を除去し、隣接するエクソンが正確に連結される。この過程を「スプライシング」と呼んでいる。このスプライシングは正確におこらなければならない。なぜなら、切り出しが不正確なため、エクソンの配列の端で、塩基が欠失したり、逆に挿入されたりすると、その後のコドンがくるってしまい、でたらめなアミノ酸の配列を指令する結果となるからである。正確なスプライシングによって初めて、正しいタンパク質を暗号化した、成熟メッセンジャーＲＮＡができる（図２－５）。

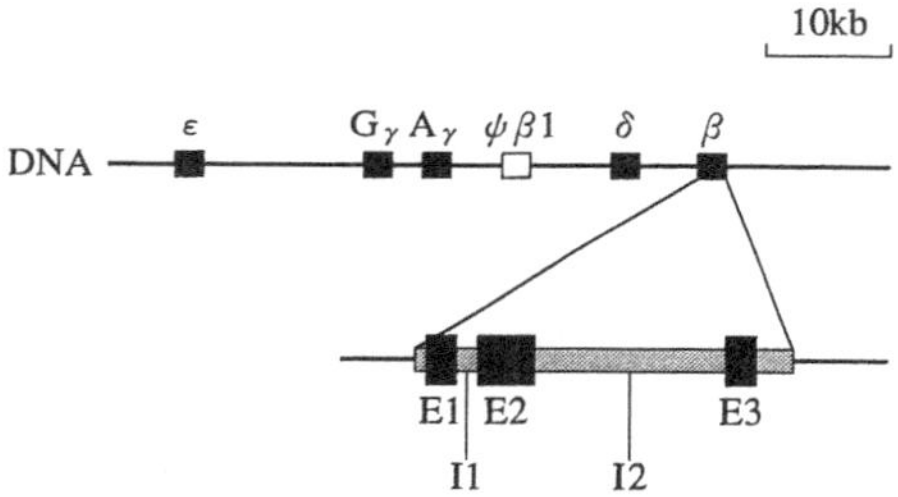

E1、E2、E3はエクソンで、I1、I2はイントロン。
ε、Gγ、Aγ、ψβ1、δはβ-グロビン遺伝子によく似た遺伝子で、この順にならんでDNA上に存在する

図２－５　ヒトのβ-グロビン遺伝子族（上段）とβ-グロビン遺伝子のエクソン－イントロン構造（下段）

この後のタンパク質を合成するまでの過程は、基本的には原核生物の場合と同じである。真核生物の遺伝子はエクソンとイントロンのモザイク構造をとっているので、前駆体メッセンジャーＲＮＡからイントロンを除去するスプライシングという過程が含まれているのである。

原核生物の遺伝子と真核生物の遺伝子との違いでもう一つ注目すべき点がある。それは隣接する

遺伝子間の距離である。原核生物では遺伝子と遺伝子の間隔、すなわちスペーサーがほとんどない。一方真核生物のＤＮＡでは、遺伝子と遺伝子の間が非常に離れている（図２－５参照）。一万塩基にも及ぶスペーサーがざらにある。スペーサー領域には、たとえば、遺伝子のはたらきを調節する部位のような、何らかの機能に関わる領域が存在するが、機能をもたない領域がかなり存在する。

こうしてみると、真核生物のＤＮＡにはイントロンやスペーサーなど、無意味と思われる領域が非常に多い。意味のある情報を担ったエクソンと重要な信号部位は、ＤＮＡ全体でみるとわずかで、砂漠に点在するオアシスのような感じがする。意味のない塩基の羅列も含めて、ＤＮＡの複製やメッセンジャーＲＮＡの転写が行われるので、かなりなエネルギーの浪費になる。たしかに、原核生物のＤＮＡには無駄がなく、遺伝情報が濃密に詰まっている。無駄を排することで、ＤＮＡの複製頻度を増し、結果として多くの子孫を残す戦略が進化したのであろう。

真核生物は、原核生物に比べて比較にならないほどの、膨大なエネルギーを獲得する手段を持ち合わせている。そのことが、真核生物のＤＮＡに、無駄をかかえるだけの「ゆとり」を作ったと考えることができる。十分「ゆとり」があるので、無駄なＤＮＡをかかえていたとしても、生きる上で大した障害にならないというわけである。だから、できるだけ無駄を切り詰めて、経済的にかつ能率的にＤＮＡを整備しなければならないという圧力がはたらかなかったのであろう。

実はこの「ゆとり」こそが、多彩な遺伝子を生み出す母体になったように思われる。こうした真核生物に見られる遺伝子の多様化のありさまは後の章で詳しくのべる。

第3章　ＤＮＡで進化をみる

進化の素材としての突然変異

一般に、集団中の大多数の個体がもつ形質と異なる形質への変化を「突然変異」と呼ぶが、特に断らない限り、本書では突然変異を、ＤＮＡ上の遺伝的な変化という限定的な意味で使うことにする。突然変異は遺伝学の発展と切っても切れない関係にある。遺伝学すなわち突然変異の学問といってもいいすぎではない。ある生化学的なはたらきがどの遺伝子に由来するかを知るために、そのはたらきが欠損している突然変異体がしばしば利用される。こうしてその遺伝子のはたらきを逆に知ることができる。

こうした間接的方法は、何も遺伝学に限った手法ではなく、いろいろな研究分野で使われている。たとえば、ある物の性質を知るのに、その性質を直接測定するのでなく、わずかに変化させ、それに対する応答からその性質を知る方法がある。なかなか賢い方法だと思う。

突然変異を上手に使って、われわれは遺伝のしくみを分子から理解できるようになった。逆に突然変異の実態も理解できるようになった。突然変異はＤＮＡの上におきた変化なのだが、それにはさまざまな形態がある。ＤＮＡが途中で切断されて、大きな部分が欠落したり、逆に大きなＤＮＡ部分が挿入されることもある。一方で、一つの塩基が別の塩基に置き換わったり（点突然変異という）、その塩基が欠失したり、新たに挿入されたりする、小さな変化もある。後で詳しく紹介するが、「遺伝子重複」といって、遺伝子がまるごとコピーされることがある。遺伝子の新しい機能を生み出す、非常に重要なメカニズムだ。一つの遺伝子の配列が別の遺伝子の配列で置き換わることもある。あるいは異なる染色体が融合したり、まるごと一つの染色体が欠損したり、逆に倍加したりすることがある。

こうしたＤＮＡ上の変化が進化の素材になる。人間の体には無数の細胞があり、その一つ一つにＤＮＡがある。細胞中のＤＮＡは生涯にわたって突然変異を受けるが、それらがすべて進化の素材になるわけではない。そのためには、その変化が遺伝しなければならない。

細胞には二種類あって、精子や卵などの遺伝に関わる「生殖細胞」と、その他の「体細胞」とがある。生殖細胞におきた突然変異は次世代に伝わるので、進化の素材になる。この本では、断らない限り、突然変異といったら、前述の意味に加えて生殖細胞におきた突然変異のことを指す。

突然変異は遺伝的変化だといったが、進化もまた変化である。では、突然変異と進化はどう違うのか？　まず、そこから話を進めてみよう。

突然変異と進化

すでに第1章の「種と進化」の節で、突然変異と進化について簡単に説明しており、繰り返しになるが、もう一度ふれておこう。突然変異は個々の個体に現れるが、多くの場合、それはすぐに消えてしまう。しかしまれに突然変異をもった個体は次第に仲間を増やし、ついにはある生物の「種」全体に広まることがある。この時点で、すべての個体が以前にもっていた遺伝的性質が種全体で変異体と置き換わってしまう。これが「進化」である。すなわち、突然変異は個体の変化だが、進化は種の変化である。普通、変異が広まる対象として、「種」より小さな、互いに交配可能な個体の集まりである「集団」を考える。

多くの場合、突然変異は個体の生存にとって有害なので、その変異をもった個体は、子供を残せる年齢に達する前に死ぬ。子孫を残すことがなければ、突然変異によって生じたDNAの変化も次の世代に受け継がれることがない。また仮に子孫を残すことがあっても、子孫は有害な形質をもっているので、数世代で子孫のすべてが死に絶える。これらの場合は進化の長いタイムスケールでみると、いずれも受けた変異は痕跡としてDNAの上に残らない。突然変異を受けたDNAの運命は多くの場合このような経過をたどる。

しかし、稀には幸運な変異もある。最初は一個体に出現した変異が、次々にその変異をもつ子孫を増やし、ついにはその種を形成する全集団に広まることがある。この場合、集団はこれまで保有していたDNAを別の変異を受けたDNAで置き換えたことになる。このことを変異が「集団に固定した」という。集団に固定することを「進化」と呼んでいる。種のDNAが全体として変化したわけで、この変化はDNAに刻印され、種が絶滅しない限り、その後長い進化の歴史を通じて痕跡として残る。DNAが進化の情報をもっているというのはこのことなのである。

DNAに秘められた進化の情報をどう引き出すか

DNAが進化の情報をもっていることはわかったが、ではDNAに蓄積された進化の情報はどのように引き出すことができるのか。じっとDNAの塩基配列をみているだけではわからない。それは近縁な種、たとえばヒトとサルのDNAを比べることで可能になる。比べてみると、両者で塩基が違っている場所がみえてくる。この違いは両者が共通の祖先から別れて以後、現在に至る間に、どちらかの系統でおきた変化（すなわち集団に広まった変異）を意味している。たとえばヘモグロビンのα鎖を暗号化している遺伝子の領域の塩基配列をヒトとオランウータンとで比べてみると、一〇ヵ所で違っているところがある（図1－8参照）。こうして近縁な生物間でDNAを比べることで、進化の情報を引き出すことができるのである。

重要なことは、現在生存している生物のＤＮＡから過去におきた進化がわかるということである。これは分子進化学の大きな特徴だ。しかし、一方ではこれは欠点でもある。なぜなら、たとえば恐竜のように、絶滅してしまった生物からはＤＮＡが取れない。したがってＤＮＡから恐竜の進化は理解できないということになる。

繰り返すが、ＤＮＡは、過去におきた進化のでき事を痕跡として残している「分子化石」であって、その情報は異なる種の間でＤＮＡを比べることで取り出せるのである。

では、一個体に現れた変異はどのようにして集団に広まっていくのであろうか？　ＤＮＡやタンパク質といった分子は、ダーウィンの自然選択説とは異なるメカニズムで進化していることが、これらの分子の研究で明らかになった。

分子進化の中立説

第１章でのべたように、進化を分子レベルで研究できるようになったのは、比較的最近のことで、それまでは、現在生存している生物の形態や過去の生物の化石といった、主に目に見える形態を対象として進化の研究がなされてきた。長い間の、形態レベルでの研究の結果、地球上の生物は、神が創った不変の創造物ではなく、長い年月の間に、徐々にではあるがその表現形質を変えながら、今日の生物に進化した、という考えが定着していった。チャールズ・ダーウィンは、膨大な資料に基づいて生物の進化を科学的に立証し、進化がどのようにしておこるかを説明する自然選択説を確立した。

変異には色々な種類があるが、それに伴い生存にとって有利さの程度もまちまちである。生存にとって有利な変異をもった個体は、生存競争に勝ち残り、より多くの子孫を残し、世代を経るにしたがって、そうした変異をもった個体の数が増えていく。一方生存に少しでも不利な変異をもつ個体は集団中から消滅していく。これがダーウィン以来の自然選択説であり、形態レベルでの進化を合理的に説明する学説であることは現在でも変わらない。

一方、分子生物学の発展によって、進化の研究は様相を一変させた。五〇年ほど前より、遺伝子やタンパク質といった分子レベルで、進化を定量的に研究することが可能になった。最初の一〇年間、すなわち一九六〇年代は分子進化に関する重要な事実が相次いで発見された時期であった。こうした新事実を総合して、一九六八年、木村資生博士は「分子進化の中立説」を提唱した。

分子進化の中立説では、分子の進化に寄与する大部分の変異は、自然選択に有利でもなく、不利でもない、中立な変異であって、そうした変異が機会的浮動、すなわち、偶然に集団に広まった結果、進化がおこると考える。この考えは、淘汰に有利な変異が集団に固定するというダーウィン流の自然選択説と対立するため、この説の発表当初から世界的に激しい論争が巻きおこった。

自然選択説と中立説との違いは、突然変異が集団に固定していくときのメカニズムである。自然選択説では、生存に少しでも有利な、子供を多く残せる変異が選択され、集団に広まっていくと考える。一方、中立説では、生存にとって不利な変異は、自然選択によって集団から除去されるという点では、ダーウィンの自然選択説と同じだが、それ以外の変異は、すなわち分子の進化に寄与する変異は、偶然に集団に固定する、と考える。つまり、前者は生きる上で少しでも有利な特性をもった変異を選抜しているのに対し、後者はどの変異も優劣はなく平等に選抜されるチャンスがあるわけである。

中立説は自然選択による分子の進化を全面的に否定しているわけではない。中立説は分子の進化に寄与する変異のうち、中立的変異の方が淘汰に有利な変異より、数において圧倒的に多い、ということを主張しているのである。しかし、いずれにせよ中立説は、分子レベルでおこる進化のメカニズムが形態レベルでおこる進化のメカニズムとは異なっていることを提示している。自然選択万能の考えに慣れたこの当時の生物学者にとって、中立的な考えは、その説を支持するかしないかにかかわらず、いかに画期的な考え方であったか、想像に難しくない。

いうまでもなく、中立説の提唱者である木村資生博士は、ダーウィン流の自然選択説を熟知した研究者である。伝統的考えを最も熟知した木村博士が、最も革新的考えに到達し得たということは決して皮肉なことではない。むしろ、このことこそが重要なことであったと思われる。中立説は発表当時から激しい反論に直面しながら、それによく耐え、中立説を支持する多くの事実を蓄積し得たのは、博士がまさに自然選択説と中立説の本質を見極めた研究者だったからであろう。

分子の進化は、木村博士の言うとおり、中立説で説明できるのか、あるいは分子のレベルでもダーウィンの言うように、適応的におきているのか。中立・適応説論争は中立説の提唱以来長い間続き、中立説は徐々に支持者を広げていった。この種の理論では、いまだに形態レベルの進化理論として、ダーウィンの自然選択説を認めない人がいるように、世界中のだれもが一致して認めるということにはなかなかならない。しかし現在では、中立説は分子レベルでの主要な進化理論として、多くの集団遺伝学者・分子進化学者に定着している。

現在では中立説と自然選択説とでは次のように折り合いがついている。

①有害な変異は自然選択の力で集団から除去される。
②ＤＮＡに蓄積した大部分の変異は中立な変異で、それは偶然に集団に広まった変異である。すなわち中立説が主張するメカニズムで集団に広まった結果である。
③目で見てそれとわかる形態レベルでの進化は有利な変異に自然選択がはたらいた結果おこる。

一九九二年、分子進化の中立説の功績に対して、木村博士は進化学のノーベル賞といわれているダーウィンメダルを受賞している。

中立・適応説論争に限らず、さまざまな、自然選択に関わる論争に関して感じることは、もし、あらゆる性質がすべて適応的である、と決めてかかるなら、多くの場合、自然選択でそれらしい説明を見つけることはそれほど難しいことではないということである。自然選択にはそうした落とし穴があり、それゆえ安易に適応的な説明を探しすぎぬよう、注意しなければならない、とダーウィンは次のような例えで警告している。

緑色のキツツキだけを知っていて、黒やまだらのキツツキがいることを知らなければ、この緑色は木に訪れる外敵から身を守るための、自然選択によるみごとな適応と考えがちだが、実際は性淘汰によるものである。

いかようにも自然選択で説明できるということが、むしろこの説の欠点であることをよく承知すべきであり、正しい説明には多くの情報が必要であることを、ダーウィンはこの例えで教えている。

逆に中立説は説明に対して、ほとんど自由度がない。それなのに分子レベルのさまざまな事実をよく説明できたということは驚くべきことである。

中立説が提唱された当初から、太田朋子博士をはじめ、向井輝美博士、根井正利博士といった日本の集団遺伝学者が理論的・実験的に中立説を強力にサポートし、中立説を広める上で大いに貢献した。

特定の学説に対する賛同者だけが、常にその学説を発展させるとは限らない。学説に対立する考えをもつ側からの優れた批判が、より精緻な学説へと発展させることは研究社会ではしばしばみられる。セント・ジョージ・マイヴァートによって繰り返しダーウィンに突きつけられた自然選択説への重大な疑問は、そのたびにダーウィン理論を大きく飛躍させた事実に、本書でしばしば出会うであろう。

誰でもその立場になれば一時的にはそうなるであろうが、かつて中立説に対する反論のあまりの多さにいささか疲れたのであろうか、うっかりやや感情的な言葉が走った木村博士に対し、遺伝学の大御所で、木村博士の先生でもあった、ジェームス・クロー博士はこう諭した。

「中立説に対する多くの反論が中立説をここまで優れた理論に磨き上げることに貢献したのだ」

さすが世界の指導者だと感銘を覚えた一言であった。

中立説が提唱されて数年後、優れた理論物理学者であった松田博嗣博士と石井一成博士は生物進化の分野に参入し、分子進化のパターンを自然選択説の立場から説明する理論を作り始めていた。クロー博士は、来日すると、松田博士の研究室をしばしば訪れ、彼らの研究成果を熱心に聞き、勇気づけることを忘れなかった。中立説をサポートしていたクロー博士にとって、対立する考えに立つ松田・石井博士の優れた研究こそが、中立説をより強固な理論に育てるのだという確信があったのではないだろうか。その冷静さは、ダーウィンが随所に見せるそれと重なるところがある。

生物学は例外の科学だといわれる。「もし、カンブリア紀の地層から、ウサギの化石が見つかったら、進化論はひっくりがえるであろう」とは、有名なJ・B・S・ホールデンの言葉だが、何がおこるか分からない、生物の世界にあって、クロー博士のような冷静な指導者は貴重な存在である。ちなみに彼は、「細胞内共生説」の提唱者、リン・マーギュリスの先生でもある。

第4章　遺伝子がもつ進化の情報を探る

なぜ遺伝子を比べると進化の情報が得られるのか

　前章で、ＤＮＡは進化の情報をもっていて、その情報は配列の比較から引き出せるといった。これは分子進化学の基本操作なので、例を使って、少し詳しくのべてみよう。

　繰り返しになるが、現在生存している一つの生物、たとえばヒトがもつＤＮＡだけでは、過去に何がおきたのかは読みとれないが、別の種、たとえばサルのＤＮＡと比べてみる。そうすると二つのＤＮＡの間で塩基が違っている場所が見つかる。その違いは、進化の過程で、どちらかの系統でおきた突然変異が集団に広まった結果である。すなわち、進化の結果である。

　ヒトとサルはおよそ三〇〇〇万年前に一つの祖先から進化したことがわかっている。この祖先までさかのぼれば、ヒトとサルのＤＮＡはまったく同じものであったことになる。ヒトとサルに分かれた後、それぞれの系統で独立に突然変異を受けるが、その中でヒトあるいはサルの集団に

ヒト　TGCGGCTCACACCTGGTGGA
サル　TGCGGCTCCCACCTAGTGGA

両者でちがっている箇所を四角でかこった

図４－１　ヒトとサルのインシュリン遺伝子の部分配列比較

広まった変異がそれぞれのＤＮＡに刻印されているので、どちらかの系統で変異を受けた場所が「違い」として見えているわけである。種に広まっていない変異は、数世代のうちに個体の死という形で集団から除去されてしまうので、痕跡として残っていない。

つまり、「現在生存している生物」のＤＮＡを比べると、過去におきた進化がわかるのである。このことが、ＤＮＡが「分子化石」と呼ばれるゆえんである。

遺伝子の配列比較から得られる進化に関する情報のうちで最も単純な情報は、生物が進化の過程で遺伝子上に蓄積した塩基の置き換えをおこした突然変異、すなわち、点突然変異の総数である。話をわかりやすくするために、遺伝子の一部を切り出した数片について説明してみよう。

図４－１はヒトのインシュリンを暗号化している遺伝子の一部と、サルのインシュリン遺伝子の対応する部分を比較したものである。どちらも二〇塩基からなる断片であるが、比べると、ヒトとサルの間で二ヵ所で塩基が違っている。この違いは、祖先から分岐後、どちらか一方の系統で受けた変異の結果である。

具体的には図４－１に示したＤＮＡ断片で、九番目の位置はヒトとサルの祖先ではＡかＣのどちらかであったわけである。同様に一五番目の位置は祖先配列ではＧかＡであったと考えるのである。結局、共通の祖先から分岐後、三〇〇〇万年の間にこのＤＮＡ断片上に、ヒトへ至る系統とサルへ至る系統で、九番目と一五番目の位置で、合計二回の、塩基置換を伴う点突然変異が、集団中に広まったことになる。二回とも一方の系統でおきたのか、それともそれぞれの系統で一回ずつおきたのか、ということについては、これだけのデータからは判別できない。いずれにせよ、このＤＮＡ断片上に進化の過程でおきた塩基置換の位置と総数を知ることができる。

これまでの議論では、塩基が異なっている場所で、どちらか一方の系統で塩基の置換がおきたと仮定した。しかし、それぞれの系統で、独立に異なる塩基に置き換わった可能性もあるのだが、右の議論では、そのことはまったく無視している。この仮定は比べた種（すなわち配列）が近縁な場合にはほぼ正しい。なぜなら、比べた種が近縁なら、集団に固定した突然変異の数も少ないはずで、したがって同じ場所に二つの系統で独立に変異がおこる確率は非常に小さいと考えられるからである。しかし、比べた種が遠縁になるにつれて、この仮定は適当でなくなる。二つの系統で独立に同じ塩基座位に置換をおこすことがあるからである。

再び例で説明しよう。図４‐２は図４‐１と同じ配列に祖先配列を加えた比較である。祖先配列は説明のために想定した仮想的配列で、現実の配列ではない。通常祖先配列はわからない。

この図で一五番目の座位をみると、ヒトでは祖先の配列と同じ塩基のＧであるが、サルではＡ

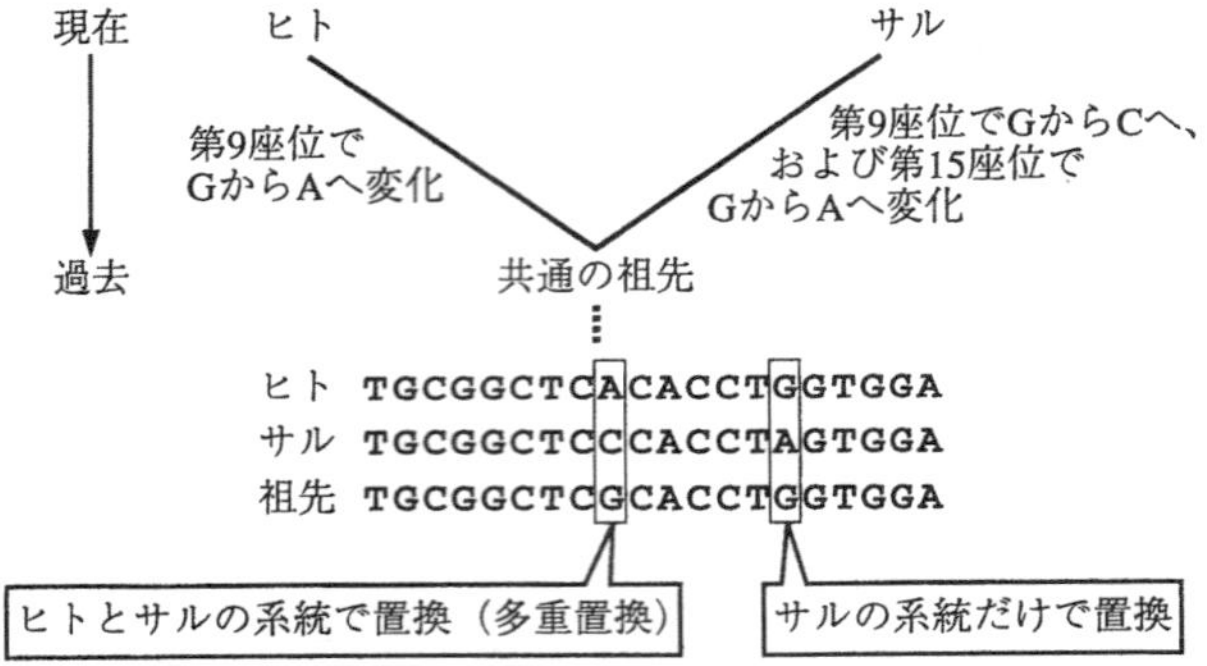

図４－２　現在の配列と仮想的祖先配列の比較

になっている。つまりサルの系統でGからAに置き換わったわけである。ところが、九番目の座位ではヒトもサルもともに祖先配列と違っている。この座位ではヒトへ至る系統でGからAに変わり、同じ座位でサルへ至る系統でもGからCに変わったことを意味している。したがって祖先からヒトとサルに分岐後におきた置換の総数は二回ではなく三回ということになる。

このように同じ座位に二回以上置換がおこることを「多重置換」と呼んでいる。多重置換は近縁な配列を比べている限りではめったに観測されないが、遠縁になるにつれて多く現れるようになる。祖先配列を知ることなしに、現存の配列の比較だけから、多重置換の効果を補正し、進化の過程でおきた置換数を推定するための数学的公式が知られている。

ここで比較したヒトとサルのDNA断片は二〇の座位からなるが、そのうち二つの座位で塩基が異なっていた。したがって座位あたり平均〇・一（2÷20）異なっていることになる。このことを「配列の相違度」と呼び、以後大文字の〝K〟で表すことにしよう。このKは、比べる配列が近縁ならばほぼ座位あたりの置換数を表す。正しくは多重置換の効果を補正しなければならない。補正後の座位あたりの置換数を小文字の〝k〟で表すことにする。

Kの値がとり得る範囲は、〇（完全一致の場合）から一（完全に異なる場合）の間であるが、kは一を超えることがあり得る。kはKから公式を利用して計算で求める（図４－３）。Kの値が大きくなると多重置換の効果をうまく補正できなくなる。たとえば、Kが四分の三になると、配列の比較からは何の情報も得られない。デタラメな配列を比べても、塩基は四種類しかないので、平均として四分の一の座位では塩基が一致するからである。このことを「飽和」という。

1）塩基配列の場合

$$k=-(3/4)\,ln\{1-(4/3)K\}$$

2）アミノ酸配列の場合

$$k=-ln\{1-K\}$$

この公式では、比較した2つの系統で、同じ座位に置換がおこることは希であり、置きかわる4種類の塩基(あるいは20種類のアミノ酸)のあいだでは、置換が対等におこる、と仮定している。lnは自然対数

図４－３　配列の相違度Kから置換数kを推定する公式

分子時計

これまでの話をまとめておこう。ＤＮＡは進化の情報

をもった「分子化石」で、その情報は異なる種、たとえばヒトとチンパンジーのＤＮＡを比べることで得られる。得られる情報のうちで最も単純な情報は、二つの系統が共通の祖先から分かれた後、現在に至る進化の過程で、それぞれの系統で、集団に広まった突然変異（塩基置換）の位置と総数である。

この情報は、二つのＤＮＡや遺伝子（あるいはタンパク質）の塩基配列（あるいはアミノ酸配列）を比較し、両者で違っている箇所の数をカウントするだけで得られるので、客観性がある。このことは後でのべるが重要な点である。しかもこの過去に関する情報が「現在生存している生物」のＤＮＡから得られる。この二点は分子化石の大きな特徴になっている。

右でのべた配列の比較のうちで、もっとも単純な方法から、分子進化学のスタートになった発見、すなわち、「分子時計」を導いてみよう。分子進化学者が一九六〇年代の初期までに明らかにした重要な事実は、比べる種の分岐時期が古くなればなるほど、比べたタンパク質のアミノ酸配列の違いの程度、すなわち、アミノ酸の置換数が大きくなっていくということである。言い換えると、遺伝子の塩基あるいはタンパク質のアミノ酸が置き換わっていく数が生物の系統を反映しているということである。当時はＤＮＡの塩基配列を解読する技術がなかったので、タンパク質を比べて、塩基の代わりにアミノ酸が置き換わる数をカウントしたのだが、ＤＮＡの塩基配列とタンパク質のアミノ酸配列には対応関係があるので、結果は同じことになる。

たとえば、酸素を体のすみずみまで運ぶヘモグロビンというタンパク質でみてみると、ヒトとイヌ（同じ哺乳類の異なる「目」）の間では、アミノ酸が両者で違っている箇所は全体の一六％にすぎないが、ヒトと鳥では二五％も違う。さらに遠縁の魚になると、五三％と違いの程度がますます大きくなる。

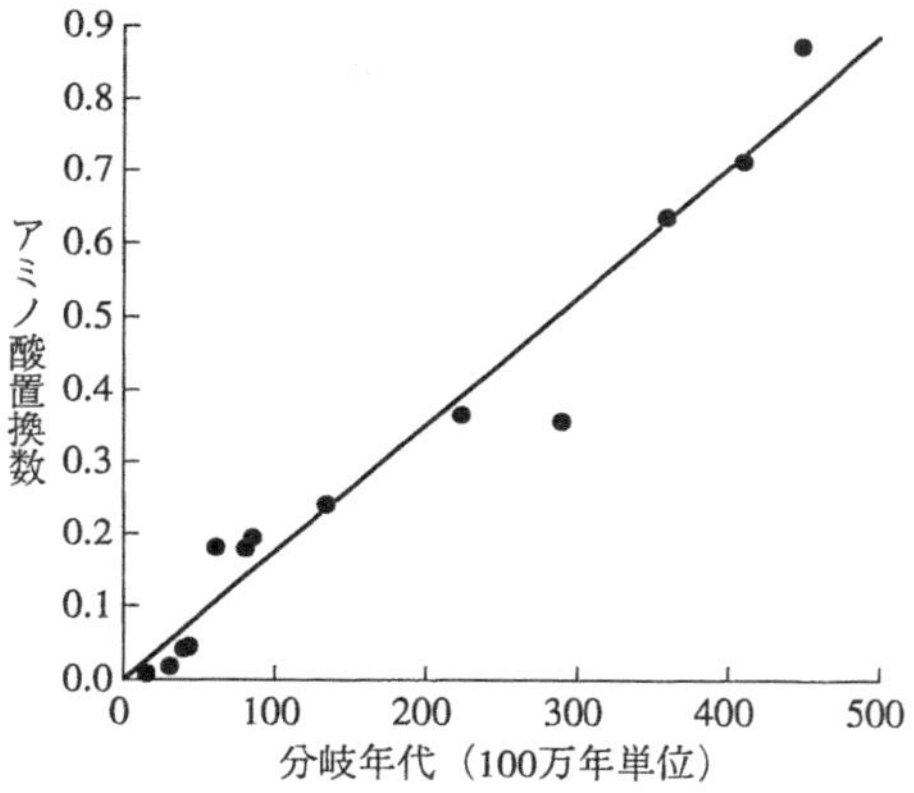

図４－４　ヘモグロビンα鎖の分子時計

この生物の系統とＤＮＡの違いの程度との相関をさらに押し進めたのが、エミール・ズッカーカンドルとライナス・ポーリングであった。彼らは比較した生物の間でみられるアミノ酸の置換数と、化石から知られている二つの生物が共通の祖先から分岐した時期とをグラフに表してみた。その結果、二つの量の間には近似的に直線関係があることがわかった。図４－４はヘモグロビンを使って得られた結果である。

アミノ酸の置換数と分岐時期との直線関係は、時間の経過とともに、アミノ酸の置き換わりが、すなわち進化が一定のペースでおこることを意味している。アミノ酸の置き換わりが、あたかも時計の針が一定のペースで時を刻むのに似ていることから、分子の進化に関するこの性質を「分子時計」と呼んでいる。

進化が一定のペースでおきているので、進化の速度を定義することは意味がある。通常一つの塩基あるいはアミノ酸が占めている場所、すなわち、座位に一年の間におこる変化を「分子進化速度」という。ちなみに、ヘモグロビンの場合は、進化速度は一×一〇のマイナス九乗／座位／年となる。直線関係の図でいえば、直線の傾きに対応する。傾きが急なら、進化は速くおこり、傾きが緩やかなら、進化はゆっくりおこる。

標準的なタンパク質の大きさが一〇〇〇アミノ酸残基程度だとし、かつ、ヘモグロビンと同程度の進化速度だとすると、一〇〇万年で一アミノ酸が置き換わる、すなわち、進化することになる。急速におこる進化も当然あるが、一般には進化は一〇〇万年を単位にゆっくりとおこると考えるべきであろう。

話を図4－4に戻す。この直線関係はヒトをはじめとして、サル、ネズミ、鳥、魚など、さまざまな脊椎動物の系統を使って得られている点に注意して欲しい。このことはまた、進化が系統によらず、一定のペースでおきていることを意味している。つまり、「分子進化速度の一定性」である。

分子時計の最も大きな特徴は、それを利用することで、現在生存している生物がもっている分子から、生物が辿った進化の道筋を明らかにし、かつそれらの生物が祖先から枝分かれした時期を推定できることにある。特定の分子の進化速度がわかっていれば、化石のデータを利用することなく、現在生存する生物だけから、生化学的技術によって、過去におきた進化を逆に辿ることができるのである。

一九六七年、ヴィンセント・サリッチとアラン・ウイルソンは分子時計を利用して、霊長類とヒトの起源を研究し、大きな成功を収めた。ヒトに最も近縁な現生生物はチンパンジーで、両者の分岐はおよそ五〇〇万年前におきたと結論した。この結果は当時の古生物学の常識と大きな食い違いを示したため、その後長い間論争が続き、最終的にはサリッチとウイルソンの結論に近い形で決着した（第22章参照）。

今日、多くの分子進化学者は、すべての分子に対して、分子進化速度の一定性が成り立つとは考えていない。分子によっては変動が激しく、分岐時間と置換数の間の直線関係が悪いこともある。また比べた種間の分岐時間にも依存する。哺乳類、鳥類、爬虫類、両生類、魚類といった脊椎動物の綱のレベルで比べると、図４－４にみるように、近似的に一定性が成り立つが、もっと細かなレベル（目、科、属、種）で比べると、分子によっては成り立たない場合が多く見られる。したがって、分子時計を使って生物の分岐時期を推定する場合には、十分な注意が必要である。

このことと関連して、分子進化速度の一定性が成り立たないから、中立説は正しくないのではないか？　という誤解をしばしば耳にするので、一言申し添えておく。中立説は分子進化速度の一定性を仮定していない。また、中立説は分子進化速度が突然変異率と比例関係にあることを主張しているだけで、突然変異率が系統によらず一定なら、進化速度が一定になるといっているのである（第6章参照）。分子進化速度にかなりな変動が観察されるという事実は、中立説に従うと、突然変異率が変動していると考えればよいことである。

縮退コドンと同義置換

これまでのべてきたように、異なる生物種、たとえばヒトとネズミの間で同じ遺伝子、たとえばヘモグロビンの遺伝子の塩基配列を比較することで進化の情報が得られる。すなわち、両者の間で塩基が違っている座位が現れるが、それぞれはどちらかの生物種で塩基置換がおこり、それが集団に広まった結果、つまり進化の結果を示している。したがって、同じ遺伝子の塩基配列、あるいは塩基配列が暗号化（コード）しているタンパク質のアミノ酸配列を異なる種間で比較することは、遺伝子やタンパク質で進化の研究をする分子進化学の基本的操作の一つになる。

遺伝子の塩基配列のうちで、タンパク質のアミノ酸配列を暗号化している領域、すなわち、イントロン部分を除去して、成熟ｍＲＮＡに対応する領域を異なる種間で比較すると、二つの異なる進化のパターンを読み取ることができる。以下でその方法の骨子を説明しよう。しばらくは、タンパク質をコードしている成熟ｍＲＮＡの領域のみを考える。

第２章でのべたように、コドンは全部で六四通りあるが、そのうち三つの終止コドンを除いて、六一種類のコドンのどれかは二〇種類のアミノ酸のどれかに対応する。両者の対応関係は遺伝暗号（遺伝コード）表にまとめられていて、それは塩基言語をアミノ酸言語に翻訳する辞書のようなものだ。遺伝暗号表によると、異なる複数のコドンが同じアミノ酸に対応する場合がある。このことを「縮退」と呼んでいる。縮退しているコドンは同じアミノ酸をコードしているので「同義語」と呼ばれる。

ついでに言葉の定義をしておく。三つの特定の塩基の並びからなるあるコドン、たとえば、ＵＵＣというコドンを考える。このコドンはフェニルアラニンというアミノ酸を指定する。ＵＵＣの第三座位のＣをＵに置き換えると、ＵＵＵというコドンに変わるが、このコドンがコードしているアミノ酸は同じフェニルアラニンである。したがって、この塩基置換を「同義置換」という。しかし、同じ第三座位のＣをＡに変えると、コドンＵＵＡに変わるが、このコドンはロイシンというアミノ酸をコードする。したがってこの塩基置換は「アミノ酸変化を伴う置換」あるいは単に、「アミノ酸置換」と呼ばれる（「非同義置換」とも呼ばれる）。すなわち、コドンの三つの塩基のうち、どれか一つを別の塩基に置き換えると、必ず別のコドンに変わるが、変化したコドンが前のコドンと同じ（別の）アミノ酸をコードしている時、その塩基置換を「同義置換」（「アミノ酸置換」あるいは「非同義置換」）という。

遺伝暗号表には以下のような特徴がある。縮退コドンはコドンの三つの塩基座位のうち、第三座位が違っている場合がほとんどである。逆に、第二座位が違っている縮退コドンはない。第一座位が違っている場合は僅かだがある（図2-4参照）。遺伝暗号表によると、たとえばグリシンというアミノ酸をコードしているコドンは、GGU、GGC、GGA、GGGの四種類あり、これを「四重縮退」と呼んでいる。この場合は、第三座位を占める塩基の種類に関係なく、第一、第二座位がGGであればグリシンをコードしている。一方、フェニルアラニンに対応するコドンはUUUとUUCの二つだけで、第三座位がAかGの場合はロイシンという違うアミノ酸をコードする。したがって、フェニルアラニンのコドンは二重に縮退している。

右でのべたように、コドンの第三座位で縮退している場合が多く、第一座位は僅かに縮退していて、第二座位は縮退していない。そこで、遺伝子の塩基配列を近縁種間で比較し、異なる塩基で占められている場所をカウントする場合、コドンの座位ごとにカウントしてみる。二種の生物種の配列を並べ、最初のコドンの第一塩基座位だけを種間で比べる。次に、第二コドンの第一塩基座位を比較し、同じことを遺伝子の最後のコドンまで続ける。こうしてコドンの第一塩基座位だけで、比較した二種間で違っている箇所をカウントし、相違度を求める（それをK_Iと表すことにする)。同じ操作をコドンの第二座位、第三座位で繰り返し、それぞれの相違度K_{II}及びK_{III}を求める。

さて、コドンの第三座位でみられる塩基置換は「同義置換」を多く含む。第二座位では、逆にすべての塩基置換は「アミノ酸置換」である。第一座位では、僅かに「同義置換」を含むが、大部分は「アミノ酸置換」をおこす。したがって、右でのべた、相違度に補正を加えて置換数を推定すると、k_{III}は近似的に塩基座位あたりの「同義置換数」と考えられる。同様に、$(k_I + k_{II})/2$を近似的に、「アミノ酸置換数」とみなすことができる。

この計算法は、従来のアミノ酸配列比較や塩基配列比較から相違度を計算する方法と基本的には同じである。コドンの三つの座位ごとに別々に計算することで、近似的ではあるが、同義置換数とアミノ酸置換数が簡単に求まる。

同義置換とアミノ酸置換を厳密に区別する

このあたりで、同義置換の進化的意味をのべておこう。一つのコドンの塩基を別の塩基で置き換えると、コドンは変化するが、コードされているアミノ酸が置換前後で変化しない場合を「同義置換」と呼んだ。同義置換では、遺伝子は変化するが、コードされているタンパク質には変化はおきない。すなわち、この変化はタンパク質の構造や機能に影響しない。したがって、同義置換をおこすDNA上の変化は、その個体の生存に有害になる部分もなければ、逆に有利になるものもない。すなわち、同義置換は中立な変異とみなせる。

分子進化の中立説によれば、集団に広まる変異の大部分は中立な変異である。したがって、中立説にしたがえば、遺伝子の塩基配列を異種間で比べると、同義置換が高い頻度で観察されると期待される。一方、自然選択説にしたがうと、生存に有利な変異が集団中に広まるので、同義置換はほとんど観察されないと期待される。「同義置換」は中立説の検証に重要な量であることが納得できるであろう。

では、実際のデータではどうなっているのであろうか。同じ遺伝子の塩基配列を近縁な種間で比べてみると、コドンの第一と第二座位よりも、コドンの第三座位で変わっている場合が多いことがわかる。分子進化の中立説の提唱者である木村資生博士は、塩基配列のデータがまだ十分発表されていない時期にこのことを示し、これは中立説を支持する結果であると主張した。

さて、同義置換が中立説の検証に重要な量であることがわかったが、右でのべた方法では、あくまでも近似的な答えしかわからない。第三座位でも四重縮退のコドンもあれば二重縮退のコドンもあるので、同じ条件で同義置換がおきているわけではない。遺伝子塩基配列の種間比較から、厳密に同義置換とアミノ酸置換を求める方法はないであろうか。

二つの配列をコドンの塩基座位ごとに比べるのではなく、「コドンの単位」で比べることで、この問題が解決できることに、筆者と、当時大学院生だった安永照雄博士が気づいた。たとえば、遺伝子塩基配列を異なる種間で比較した場合、あるコドン座位が、一方の種ではＵＵＵで他方の種でＵＵＣなら、塩基座位ごとに塩基を比べるのではなく、丸ごとコドン単位で比べる。この場合、ＵＵＵはフェニルアラニンで、ＵＵＣも同じフェニルアラニンなので同義置換となる。もし、一方の種がＵＵＵで他方がＵＵＡなら、前者がフェニルアラニンで、後者がロイシンをコードするので、アミノ酸置換となる。

さらにコドン単位で同義座位数とアミノ酸座位数を定義することができる。また、二つのコドンを比べた際に、両者で二塩基あるいは三塩基違っていた場合は、二塩基あるいは三塩基が同時に置き換わったのではなく、一つずつ時間をおいて置き換わったと仮定することで（この仮定は現実的である）、計算可能になる。

こうして、一九八〇年、筆者と安永博士は、遺伝子の塩基配列比較から、同義置換数k_Sとアミノ酸置換数k_Aを厳密に求める方法を開発した。同時に、そのコンピュータプログラムを完成させて、当時急速に蓄積しつつあった塩基配列データを使って、さまざまな遺伝子で同義置換数とアミノ酸置換数を比較し、第5章と第6章で示すように、分子進化の中立説の検証を行った。

第5章　分子進化の保守性

タンパク質のはたらきにとって重要な部位のアミノ酸は進化の過程で変わらない

タンパク質やそれをコードしている遺伝子には、その機能の上で重要な部分とそれほど重要でない部分とがある。文章の意味に対応するものは、タンパク質でいえば、それ自身がもつ機能ということになり、単語が占める位置はアミノ酸が占める位置に対応する。タンパク質でも、機能の上で重要なアミノ酸は進化の過程で変わりにくく、逆に重要でない部分のアミノ酸は比較的変わりやすい。

血液中の主要なタンパク質であるヘモグロビンを例にとって説明してみよう。ヘモグロビンの機能は酸素と結合し、それを体のすみずみまで運搬することである。血液の赤い色はこの分子がもっている鉄に由来するのだが、この鉄をタンパク質部分にしっかり結合させる部位が二つある。これらの部位を占めるアミノ酸はヒスチジンというアミノ酸でなければならない。他のアミノ酸に置き換えると、鉄を結合できなくなる。したがってこの場所を占めているヒスチジンはヘモグロビンの機能にとってきわめて重要である（図５－１）。

一般に、タンパク質には、このようにその機能にとって重要な部位がある。生化学反応を触媒するタンパク質である酵素には、反応に直接関与し、活性の中心となる部位、すなわち、「活性中心」があるが、こうした部位には特定のアミノ酸だけが存在し、別のアミノ酸に置き換えると、大抵の場合本来の活性を失ってしまう。

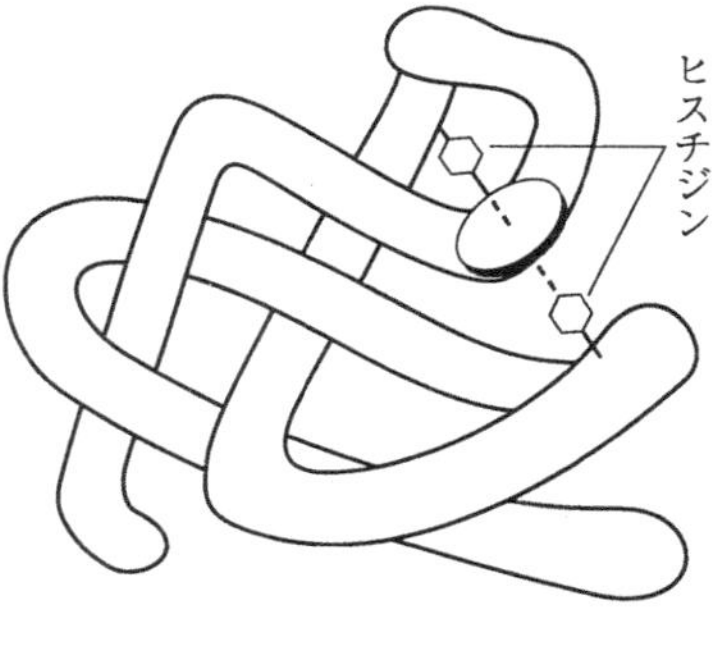

図５－１　ヘモグロビンβ鎖の立体構造

ところでタンパク質の機能にとって重要な部位のアミノ酸は、長い進化の過程で、別のアミノ酸に置き換わることなく、保存される。たとえば、ヘモグロビンでは、鉄と結合するヒスチジンがすべての脊椎動物のヘモグロビンで不変に保たれている。

ヒスチジンが他のアミノ酸に置き換わるような突然変異は、脊椎動物の進化を通じていつもおきているのだが、こうした変異はヘモグロビンの機能を損ない、結局、個体の生存に有害になるので、数世代もすると、その変異をもった個体は死に絶え、集団から消えてしま

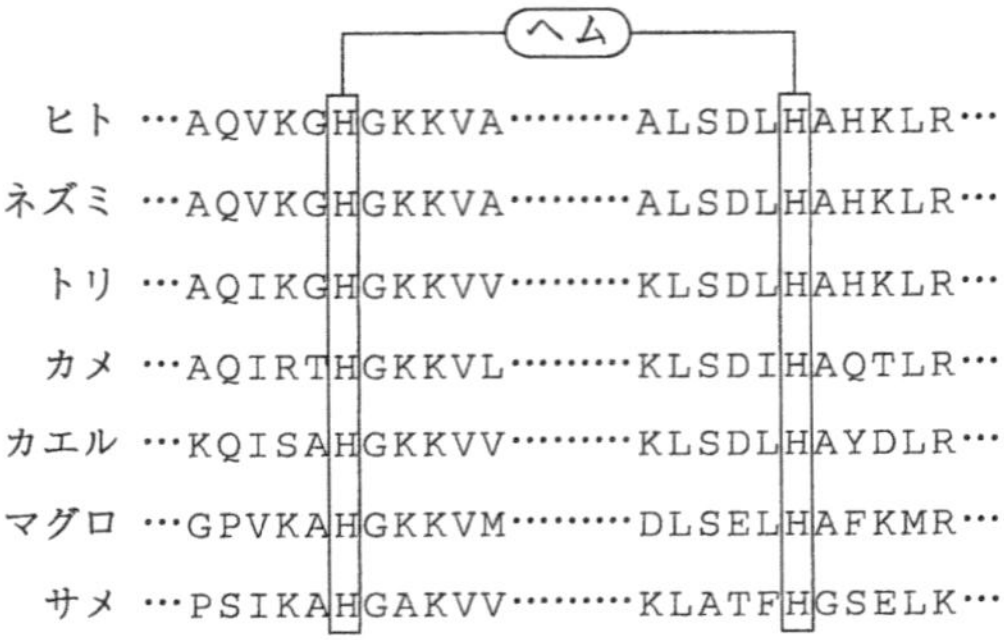

ヘム
ヒト …AQVKGHGKKVA………ALSDLHAHKLR…
ネズミ …AQVKGHGKKVA………ALSDLHAHKLR…
トリ …AQIKGHGKKVV………KLSDLHAHKLR…
カメ …AQIRTHGKKVL………KLSDIHAQTLR…
カエル …KQISAHGKKVV………KLSDLHAYDLR…
マグロ …GPVKAHGKKVM………DLSELHAFKMR…
サメ …PSIKAHGAKVV………KLATFHGSELK…

ヘムを支えるヒスチジンの周辺のアミノ酸だけがしめされている。アミノ酸は一文字で略記されている

図5－2　脊椎動物のヘモグロビンの比較

う。つまり、集団全体に広まることがないのである。そのため進化の長い期間を通じて、この部位にはヒスチジンだけがみられるのである（図5－2）。

このように、タンパク質の機能にとって重要な部位では、機能上の理由で別のアミノ酸に置き換わることができない。つまり変化に対して制約がはたらいているのである。それが、長い進化の過程を通じて、そのアミノ酸が不変に保たれる理由である。このことを「機能的制約」と呼んでいる。

こうして、個体の死という形で、有害な突然変異遺伝子は、自然選択のはたらきで集団から除去される。自然選択には、まれに、生存に有利な変異を積極的に選択し、集団に広めるはたらきがあるが、有害変異に対してはむしろ圧力としてはた

らく。したがって、機能的制約は淘汰圧に他ならない。

機能的制約はタンパク質に限らず、ＤＮＡでも見られる一般的に重要な概念である。たとえば、遺伝子には、そのはたらきを制御するさまざまな部位があるが、そうした部位の塩基配列にも機能的制約がはたらいており、それらの配列は進化の過程で保存されている。

似たアミノ酸同士は置き換わりやすい

それでは、タンパク質や遺伝子の機能にとって重要な部位以外のところでは、アミノ酸や塩基が自由に変化できる、つまり、まったく機能的制約がはたらいていないか、というとそうではない。程度の差はあるが、やはり機能的制約がはたらいていて、その範囲内でアミノ酸の変化が可能なのである。

タンパク質は二〇種類のアミノ酸が鎖状に連結した紐のような分子で、その紐は折り畳まれて、特定の立体的な形をとる。この立体構造がそのタンパク質がもっている機能と直接関係する。タンパク質が特定の機能を発現するうえで、その独特の構造はきわめて重要である。タンパク質の機能にとって重要な部位、たとえば酵素の活性中心に参加する部位は、通常一つではなく、複数存在する。こうした部位は、立体的には互いに接近して存在するが、一次元的な鎖の上では互いに離れて存在することが多い。こうした重要な部位のアミノ酸が互いに隣接して正しい

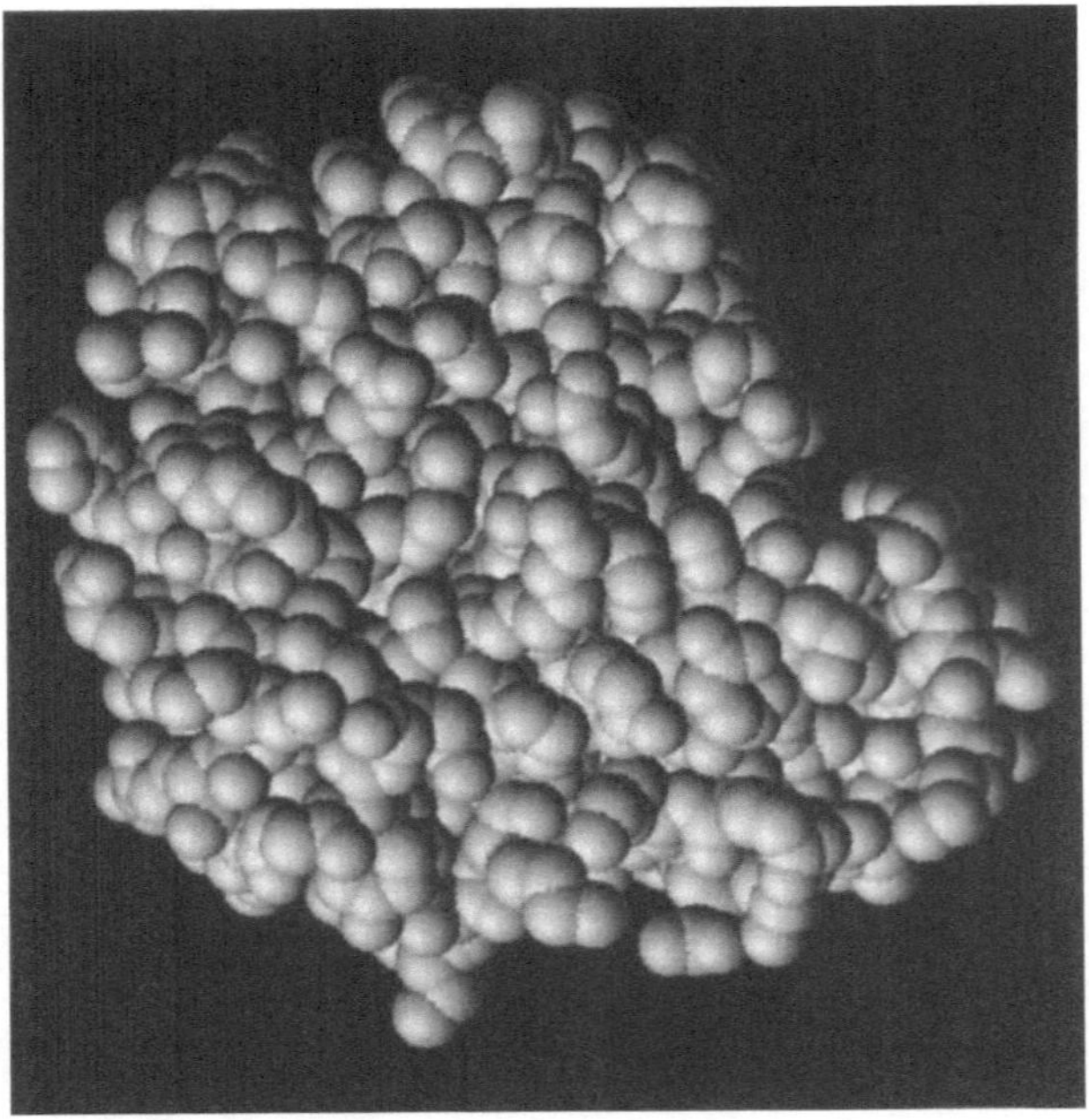

図5－3　ミオグロビンの空間充塡模型（宮澤三造博士の好意による）

場所に位置するように、鎖がしかるべく折り畳まれる必要がある。折り畳み方がまずいと、これらのアミノ酸が空間的に離れてしまい、結果的に活性を失うことになる。

したがって、タンパク質がもつ機能を維持するためには、結局その立体的な形が保存されることが重要になる。だから、タンパク質の機能に直接関与する部位以外の部分でも、全体の形を保存するような制約がはたらくのである。そのことは進化の過程でおきたアミノ酸の変化のパターンから観察できる。

通常のタンパク質では、アミノ酸の鎖は隙間なく、ぎっしりとコンパクトに折り畳まれている。そのためタンパク質の内部に位置しているサイズの小さなアミノ酸を大きなものに無理やり置き換えると、ひずみが全体にわたっておこり、構造を変えてしまう。逆に大きなものを小さなもので置き換えると、隙間が生じ、それを埋めるために全体の形をひずませる結果になる。全体の形を変えないでアミノ酸の置き換えが可能なのは、どの場所のアミノ酸を変えるかによって程度の差はあるが、できるだけサイズが似ているアミノ酸に変える場合に限られる（図５－３）。

実際、進化の過程でおきたアミノ酸の置換を調べてみると、サイズが似ているアミノ酸同士の方が似ていないアミノ酸同士より頻繁に置換が観察される。この事実はタンパク質の立体構造、つまりは機能を保存するように変化に対して制約がはたらいていることを意味している。

立体構造の保持にはたらく機能的制約は、アミノ酸の置換に対して一定のパターンをひきおこすことを、サイズを一例としてのべたが、これはアミノ酸の極性についてもみられる。

アミノ酸は大きく分類すると、水によく溶ける親水性のアミノ酸と油のように水に溶けない疎水性のアミノ酸と、どちらともつかない中性のアミノ酸のグループとに分類できる。親水性のアミノ酸は電荷の分布が不均一で、分子内に双極子ができる。一方、疎水性のアミノ酸では電荷の分布が比較的均一である。こうして、極性の大小でもアミノ酸の分類ができる。

さて、水に浮かんでいる球状のタンパク質について考えてみよう。タンパク質の内部は種々のアミノ酸がぎっしり詰まっているのだが、できるだけ表面に水に溶けやすい親水性のアミノ酸を配置し、逆に内部では水を嫌う疎水性のアミノ酸同士が接した構造の方が安定になる。石鹼が油性の汚れを除くしくみも全くこの原理によるものだ。

したがって、表面に存在する親水性のアミノ酸を疎水性のアミノ酸で置き換えると、タンパク質の構造が不安定になり、正しい機能が維持できなくなる。構造が維持される場合は極性の似たもの同士が置き換わった場合である。実際、進化の過程でみられるアミノ酸の置換は、極性の点で似たもの同士の置換が高い頻度でおきている。

タンパク質の機能・構造の保存という制約がアミノ酸の間の置換に一定のパターンを生じさせることを、アミノ酸のサイズと極性でみてきた。サイズも極性も定量的な量なので、もう少し詳細にこの問題を扱ってみよう。

アミノ酸の性質と置き換わりやすさの関係

アミノ酸のサイズと極性は定量的に測定できる量である。ある方法で測定した量を図5－4に示してある。この量を使ってアミノ酸の性質の違いの程度を定量的に表現してみる。アミノ酸の相対サイズをvとし、相対極性をpとしておこう。あるアミノ酸（それを1としよう）と別のアミノ酸（それを2としよう）の物理・化学的距離をdとしよう。XY平面上の二点間の距離を求める場合と同じように、距離dを次のようにして定義しよう。すなわち、

$$d=\sqrt{\{(p_1-p_2)/\sigma_p\}^2+\{(v_1-v_2)/\sigma_v\}^2} \quad (5-1)$$

と求める。σ_vとσ_pはそれぞれ二〇種類のアミノ酸のサイズと極性の標準偏差である。標準偏差で割った理由は、サイズと極性の単位を揃えただけで、本質的ではない。アミノ酸のvとpの値から、右の式を使ってdが計算できる。最も小さなdをもつ組はアラニンとプロリンの組で、値は〇・〇六となる。最も大きな

アミノ酸	一文字表記	極性	体積
グループ1			
プロリン	P	8.0	32.5
アラニン	A	8.1	31
グリシン	G	9.0	3
セリン	S	9.2	32
スレオニン	T	8.6	61
グループ2			
グルタミン	Q	10.5	85
グルタミン酸	E	12.3	83
アスパラギン	N	11.6	56
アスパラギン酸	D	13.0	54
グループ3			
ヒスチジン	H	10.4	96
リジン	K	11.3	119
アルギニン	R	10.5	124
グループ4			
バリン	V	5.9	84
ロイシン	L	4.9	111
イソロイシン	I	5.2	111
メチオニン	M	5.7	105
グループ5			
フェニルアラニン	F	5.2	132
チロシン	Y	6.2	136
トリプトファン	W	5.4	170
グループ6			
システイン	C	5.5	55

同じグループのアミノ酸は物理･化学的性質がよく似ている

図5－4　アミノ酸の体積と極性の相対値

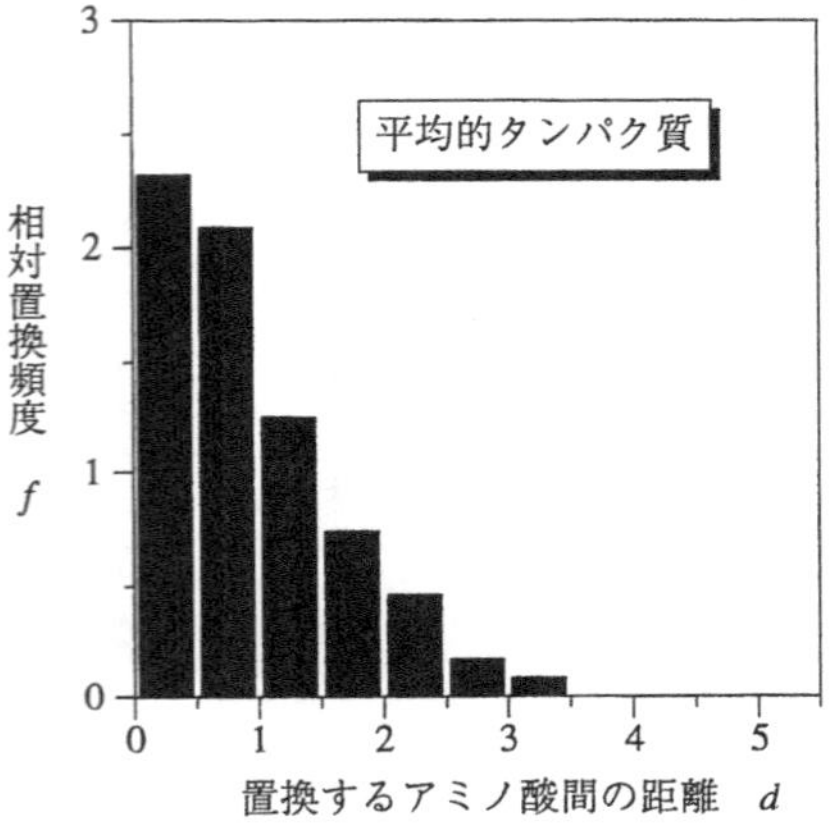

図5－5　平均的タンパク質の相対置換頻度（f）と変化に伴って生じるアミノ酸の物理・化学的性質の違い、すなわち、距離（d）との関係

値はグリシンとトリプトファンの組の五・一三である。

一方、アミノ酸1とアミノ酸2の間で、進化の過程でおきた置換の頻度をfとする。これはたくさんのタンパク質データの比較から得られた値を利用する。二〇種類のアミノ酸からは一九〇のアミノ酸対が得られるが、そのうち一つの塩基を換えることで、相互に変われるアミノ酸の組だけに着目して、頻度fと距離dとの関係を求めたものが図5－5に示されている。

距離dの増加と共に、すなわち置き換わるアミノ酸の性質の違いの程度が大きくなると、それらのアミノ酸の間で置き換わる頻度fがだんだん低下していくことがこの図から読み取れる。逆にいえば、アミノ酸の性質が似ているもの同士は、進化の過程で高い頻度で置き換わるということである。

注目すべきことは、進化の過程でおこるアミノ酸の変化のパターン（図の縦軸）がアミノ酸の物理・化学的性質（横軸）だけでわかるという点である。これはタンパク質の立体的な形を進化の過程で保存しようとする力がはたらいていて、それを大きく変えるようなアミノ酸の置き換わりは強く禁止されているためであると理解できる。

タンパク質を取り巻く細胞内の環境は非常に古い時期に完成しており、タンパク質の固有のはたらきを変えることは、細胞内の多くの分子に大なり小なり影響を及ぼす。タンパク質は細胞というシステムに組み込まれた一員であるので、勝手な振る舞いが許されないのである。特に細胞内の分子同士の関わりが強いので、個々の分子の機能の変化は強く禁止され、いきおい保守的になる。こうして、タンパク質は一度獲得した機能を長い進化の過程で保存することになる。ところで、物理・化学的に類似のアミノ酸間の置換はタンパク質の立体構造を保存し、結局は機能を保存することになるので許されるわけである。

室町時代の諺に、「京へ筑紫に坂東さ」というのがある。これは土地によって助詞の使い方に違いがあることを言い表している。京都で「私は東京へ行く」というところを、九州の筑紫地方では、「東京に行く」といい、関東地方では「東京さ行く」という。

一つの文章には、大事な部分とそれほど大事でない部分とがある。右の例でいえば、東京へ、といっても、東京に、といっても、あるいは東京さ、といったところで、いわんとする意味は充分に通じるが、東京を博多といってしまっては意味するところが変わってしまう。この部分に入る単語はほかの単語で置き換えることができないが、それに続く助詞は、意味が変わらない限り、若干の変化が許される。こうした方言にみられる違い方のルールと分子の進化の過程で生じる塩基やアミノ酸の置換パターンには似たところがある。

物理・化学的性質が似ているアミノ酸同士は進化の過程で置き換わりやすいという、分子進化の保守的パターンの発見者は、分子時計の発見者で有名なエミール・ズッカーカンドルとライナス・ポーリングであった。一九六五年に発表した彼らの論文にはそのことが記載されている。一九六七年にエプスタインは、そのパターンはタンパク質の立体構造を維持するための制約の結果であることを認識した。マーガレット・デイホフは、自身のタンパク質データベースを使って、多数のデータでズッカーカンドルとポーリングの発見を確認した。一九七四年グランサムは、アミノ酸の物理・化学的性質を、体積、極性、コンポジション（原子組成）で代表させ、置換前後の性質の変化を定量化した。それを利用して、進化の過程でおきたアミノ酸置換頻度と置換による物理・化学的性質の差の間に、弱いながら相関関係があることを定量的に示した。

アミノ酸の極性と体積は、タンパク質の立体構造を決定する上で重要な要素であり、かつ、立体構造の保存は、進化の過程で生じるアミノ酸の置換に対する制約としてはたらくというエプスタインの指摘から、筆者と、当時大学院の学生だった宮澤三造博士と安永照雄博士は、アミノ酸置換前後の差をアミノ酸の体積と極性だけを使って（グランサムのコンポジションを無視して）、５－１式で示した「距離d」という一つのパラメーターで表現し、置換頻度との強い相関を得ることに成功した。

相対置換頻度fと距離dの間には強い相関があるので、fはdに関する関係式として表せる。５－１式で定義した距離dで、dを限りなくゼロに近づけた時の極限を「同義置換」とみなすことができる。その時の相対的置換頻度が１になるように計算し直すと、相対的置換頻度$F(d)$は

$$F(d)=\begin{cases}1 & : d=0\\ 1-d/3.456 & : 0<d<3.456\\ e & : d>3.456\end{cases}\qquad(5-2)$$

と表せる。ここで、eは非常に小さな値である。また、スケールが変わったので、fをFに変更した。この式は、塩基配列が進化の過程でどう置き換わっていくかを推測することに利用できる。その一例を以下でのべる。

一言付け加えるが、５－２式は図５－５の良い近似になっている式である。アミノ酸置換頻度という「生物的現象」を「物理・化学的な性質」だけで理解できるという点が、５－２式の特徴

になっている。これはちょうど、「分子時計」において、アミノ酸の置換数の総和という「生物的現象」が「絶対時間」という物理量で計れることと同じである。中立的進化現象は物理・化学的量で計れることが特徴になっている。

一九七六年、フレデリック・サンガーのグループは、一本鎖DNAウイルスφX174がもっている二つの遺伝子DとEの塩基配列を決定し、非常に面白い構造を発見した。二つの遺伝子は別々の塩基配列によってコードされている（通常はそうである）のではなく、一つの塩基配列を、読み枠をずらして読むことで、二つの異なるタンパク質を作っていたのである。これを「オーバーラッピング遺伝子」と呼んでいる。

この論文がイギリスの科学雑誌ネイチャー誌に発表されると、オーバーラッピング遺伝子では、一つの塩基配列が二つのタンパク質から変化に対する制約を受けるので、変化ができないであろう、すなわち、進化できないという解説記事が出た。一九七八年、筆者と安永照雄博士は、5-2式を使ってオーバーラッピング遺伝子の塩基配列は十分進化し得ることを理論的に示し、同じネイチャー誌に発表した。

私的なことで脱線するが、筆者は、物理学から生物学に転向したが、この「オーバーラッピング遺伝子の進化」の論文が転向後の最初の論文となった。転向後五年間も論文を書いていなかったことになる。実績が強く要求される最近の研究社会では、五年間論文なしという状況は想像すらできないことであろう。しかし、何よりも独創性が強く要求される基礎研究の社会では、目先の業績を度外視して、自由に思索に耽る「ゆとり」は重要なのだと筆者は思う。

右に紹介した、ズッカーカンドルとポーリングに始まるタンパク質の進化パターンに関する研究は、分子進化の理解を深め、かつ、分子進化の中立説の検証に重要な証拠となった。繰り返しになるが、進化の過程でおきたアミノ酸の置換パターンがアミノ酸の物理・化学的性質だけで理解できるということは、大部分のアミノ酸の変化が淘汰に中立な変化であることを示している。もし、分子の進化が、ダーウィンの言うように、適応的におきているなら、アミノ酸の置き換えに伴って生じるタンパク質の機能的変化のうち、個体の生存に有利な変化がより多く選択されるはずであるから、アミノ酸の置換頻度は、タンパク質の生化学的性質や生物学的性質に依存するはずである。したがって、頻度のパターンは図５‐５にみるような、単純なパターンではないだろう。

異常へモグロビンのアミノ酸置換パターン

性質の似たアミノ酸同士は置き換わりやすく、似ていないアミノ酸同士は換わりにくいとのべたが、個々の個体に生じる突然変異がそうなっているわけではない。突然変異はむしろ均一におこると考えられている。すなわち、突然変異はどのアミノ酸へも均等に変われるので、図５‐５

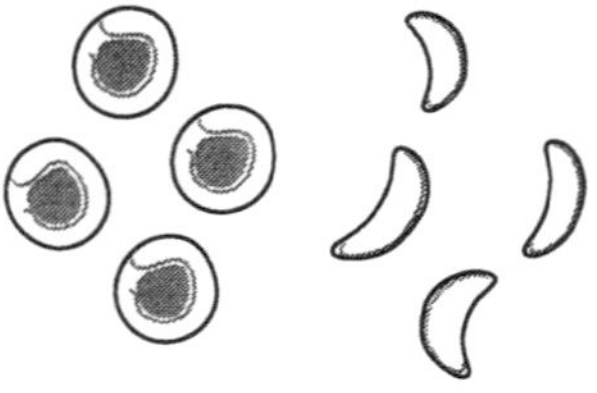

図５－６　正常な赤血球と鎌型赤血球の模式図

でいえば、相対置換頻度は距離dによらず、横軸に平行になると期待される（そう定義されている）。図が右下がりになっているのは、距離dの大きなアミノ酸の変化をおこす突然変異ほど強い制約がはたらくため、より多く除去されていることを意味する。

図５－５は互いに近縁の関係にある生物のタンパク質を比べて、どういうアミノ酸の間で置き換えがおきているかを集計したものである。これらのアミノ酸の置換はあらゆる突然変異のうち、集団に広まった（固定した）突然変異であり、固定していない変異は集団から除去されてしまっているので、ＤＮＡ（この場合はタンパク質）に痕跡として残されていない。アミノ酸の性質を大きく変えるような突然変異はタンパク質の構造をゆがめ、結局その機能に障害をおこすので、そうした変異をもつ個体は大なり小なり生存にとって不利となり、自然選択の力で集団から除去されてしまうのである。

だから集団に固定していない突然変異を集めて、図５－５と同じ解析をしてみると、随分違うパターンになると期待される。ヒトの集団にそうした例がある。遺伝病の一種で、異常ヘモグロビン症という病気が知られている。この遺伝病の患者はヘモグロビン遺伝子に突然変異がおこり、多くの場合一ヵ所のアミノ酸が別のアミノ酸に置き換わっている。有名な例として、ヘモグロビンSと呼ばれている変異がある。この変異をもつヒトの赤血球は鎌型に変形し、そのため血栓をおこす。この変異は個体におきた突然変異で、集団に固定していない（図5－6）。

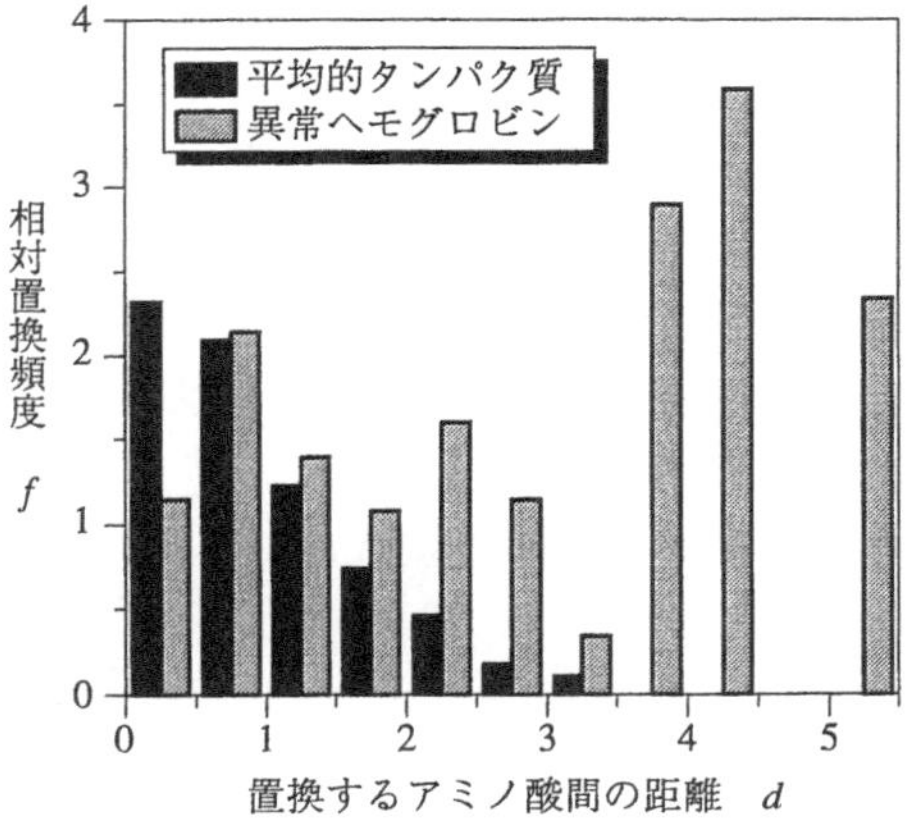

図5－7　異常ヘモグロビンの相対置換頻度（f）と変化に伴って生じるアミノ酸の物理・化学的性質の違い、すなわち、距離（d）との関係

筆者らは、当時知られていた異常ヘモグロビンのデータを集めて、集団に固定した平均的なタンパク質の場合と同じ解析を試みた。その結果、図5－7に示したように、アミノ酸の置換パターンが両者で明らかに違うことがわかった。アミノ酸間の距離dの大きな場合でも、高い頻度の置換がみられる。こうしたdの大きな変異の大部分は、自然集団では自然選択の力で、最終的には除去されてしまう。

面白いことに、この図では、置換頻度が横軸に平行というよりも、むしろ右上がりになっている。詳しくデータを調べると、距離の大きなデータには重症の患者からのデータが多く含まれている。タンパク質の構造を大きく変え、それに伴って障害の程度も大きくなっていることを意味している。距離の大きなところでむしろ頻度が高いのは一種の「人為選択」の結果で、重症の患者ほどたくさんサンプルされ、詳しく調べられたためと思われる。

遺伝暗号も変わり得る

例外の多い生物の世界にあって、遺伝暗号だけは変化しないものと、誰もが考えていたが、ここにも例外があって、「やはりそうか」と、妙に納得してしまうところが、生物の世界らしい。そもそも、遺伝暗号が変わると、すべてのタンパク質のアミノ酸が変化してしまうので、常識的には、おこりえないことと考えて、それ以上、考えをめぐらすことはしないのが普通だ。思考停止状態の生物学者をせせら笑うがごとく、タンパク質を変えることなく、生物は遺伝暗号を変えていた。そもそも生物は誕生以来三十数億年の間、延々と変化し続けて来たのだ。変化可能な抜け道を探し当てる名人の生物にとって、遺伝暗号を変えることは、それほど難しい問題ではなかったようだ。解決策は、この章でみて来たように、大勢を壊すことなく、中立な抜け道でなければならない。

一九七九年、バークレー・バレルらのグループは、ヒトのミトコンドリアＤＮＡでは通常の遺伝暗号（普遍暗号と呼ぶことにする）と異なる遺伝暗号が使われていることを発見した。直ちには信じ難い「遺伝暗号の可変性」に関するバレルらの発見は、例外として片付けてしまうわけにはいかなかった。その後、一九八五年に大澤省三博士のグループがバクテリアのマイコプラズマで、同じ年にエリック・マイヤーのグループとA・J・バーネットのグループが原生生物のゾウリムシで、さらに同年、スチワート・ホロビッツとマーチン・ゴロブスキーのグループ及びE・ヘルフテンベインが繊毛虫で発見している。どうやら遺伝暗号を変えることができる抜け道があるようだ。それはどんな抜け道か？

ある特定のアミノ酸を指定しているコドンが別のアミノ酸を指定するコドンに安全に変化するには、最初に、そのコドンがまったく使われない状況がおこることが必要である。その後に、そのコドンが別のアミノ酸を指定するように変化すればよい。では、どうしたら、特定のコドンを「無使用」状態にすることが可能か。

生物のDNAでは、アデニンAはチミンTと塩基対（A－T）を形成し、グアニンGはシトシンCと塩基対（G－C）を形成しているので、AとTの含量は等しく、GとCの含量も等しい。ところが、一般に、A＋Tの含量はG＋Cの含量に必ずしも等しくない。たとえば、ヒトではG＋C含量は約四〇％で、一般にG＋C含量には偏りがあり、生物によって一三・五％から七五％の値を示す。こうした極端な偏りが特定コドンの「無使用」状態を可能にする。

マイコプラズマで、終止コドンUGAがトリプトファンを指定するコドンにどう変わったかを例に、考えてみよう。マイコプラズマではA+T含量が七五%と、A+Tに極端に偏っている。この極端にA+Tに偏った塩基組成は、近縁種の比較からわかるように、マイコプラズマの祖先に塩基組成にこれほどの偏りがあったためではなく、進化の過程で、G+CからA+Tへの偏った塩基置換がおきたためと推定される。その過程で、終止コドンUGAは別の終止コドンUAAへと中立的に置き換わっていき、ついには、終止コドンUGAがまったく使われていない無使用状態に到達した。

次のステップは、無使用状態になったコドンUGAのアンチコドンACUをもつtRNAを新たに作ることである。それにはトリプトファンのコドンUGGのアンチコドンACCをもつtRNA遺伝子から遺伝子重複の機構（第10章参照）でコピー遺伝子を作り、アンチコドンのACCがACUへと変化するのを待てばよい。こうして、終止コドンであったUGAが保存的にトリプトファンの遺伝暗号へと変化できることになる。実際、マイコプラズマでは、アンチコドンACCをもつtRNA遺伝子が重複していて、かつ、アンチコドンの部分がACUへと変化していた。その上、第一文字Uが修飾を受けていて、そのためにUGAコドンだけでなく、UGGコドンもトリプトファンとして読めるようになっていた。

こうして、DNAの塩基組成がATあるいはGCのどちらかに極端に偏った環境では、遺伝暗号が変化しうることが示された。分かってみると、なるほどこんな抜け道があったのかと、生物がトライアル・アンド・エラーの末に見つけた解決策に驚くばかりである。

第6章　分子進化速度

タンパク質ごとに異なる進化の速度

ズッカーカンドルとポーリングは、ヘモグロビン分子を脊椎動物の間で比べ、「分子時計」の存在を明らかにした。では、分子をかえても「分子時計」は成り立つか？　進化速度は同じか、あるいは異なるか？　違うとしたら、なぜ違うのか？　こうした問題に答えるため、一九七一年、リチャード・ディカーソンは、フィブリノペプチド、ヘモグロビン、チトクロームc、ヒストンの四つのタンパク質について、分子時計の解析を行った。その結果は図6－1にまとめて示されている。

分子進化速度の一定性、すなわち、分子時計がそれぞれについてかなり良い近似で成り立っている。一方で、直線の傾斜、すなわち、進化速度は異なるタンパク質の間でかなり違う。ヘモグロビンの進化速度は四つのタンパク質のほぼ中間で、フィブリノペプチドは非常に速く、逆にヒ

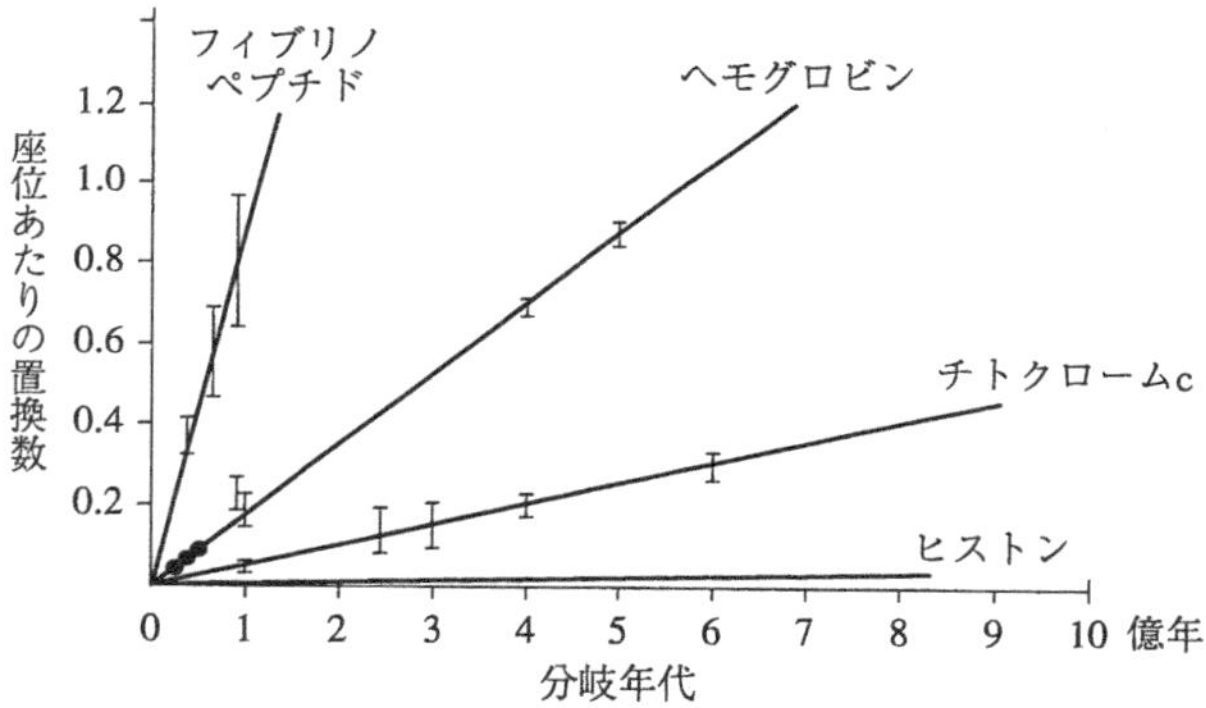

図６－１　異なる進化速度をもつ分子時計の比較

ストンは非常にゆっくり進化していることがわかる。

この進化速度の違いはどのように理解できるか？　考えの基本は、前の章でのべた機能的制約である。すなわち、分子の機能にとって重要な部位のアミノ酸は長い進化の過程で不変に保たれる傾向がある。重要な部位には、酵素の活性中心の他に、タンパク質の構造維持の上で、他のアミノ酸では置き換えることができない場所もある。そのほか、他の分子と接触する部位も多くの場合変わりにくい。これら機能・構造上重要な部位の数はタンパク質ごとに違う。

では、ディカーソンの解釈に沿って考えてみよう。動物が傷を受けて出血した際、血を止めるはたらきをもつタンパク質がフィブリンという分子である。このフィブリンという活性のある分子は、万が一の場合に備えて、不活性の状態で蓄えられているフィブリノーゲンという分子から、一部を切り捨てて作られる。この捨てられる部分がフィブリノペプチドである。捨ててしまう分子なので、それ自身特別な機能をもっていない。機能がないので、機能的に重要な部位もほとんどなく、したがってほとんど全部の座位でアミノ酸が変化できる。すなわち、機能的制約が非常に弱いのである。だからこの分子は非常に高い進化速度をもつ。

逆のケースがヒストンである。この分子はＤＮＡの溝に密着していて、どの座位にあるアミノ酸も重要である。したがって変化できる座位がほとんどなく、強い機能的制約を受けている。そのため進化が極端に遅いのである。

ヘモグロビンはどうかというと、この分子は小さな酸素分子をくっつけて血液中を運搬する。酸素分子が小さいので、酸素の吸着に関わるアミノ酸の数も少なくてすむ。つまり機能的に重要な座位の数が少ないわけである。そのため機能的制約が比較的弱く、速く進化できる。一方、チトクロームｃは比較的小さなタンパク質の部類に入るが、オキシダーゼとレダクターゼという大きな分子と相互作用をする。この相互作用に関与するアミノ酸の数はかなりあり、かつ機能的に重要なので、強い機能的制約がはたらくことになる。したがって進化が遅くなる（図６－２）。

このように、分子の進化速度は機能的に重要な座位の数、すなわち機能的制約の程度で理解できる。ところで、第４章でのべたように、分子進化の速度は、座位あたり一定の時間内におきたアミノ酸あるいは塩基の置換の数として定義される。ある遺伝子あるいはタンパク質を、異なる

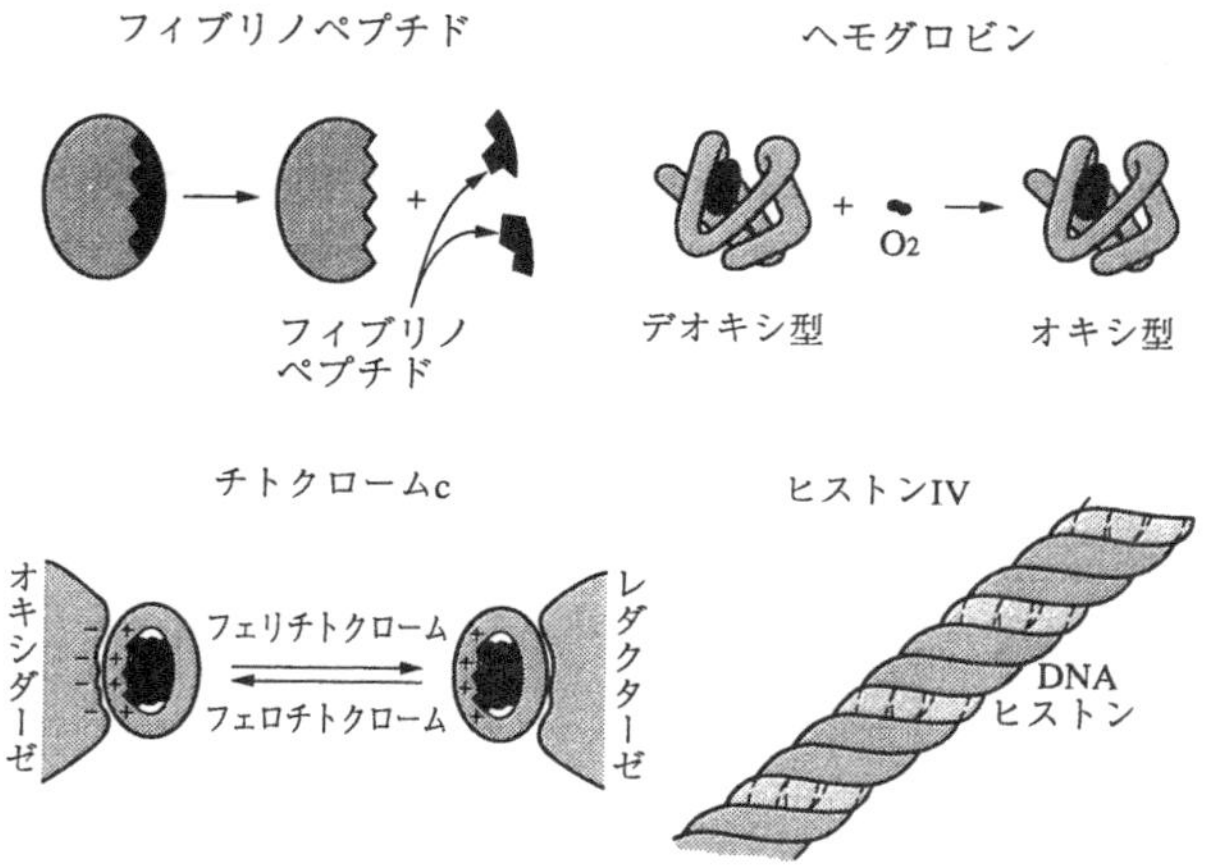

図６－２　タンパク質間で進化速度が異なることを説明する図

二つの生物の間で比較したとき、両者の間で観測された塩基あるいはアミノ酸の置換数を、比較した配列の全座位数で割った量、すなわち座位あたりの置換数を〝k〟で表すと（第４章71ページ参照）、進化速度vは、

$$v = k/2T \qquad (6-1)$$

として求まる。ここで２で割ったわけは、置換数kは比較した二つの生物が共通の祖先から枝分かれした後、現在に至る間に、二つの系統でおきた置換の総和だからである。またTは二つの生物が分岐した時期で、通常化石のデータから与えられる。

この定義からすると、アミノ酸や塩基が変化することを許さない機能的に重要な座位の数が増えると（機能的制約が強くなると）、相対的に変化が可能な座位の数が減るので、kは小さくなり、進化のスピードが遅くなるわけである。

速いスピードでおこる同義置換

機能的制約の強さの程度が分子の進化速度を決めているなら、アミノ酸の変化を伴わない同義置換（第4章参照）は非常に速い速度でおこると考えてよさそうである。同義置換をおこす同義座位におきた変化は結局タンパク質に何の変化も及ぼさないので、機能的制約がほとんどはたらかない。したがって同義座位は速い速度で進化すると期待される。実際そうである。このことを具体的な遺伝子でみてみよう。

図6－3は色々な遺伝子に対して、同義座位とアミノ酸変化を伴う座位の進化速度を第4章でのべた方法によって計算した結果を示している。予想通り、同義座位の進化速度は、どの遺伝子でみてもアミノ酸変化を伴う座位の進化速度より大きい。この図が示すもう一つの特徴は、アミノ酸変化を伴う座位の進化速度は遺伝子によって大きく異なるが、同義座位の進化速度は異なる遺伝子間で似たような値を示す。この図は対数目盛りで示されていることに注意して欲しい。同義座位はアミノ酸の変化をおこさない座位なので、遺伝子としての特徴がほとんどなく、どの遺伝子も似たりよったりということになる。

遺伝子内のイントロンも同義座位と同じように、機能的制約をほとんど受けていないので、進

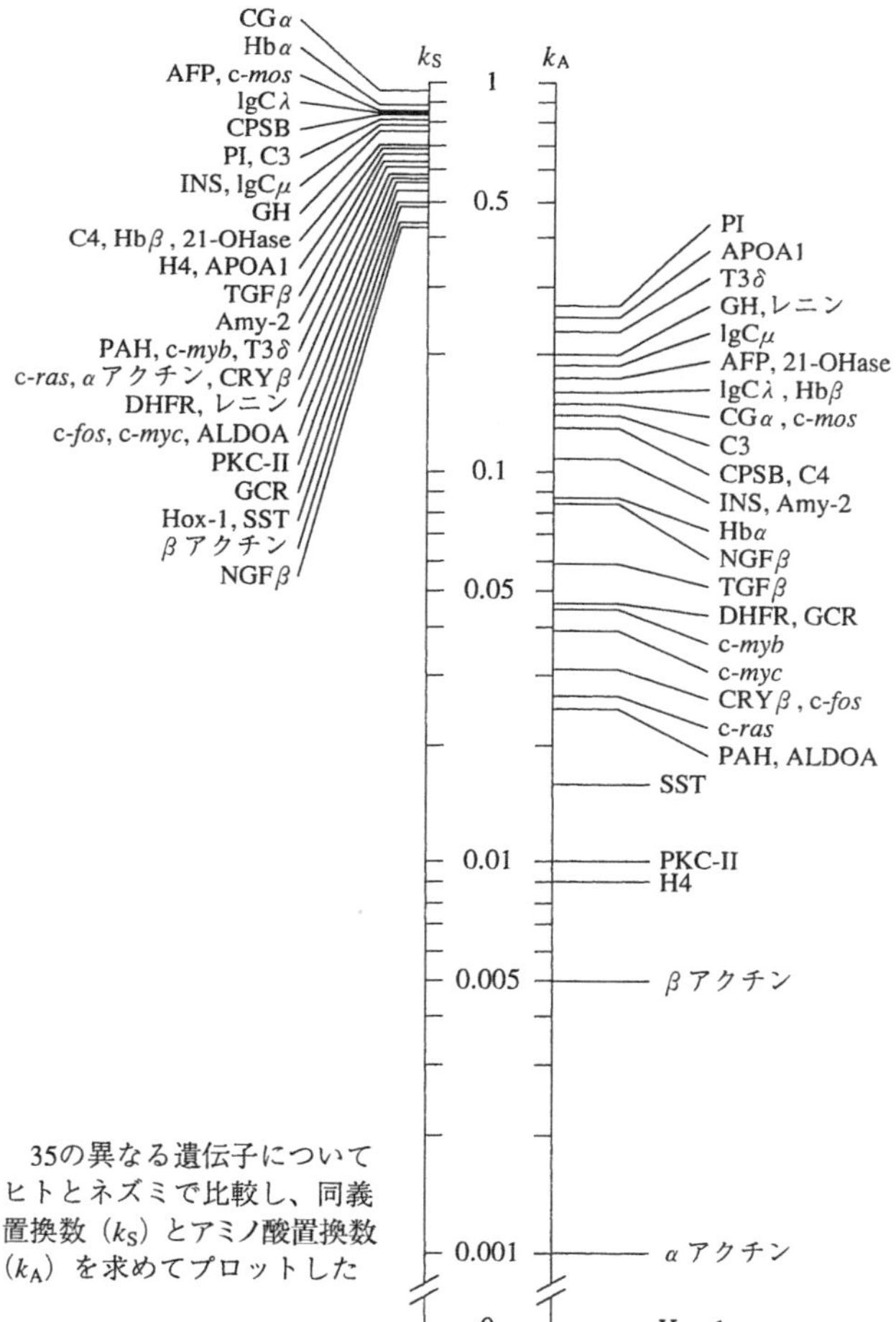

図６－３　同義座位の進化速度（左側）とアミノ酸座位の進化速度（右側）の比較

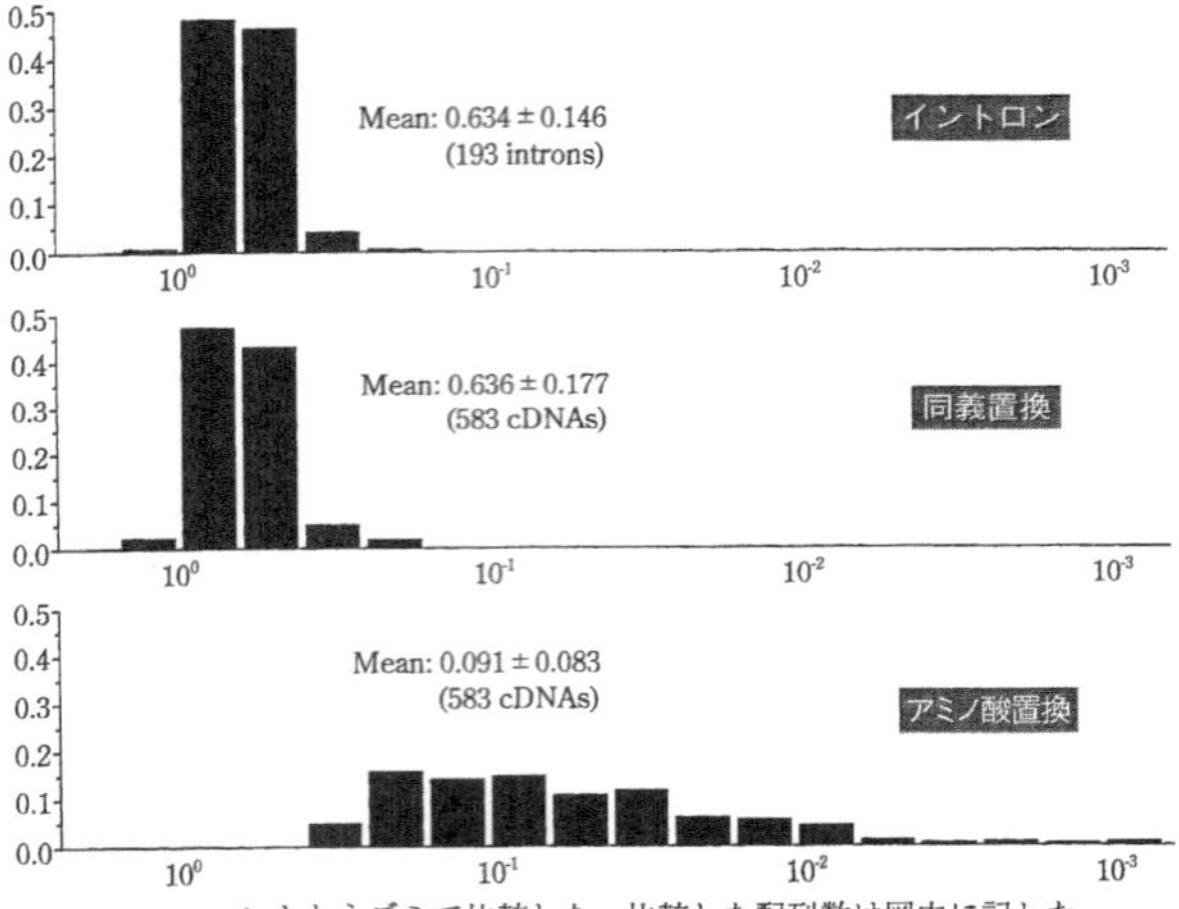

図６－４　イントロン、同義座位、アミノ酸座位での置換数の比較（隈啓一博士による）

化速度は異なる遺伝子間で一様で、同義座位とほぼ等しい大きさをもつ（図６－４）。

分子進化速度と分子進化の中立説

このように分子レベルにおいては、進化がおこる速さは分子自身がもつ機能との関わりでおおむね理解できる。機能に直接関与するアミノ酸や塩基は進化の過程で自由に変化することが許されないので、そうした座位をたくさんもつ分子は、相対的に変化することが可能な座位が少なくなり、進化速度が小さくなるわけである。別の表現をすれば、固有の機能を保持するために、変化に対して強い制約を受けているといえる。そのために速く進化することができないのである。

分子の進化速度を機能的制約から理解しようとする考えの理論的基礎は、実は分子進化の中立説に基づいている。個体に現れる突然変異は、個体の生存にとって不利になる変異、有利になる変異、及びそのどちらでもない、中立な変異に大雑把に分けることができる。ＤＮＡや遺伝子あるいはタンパク質などの分子レベルでは、中立説は、有利な変異は中立な変異に比べて、数の上で圧倒的に少ないと考える。したがって有利な変異を無視して、中立な変異と有害な変異だけを考えればよい。有害な変異をもった個体は数世代のうちに集団から消えてしまうので、進化に寄与しない。残るは中立な変異だけで、それが集団全体に広まって、ついには集団に固定する場合を考えればよい。

互いに交配によって繁殖している生物の集団がN個の個体からなっているとしよう。二倍体の染色体をもつ生物では、ある特定の遺伝子は全集団中に$2N$存在することになる。このうちの一つに中立な変異が現れて、それが集団中の全個体に広まって、従来の遺伝子と置き換わる（すなわち、固定するという）確率を考えよう。中立説は、中立な変異が集団に固定するのは機会的浮動によっておこると主張する。つまり$2N$のどれもが平等に、等しく集団に固定するチャンスがあるのだ。たまたま中立な変異がその幸運な宝くじを引き当てるチャンスは$1/(2N)$である。

一定の時間内に一つの遺伝子上にμ回だけ中立突然変異がおこるとしよう。すなわち、中立突然変異率をμとする。したがって集団全体としては、一定時間内に$2N\mu$回中立な変異がおこることになる。一つの中立な変異は集団に固定する確率が$1/(2N)$であったから、集団としては、一定時間内に、

$$(2N\mu)\cdot\{1/(2N)\}=\mu\text{回}$$

中立な変異が固定することになる。これは、単位の違いを別にすれば、とりも直さず、進化の速度vである。すなわち、$v=\mu$となる。

全突然変異のうち、中立な変異の割合をfとすると、中立突然変異率μは$f\cdot\mu_T$である。ここで、μ_Tは全突然変異率である。したがって、分子の進化速度は、

$$v=f\cdot\mu_T \qquad (6-2)$$

となる。

fは全突然変異のうち、中立な変異の割合であるから、$1-f$は有害な変異の割合になる。これは機能的障害をおこすので、自然選択の力で集団から速やかに除去され、進化に寄与しない。したがって$1-f$は、これまで詳しくのべてきた機能的制約の強さに対応する。

こうして中立説から、分子の進化速度に関する重要な結論が導かれる。第一に、分子の進化速度は突然変異率に比例する。同じ分子を異なる生物の系統で比べると、fの大きさはほぼ同じとみなせるから、突然変異率が系統ごとに変わらない限り、分子進化速度は一定となる。第二に、

分子が違うと、fの値が異なるので、進化速度が違ってくる。これらの結果は、これまでのべてきた観察事実をうまく説明している。

一方、自然選択説によると、分子の進化速度は、突然変異率のほかに、集団の個体数、遺伝子の自然選択に対する有利さの程度、などに依存し、複雑になる。したがって実際のデータに対して、これらのいくつもの量との関連で説明されねばならない。中立説はその点単純である。

第三に、分子進化速度はfが1の場合に最大になる。すなわち、進化速度に頭打ちがある。fが1になるということは、機能的制約が完全になくなることを意味している。この性質は、中立説の提唱者である木村資生博士自身が一九七七年に示唆したもので、中立説と自然選択説の対立点を明瞭に浮き立たせている。以下でそのことを詳しく論じてみよう。

中立説の証言者：偽遺伝子

きわめて精巧にできた動物の眼は、どの部分が欠けても物を見ることができない。そんな眼がどうやって進化するのか。これは、神による生物の創造を信じる創造論者によるダーウィンへの攻撃の一例で、ダーウィンを大いに悩ませた問題である。完全な器官に注目すると、創造神話にも三分の利が生じるが、ダーウィンはうまい論理を展開して、創造論者に立ち向かっている。

オスの乳房のような痕跡器官はいたるところにみられるが、どうして神は役立たずの痕跡器官を動物に作ったのか。進化の所産だと思えば簡単に理解できると、ダーウィンは反論した。ダーウィンは、生物の歴史性を証明する上で、痕跡器官を重要視している。百年後、今度は木村資生博士がダーウィニストから攻撃を受ける側にまわったわけだが、ここでも役立たずの痕跡的な遺伝子、すなわち、偽遺伝子が中立説の強力な証言者になった。以下でそれを示そう。

遺伝子の世界にも、遺伝子の誕生があれば、死もある。実は遺伝子の死が発見されたのは比較的最近のことである。一九八〇年に米国のフィリップ・レーダーのグループとオリヴァー・スミティーズのグループは独立にネズミから奇妙な遺伝子を取り出した。この遺伝子は、全体としてみると塩基の並びでは、ネズミのヘモグロビンのα鎖を作る遺伝子のものと非常によく似ているのだが、ところどころ余分の塩基が入り込んだり、逆に塩基が抜けたりしている。

途中に塩基が一つ欠けたり、挿入されたりすると、その後のアミノ酸の並びがでたらめになってしまい、正しい活性をもつタンパク質が作れなくなる（図6－5）。レーダーとスミティーズのグループがみつけた遺伝子はこんな遺伝子であった。

全体としてみると塩基配列は正常な遺伝子とよく似ているのだが、ところどころ塩基の挿入や欠失があって、活性のあるタンパク質が作れない遺伝子のことを「偽遺伝子」と呼んでいる。偽遺伝子は正常な機能をもたない死んだ遺伝子なのである。第10章で詳しくのべるが、新しい機能をもった遺伝子は既存の遺伝子のコピーによって作られるのだが、偽遺伝子はその失敗作なので

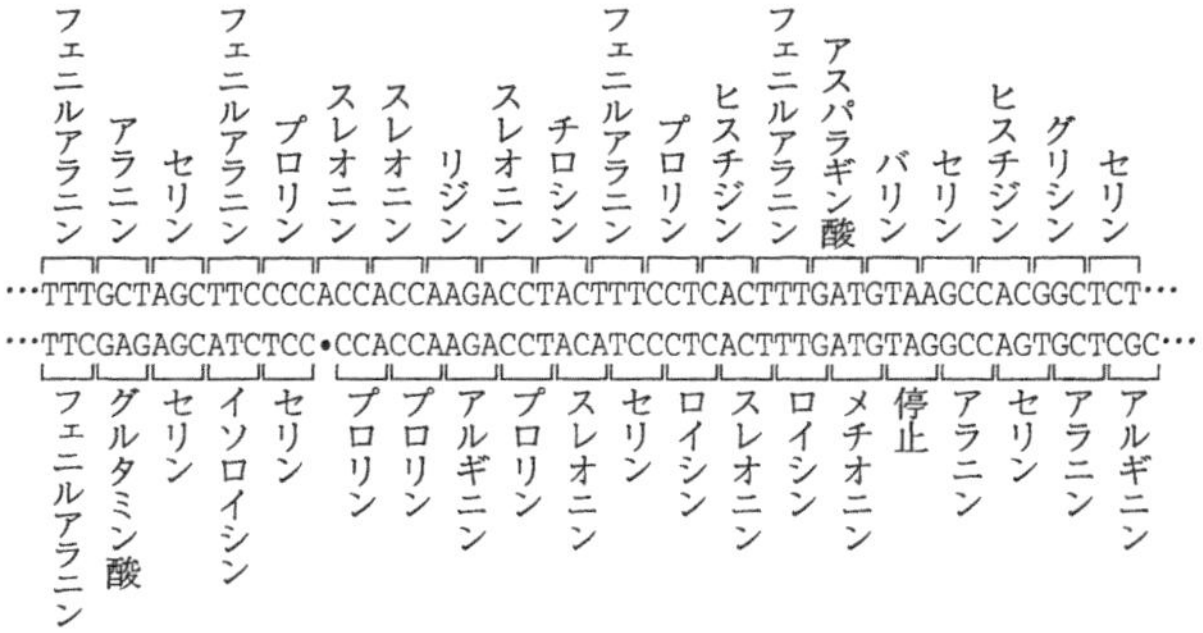

偽遺伝子に塩基の欠失•が起こり、その後のアミノ酸配列はでたらめになる。ここでは停止コドンまであらわれている

図6－5　ネズミのα－グロビン遺伝子（上）とその偽遺伝子（下）の部分塩基配列比較

ある。

　機能をもたない偽遺伝子が、なぜ中立説検証の立役者になれたのか。偽遺伝子は機能をもっていないので、偽遺伝子の上におきた突然変異は個体にとっては何の害にもならない。逆に、有益なことも何一つない。すべての変異は毒にも薬にもならない、中立な変異ばかりである。

　さて、自然選択説でこの偽遺伝子の進化を占えば、有利な変異は何一つおきず、すべてが中立な変異ばかりなので、自然選択がはたらかない。すなわち、この遺伝子は進化しないと予想される。一方、中立説によると、分子進化速度は、6－2式から中立な突然変異率で決まる。偽遺伝子では普通の遺伝子に比べて有害な変異がないので（すなわち、$f=1$）、最大のスピードで進化する。つまり、偽遺伝子の進化を予想すると、中立論者は最大のスピードでまったく正反対の結果が予想されるのである。まさに中立説を検証する上で、絶好の材料である。

一九八〇年、筆者と安永照雄博士は偽遺伝子が初めて報告された後、さっそく、筆者と安永博士がすでに開発していた同義置換とアミノ酸置換の推定法（第４章参照）を偽遺伝子に適用し、同義並びにアミノ酸置換数を厳密に求めた。その結果を、すでに蓄積してあった多数の正常に機能している遺伝子の値と比較した。その結果、偽遺伝子が最大の速度で進化していたのである。すなわち、偽遺伝子は中立説が正しいことを見事に立証したのである。その後、根井正利博士のグループも偽遺伝子の速い進化を報告している。

ネズミの正常に機能しているヘモグロビン遺伝子と、同じネズミの機能を失った偽遺伝子の進化速度を比較すると図６－６のようになる。正常に機能している遺伝子では、同義座位の進化速度がアミノ酸座位の進化速度よりずっと大きいのは、これまでのべてきた通りである。しかし偽遺伝子では、両者の値はほとんど等しい。さらに、それらは正常遺伝子の同義座位の進化速度より大きくなっている。同義置換はアミノ酸の変化をおこさないから、タンパク質でみる限り、機能的制約がなく、したがって最も速い速度で進化しているものと考えていたが、偽遺伝子では、同義座位、非同義座位に関係なく、全体にわたって正常遺伝子の同義座位よりも速い速度で進化

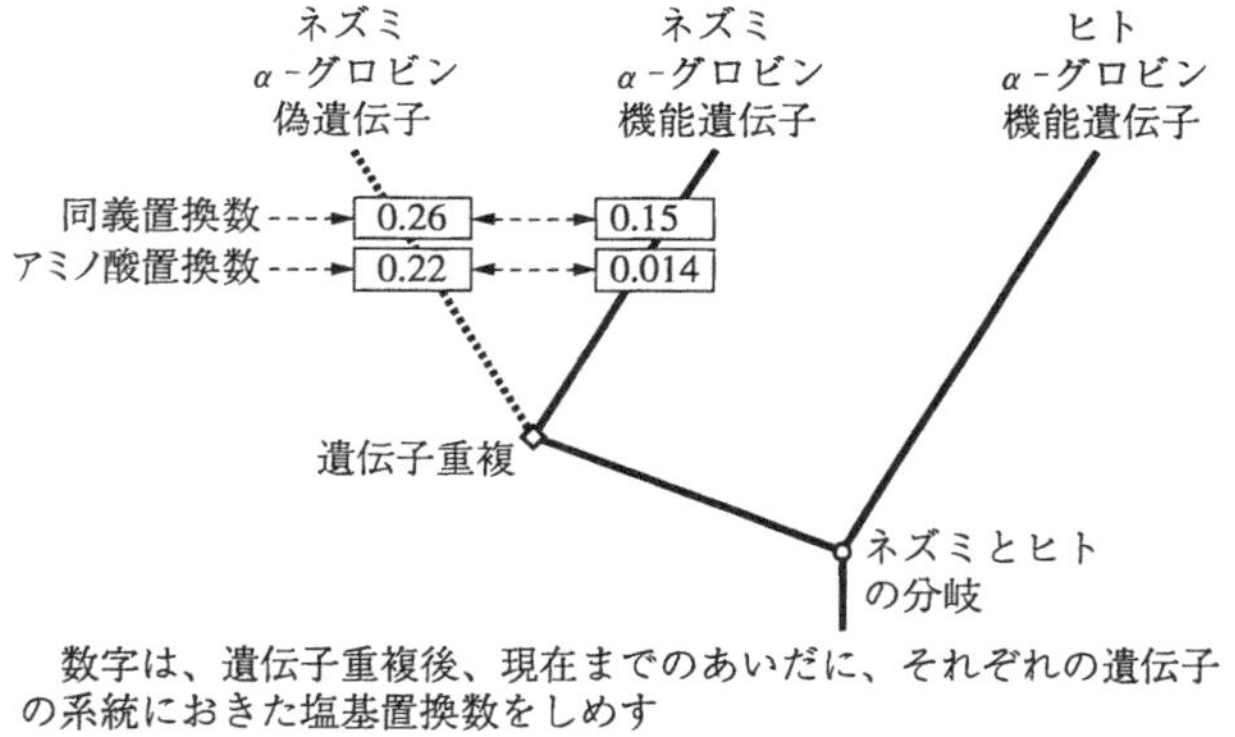

図6-6　ネズミのα-グロビン遺伝子とその偽遺伝子の塩基置換数の比較

している。正常遺伝子の同義座位はタンパク質のレベルでは制約がはたらいていないが、メッセンジャーRNAあるいはDNAのレベルで、非常に弱い制約がはたらいている可能性がある。

「生物は神の創造か進化の結果か」。この問題に対して、精巧な器官の存在は神による創造以外に考えられないとする創造論者の自信に満ちた論理を、自然選択による生物進化論者ダーウィンは、役立たずの痕跡器官を持ち出して見事に打ち破った。それから一二〇年後に、無駄で役立たずの偽遺伝子が自然選択vs中立論争に重要な一石を投じたというのは、いかにも皮肉なことであった。

「サバイバル・オブ・ザ・フィッテスト」、すなわち「最適者生存」という言葉は、ダーウィンの自然選択説の本質を短い言葉で明瞭に表現している。これに対比して、木村博士は中立説を表現するのに、

「サバイバル・オブ・ザ・ラッキイスト」という言葉を使っている。「もっとも幸運なものが生き残る」という意味である。目で見てそれとわかる表現形レベルでは、たえまなく個体に現れる突然変異のうち、環境にもっとも適した変異が選択され、種全体に広まって進化がおこる。分子レベルではこうした適応的な進化はまれで、有害な突然変異でない限り、むしろ偶然に種全体に広まるのであり、どの変異も等しくそのチャンスがある、と中立説は主張する。前者の選抜主義に対して、後者は平等主義である。前者の「強いものが生き残る」という考えに対して、後者の「だれもが等しく生き残るチャンスがある」という方が、偶然にも現代的な感覚に合っている。

分子進化の中立説は、紛れもなくダーウィン以来の進化史上における金字塔であろう。一九六八年に分子進化の中立説が発表されて以来、長い間、「中立vs適応」論争が続いた。一九八三年に出版された木村博士の著書『分子進化の中立説』をもって論争の一応の終焉とみるなら、すでにその終焉から三〇年経過している。その間、中立説という進化に関する新しい概念が全世界的に定着した。木村博士の偉業は日本人には珍しい概念のシフトをもたらしたものであった。『分子進化の中立説』が出版されたとき、スティーヴン・J・グールドは『種の起源』以来の本と絶賛した。

第7章　インフルエンザウイルス＝進化のミニチュア

進化のミニチュアとしてのインフルエンザウイルス

よく知られているように、インフルエンザはインフルエンザウイルスと呼ばれるウイルスの一種によって引きおこされる。この風邪の流行はすでにギリシャ・ローマ時代にも知られていたようで、その報告が今でも残っているらしい。インフルエンザは感染の規模が大きいことで有名である。一九一八〜一九一九年にかけて世界的に大流行したインフルエンザ（通称スペイン風邪）は規模の大きさで群を抜いている。世界中の死者の数は一五〇〇万人から二五〇〇万人にものぼったと推定されている。これは人類がこれまで経験した最大の災禍だといわれている。人類はさまざまな疫病を克服してきたが、インフルエンザは、克服すべき疫病として、人類に残された大きな課題の一つであろう。

世界規模でおこる疫病だからこそ、その対策も全世界的に行われている。世界のどこかでインフルエンザが発生すると、世界保健機関に報告され、そのウイルス株は単離され、凍結保存されている。こうしてストックされたウイルスサンプルはワクチンの開発やウイルスの研究に利用される。

ところで、ウイルスも普通の生物と同様に進化する。ウイルスの進化を分子レベルで見てみると、普通の生物の進化との間に、共通点と際だった相違点とがある。ウイルスの遺伝子にも分子時計が存在するし、その進化は分子進化の中立説にしたがう。これらの性質は一般の生物の分子に見られる性質と類似だが、一方において、ウイルスの進化の速度は、通常の生物のおよそ数百万倍と桁外れに大きい。通常の生物では進化は数百万年、すなわち、地質年代を単位としておこるのに比べ、ウイルスの進化は年を単位としておこる。こうした類似点と相違点から、ウイルスはまさに「進化のミニチュア」と呼ばれるにふさわしい。

もう一つ重要な点は、過去に流行したウイルス株の遺伝情報、すなわち塩基配列を手にすることができるということである。いわば遺伝情報の化石が手に入ることと等しい。こうしたことから、ウイルスの分子進化は一般の生物の進化に対して重要な示唆を与えることができるであろう。以下で、ウイルスの分子進化について簡単に触れてみよう。

インフルエンザの流行のしくみ

インフルエンザウイルスは血清学的にA、B、Cの三つの型に分類される。そのうちA型が世界的大流行をおこす。二本鎖DNAをもつ通常の生物と違って、インフルエンザウイルスの染色体は一本鎖RNAでできている。通常、RNAを染色体にもつRNAウイルスでは、一本の長いRNAにいくつかの遺伝子が乗っているのだが、このウイルスでは、八本のRNAからなる分節構造をとり、各分節は一つないし二つの遺伝子を暗号化している。この独特な分節構造がインフルエンザの大流行に関係がある。

インフルエンザウイルスはほぼ球形をしていて、その表面には、赤血球を凝集させるはたらきがある赤血球凝集素ヘマグルチニン（通常HAと書く約束になっている）と、酵素のはたらきをもつノイラミニダーゼ（NA）とがある。HAとNAは宿主の抗体によって抗原として認識される。したがって、これらの二つの分子が突然変異を受けて変化すると、抗体は認識できなくなり、逆にウイルスは抗体からの攻撃を逃れて蔓延することができるわけである。ウイルスの内部にはそれ以外のタンパク質と八本のRNAが詰まっている。

普通、ある特定のウイルスは宿主とする生物種の種類が狭い範囲内に限定されているのだが、ヒトのインフルエンザウイルスはヒト以外に、家畜や鳥にも感染できる。家畜や鳥に感染したヒトのウイルスはときどき家畜や鳥のウイルスのRNAと一部を取り替え、再びヒトの集団に感染することがある。取り替えたものがHAやNAだと、いわば新しい着物を着たようなもので、それに対する抗体が人間の集団にまったくないので、ウイルスは大流行する。ウイルスのＲＮＡが分節構造を取っていることが、遺伝子の取り替えを容易にしている。大流行と大流行の間に小流行があるが、これはＨＡやＮＡのアミノ酸が別のアミノ酸に置き換わった結果おきた変異に由来する。小流行では世界規模でインフルエンザが蔓延することはなく、せいぜい地域的流行にとどまる。

ＨＡやＮＡにはいくつかの異なるタイプがある。ＨＡとＮＡの組み合わせで色々な型、すなわち亜型ができる。これまで知られているヒトのインフルエンザウイルスの亜型は四つあり、Ｈ１Ｎ１（Ａソ連型と呼ばれている）、Ｈ１Ｎ２、Ｈ２Ｎ２、Ｈ３Ｎ２（Ａ香港型）と略記されている。ところが鳥にはたくさんの亜型があり、ヒトの四つの亜型すべては鳥の系統の亜型に見つかっている。おそらくヒトの集団に現れるインフルエンザウイルスの亜型の源流は鳥のウイルスにあり、鳥のウイルスにある亜型をときどき引っぱり出してきて、ヒトに大流行を引きおこす。よくニワトリのインフルエンザが話題になるのは、その背景にこうした事情があるからである。

インフルエンザウイルスの分子時計

インフルエンザウイルスも普通の生物と同じように進化するだろうか。ウイルスの世界でも分子進化の中立説は成り立つのか。この問題を解明するために、一九八三年、林田秀宜博士を中心とした筆者のグループは、当時すでに報告されていたインフルエンザウイルスの遺伝子塩基配列を使って解析を行った。以下でその一部を、順を追って紹介していこう。

インフルエンザが流行するたびに、そのウイルス株が凍結保存されるので、それはいわばウイルスの化石とみなせる。しかも完全な遺伝情報を手にすることができる化石である。また、すでにのべたように、ＨＡとＮＡの組み合わせで色々な型、すなわち亜型に分類される。結果的にわかったことだが、ＨＡとＮＡの組で決まる亜型は生物種のようなもので、同系か異系がおおよそ判断できる。

このことを利用するとインフルエンザウイルスに分子時計が存在するかどうかを確かめることができる。たとえば、同じ亜型のウイルスの一つの遺伝子について、T_1年に流行したウイルスのサンプルの塩基配列とT_2年に流行したウイルスのサンプルの塩基配列を比較して、塩基が異なっている座位の数からT_{12}（$=T_2-T_1$）年の間に貯めた座位あたりの塩基置換数k_{12}を推定する。いくつかのサンプルの組から、kとTの関係、すなわち分子時計が検証できる。

林田博士らは、三つの遺伝子、すなわち三つの分節でk－Tの関係を調べたが、いずれもみごとな直線関係、すなわち分子時計の存在が確認された。図７－１に分節八の結果を示した。

さらに同義置換の速度（直線の傾きで示される）はアミノ酸置換の速度より大きい。図７－１は、機能的制約が弱くはたらいている同義置換は制約が強くはたらいているアミノ酸置換より進

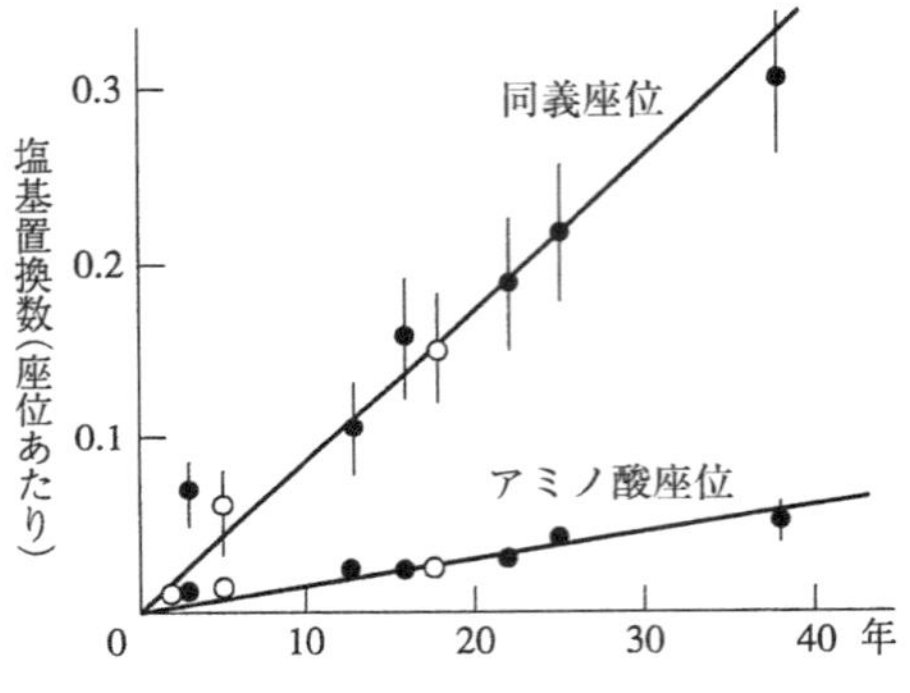

図７－１　分節８がコードしている遺伝子の分子時計

化速度が大きいことを示している。他の遺伝子でも同じ結果が得られる。このことは、分子時計の存在と共に、ウイルス遺伝子の進化が分子進化の中立説で説明できることを意味している。さらに、データは示していないが、同義置換速度は異なる遺伝子間でほぼ等しいが、アミノ酸置換速度は遺伝子ごとに大きく異なる。この性質も普通の生物の進化のパターンと全く同じであり、中立説の枠内で理解できる。

普通の生物と明瞭に異なる点は、ウイルスの進化の速度が桁外れに大きいことである。ウイルスの同義置換速度は〇・〇一座位／年で、これは哺乳類の遺伝子のおよそ数百万倍にものぼる。通常の生物の分子の進化は数百万年、すなわち、地質年代を単位としておこるのに比べ、ウイルスの分子は年を単位としておこるわけである。インフルエンザウイルスはまさに進化のミニチュアだ。

インフルエンザウイルスは大きくA型、B型、C型の三つの型に分類されるが、この順に流行

進化速度（同義置換速度）の比較（／塩基／年）

ウイルス	エイズウイルス（HIV-1）	3.2×10^{-2}
	インフルエンザウイルスA型	1.1×10^{-2}
	B型	0.21×10^{-2}
	C型	0.14×10^{-2}
	デング熱ウイルス（デング2）	0.25×10^{-2}
	日本脳炎ウイルス	$< 0.28 \times 10^{-2}$
	ウシ－ロ蹄疫ウイルスO型	0.12×10^{-2}
	C型	0.10×10^{-2}
	パラインフルエンザ-3	$< 0.29 \times 10^{-2}$
核遺伝子	哺乳類	2.8×10^{-9}
	齧歯類	$> 6.2 \times 10^{-9}$
	棘皮動物	5.6×10^{-9}
	高等植物[a]	7.1×10^{-9}
ミトコンドリア	類人猿[b]	55.0×10^{-9}
	高等植物[a]	0.8×10^{-9}
葉緑体	高等植物[a]	2.6×10^{-9}

a　単子葉／双子葉の分岐を1億年前とした
b　ヒト／チンパンジーの分岐を500万年前とした

図7－2　ウイルス遺伝子と核及びオルガネラ遺伝子の進化速度（ウイルスのデータは林田秀宜博士、ミトコンドリアのデータは菊野玲子博士による）

の程度が小さくなる。それと対応して進化速度も順に小さくなる。このことは突然変異の要因が一様に降り注ぐ放射線のようなものではなく、染色体DNAや染色体RNAの複製に際して生じる複製エラーであることを示唆している。

　インフルエンザウイルス以外のウイルスについても同じように進化速度を求めることができる。エイズのウイルスをはじめとして、色々なウイルスの進化速度を、宿主の遺伝子の進化速度と比べてみると、いずれのウイルスもきわめて速いスピードで進化していることがわかる。ことに、エイズウイルスはインフルエンザウイルスよりさらに進化速度が大きい。いくつかのウイルスの進化速度を核やミトコンドリアの遺伝子と比べて、図7－2に示した。

こうして、インフルエンザウイルスの進化速度が測定されたが、宿主の遺伝子の数百万倍にも及ぶ高い変異性をもつことが明らかになった。このウイルスでは地質年代（一〇〇万年）の単位でおこる通常の生物の進化現象がわずか数年の単位でおこる。この高い変異性がワクチンを作ることを困難にしている理由であろう。ＨＡやＮＡがどんどん変わるので、せっかく作ったワクチンも、すぐに役立たずになってしまう。

恐怖の復活

この解析の途中で、筆者のグループは、インフルエンザウイルスの進化には奇妙な振る舞いがあることに気がついた。すなわち、あるウイルスの進化を辿ってみると、ある時期にいったん進化を停止し、何年か後に再開することがあるらしい。

使ったウイルス株の系統関係を図7－3に示した。ここには最終的な結論も含まれている。まず、図7－3に示された四つのウイルス株（ＰＲ、ＢＥＬ、ＦＷ、ＬＯＹと略記した）の間で置換数kと経過時間Tの間の関係を解析した。kとTの間には期待通り直線関係があった（図7－4の直線ⓐ）。ところが、ＵＳＳＲ株をＰＲ、ＢＥＬ、ＦＷと比べると、信じ難い図になった

（図７－４の直線(b)）。この図では、置換数kと経過時間Tが直線関係を示していたが、原点を通っていない。なんども調べ直したが、結局、この図が正しいという結論に達した。

図７－４の直線(b)では、傾きが直線(a)と同じで（すなわち進化速度が等しい）、明らかに分子時計の性質を示している。しかし、二五年分だけ右にシフトしている奇妙な図になっている。これは明らかに一九七七年に流行したＵＳＳＲ株（通称、ロシア風邪）に原因がある。文献を調べてみると、この株の塩基配列は不思議なことに一九五〇年に流行した株に非常によく似ていることが報告されていた。

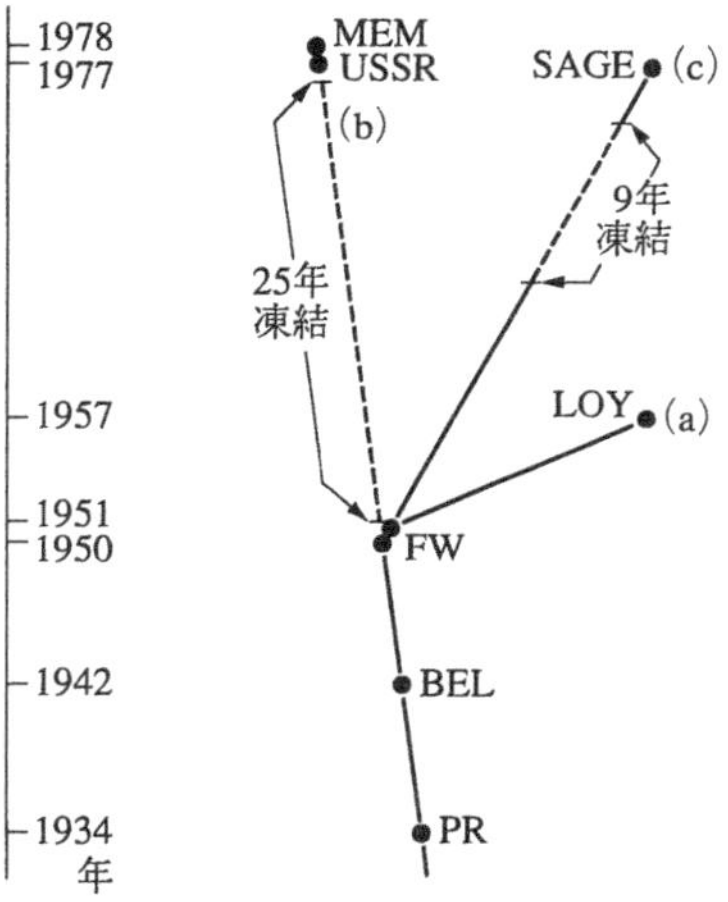

(a)、(b) はそれぞれ図７－４の直線(a)、(b) に対応する

図７－３　N1サブタイプに属する７つのインフルエンザウイルスの系統関係

この奇妙な現象の最も合理的な解釈は、ＵＳＳＲ株が一九五〇年と一九七七年の間の二五年間だけ進化を完全に停止し、その後再び同じ進化速度で進化を再開したということである（図７－３）。なぜこんな奇妙なことがおこるのだ

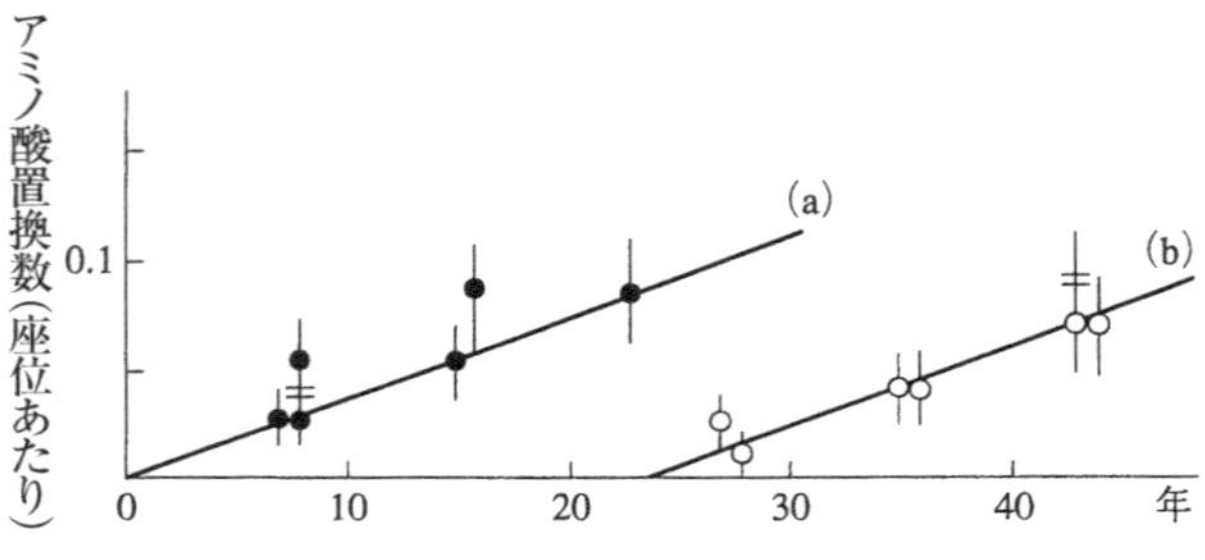

図７－４　図７－３の株間の比較に基づく分子時計

ろうか？　考えられる説明の一つとして、どこかで凍結保存されていたＵＳＲ株が、何らかの理由で一九七七年に外に漏れたということであろう。

理由はともあれ、一時期進化を完全に停止し、二五年もの後に進化を再開するということがあれば、その間に生まれた若い世代はこのウイルスに対する抗体をまったくもたないので、インフルエンザは若い世代を中心に大流行するはずである。インフルエンザの大流行はこうした理由でもおこりうるということを示している。もし、この推論が正しいなら、これは人間の不注意がもたらす大きな災害の一つであろう。

平成一七年四月一四日付けの毎日新聞に、以下のような記事が載っていた。一九五七年から一九五八年にかけて、全世界で四〇〇万人の死者を出したといわれている、通称「アジア風邪」が大流行した。このインフルエンザウイルスは「Ｈ２Ｎ２」型だが、この型のインフルエンザは一九六八年以降おきていない。記事によると、アメリカの医療会社がこのウイルスのサンプルを世界中の六五〇〇施設に誤って送付してしまったらしい。幸い、このウイルスが漏れて人に感染したという報告はなかったようだが、漏れでもしたら、一九六八年以降に生まれた人は免疫をもたないので、若い人を中心に大流行する可能性があった。

第8章　オスが進化を牽引する

突然変異は進化の素材であり、進化を考える上での最も基本的な因子である。ここでは進化に寄与する突然変異が話の中心である。まず、生殖細胞の分裂数になぜ雌雄差が生じたのか、そしてその雌雄差から、オスが進化を牽引するという「オス駆動進化説」がいかに導かれたか、さらにその理論は遺伝子の配列解析から立証された、ということを順に述べる。

突然変異の要因

まず突然変異をおこす要因から考えてみよう。はじめに断っておくが、ここでは進化を問題にするので、突然変異は遺伝しなければならない。すなわち、生殖細胞におきた突然変異が問題になる。それ以外の細胞、すなわち体細胞に生じた突然変異は問題にしない。

すでに第4章で見てきたように、一億年ほどの長いタイムスケールで眺めると、脊椎動物では、ちょうど時計の針が時を刻むように、一定のペースで塩基やアミノ酸の変化を伴う進化がおこる。すなわち、「分子時計」が、同じことだが、「分子進化速度の一定性」が成り立つ（図４－４を参照）。分子時計は、分子進化の中立説をはじめとして、初期になされた分子進化の重要な研究に大きな影響を与えた。それほど重要な分子時計だが、なぜ、分子進化の過程で、アミノ酸の置換数が、世代の長さのような「生物的時間」ではなくて、「物理的な絶対時間」に比例するのか、という基本的疑問が理解できていないのである。

進化に寄与する突然変異の主な要因としては二つ考えられる。一つは地球上に降り注ぐ放射線のような「物理的要因」と、もう一つは「生物的要因」で、生殖細胞の分裂に際して、ＤＮＡが複製されるが、その際生じるＤＮＡの「複製エラー」である。

ところで分子進化の中立説によると、分子の進化速度 v は突然変異率に比例する。すなわち、$v=f\cdot\mu_T$ である（第６章の６－２式を参照）。ここで、f は、全突然変異のうち、中立な変異の割合で、μ_T は全突然変異率である。分子時計とは進化速度 v が一定ということだから、この式から、全突然変異率 μ_T も年あたり一定ということになる。これは突然変異の要因が放射線であるなら、つじつまが合う。なぜなら、放射線は年あたり一定の割合で地上に降り注いでいると考えられるからである。

しかし、突然変異の主要因が年あたり一定の割合で降り注ぐ放射線だとすると、すでに第７章の図７－２で示したとおり、不都合なデータがある。たとえば、ネズミなどの齧歯類（げっしるい）は他の哺乳類と比べて、速い速度で進化していることが知られている。あるいは、細胞の核に存在するDNA上の遺伝子は、ミトコンドリアの遺伝子や葉緑体の遺伝子とでは、進化速度がかなり違う。これらはウイルス遺伝子の場合と比べると、極端に小さい。さらに、同じインフルエンザウイルスでも、流行の程度にしたがって、進化速度が順に小さくなる。放射線が突然変異の主要因なら、進化速度にこれほどの違いは見られないと期待される。

一方、こうした進化速度の違いは、突然変異の主要因がDNA複製エラーだとすると、合理的な説明が可能である。ネズミは僅かな時間で大人になり、子供を生む、すなわち、一世代の長さが短いので、そのぶん年あたりのDNA複製回数が多くなり、それに比例して複製エラーが蓄積するので、進化速度が速くなる、と説明されている。つまり、このネズミの速い進化速度はDNAの複製エラー説を支持する。同じことを、他の哺乳類についてもみてみると、世代の長さと進化速度の間には関係がありそうで、一世代の長さが長いと、進化速度が逆に遅くなっている。ウイルスが寄生している宿主に比べ、数十万から数百万倍ものスピードで進化するのは、ウイルスゲノムの増殖率の反映であり、増殖の際におこる複製エラーに起因する。また、同じウイルスでも、感染性の強いウイルスと、弱いウイルスを比べると、強いウイルスは速い速度で進化している。こうした速度の違いもまた複製エラー説に有利である。流行の程度にしたがって、ウイルスの増殖が盛んになる。それに比例して、ウイルスゲノムの分裂がおこり、複製エラーが蓄積するというわけである。

進化を先導するのはオス？

一九八六年、筆者は分子時計の合理的な説明を試みたが、結局成功しなかった。しかし、その過程で、進化に寄与する突然変異の主要因はＤＮＡ複製エラーであることを確信するに至った。ある時、突然変異の主要因がＤＮＡ複製エラーであるなら、一般に、精子の方が卵より数におい て圧倒的に多いので、進化に寄与する突然変異は主にオスで作られるのではないか、というアイディアが浮かんだ。これは大変重要な問題である。なぜなら、中立説によれば、進化速度は突然変異率に比例するので、「オスが進化を先導する」ことになるからである。

一九八六年当時、この考えに至った人は私だけではなかったかもしれない。多くの動物で、卵に比べ、精子の方が圧倒的に多数作られることは、誰でも知っていることである。また、生殖細胞におこる突然変異の主要因は、放射線のような物理的要因よりは、生物的な要因であるＤＮＡ複製エラーの方がもっともらしい、と考える人が多かったと思われるからである。

しかし、これだけでは、オスが進化を先導する、という考えを、客観的なデータで検証することは難しい。この考えと具体的なデータとを結びつける、何らかの発見が必要である。このことを考え続けていたある時、筆者は以下のことに気がついた。

一本の染色体に注目した時、それがY染色体なら、それは常に（確率1で）オスを経由するが、常染色体なら、1／2の確率でオスを経由し、1／2の確率でメスを経由する。X染色体は、1／3の確率でオスを、2／3の確率でメスを経由する。したがって、精子と卵で分裂数が違えば、常染色体とY染色体で（そしてX染色体とも）突然変異率が違ってくる。進化に寄与する突然変異が主にオスで作られるのなら、それは、Y染色体、X染色体、常染色体の間の突然変異率の違いとして現れる。したがって、Y染色体上の遺伝子、X染色体上の遺伝子、常染色体上の遺伝子の進化速度の違いとして表現される。重要なことは、遺伝子がどの染色体に乗っているかで、進化速度が違ってくるので、Y染色体、X染色体、常染色体上の遺伝子の進化速度（同義置換速度）を比べることで、理論を定量的に検証できるということである。

この着想を得て直ちに、「オス駆動進化理論」の定式化に着手した（後の節で詳しくのべる）。その話に入る前に、理論の基礎になる卵と精子の分裂数の違いについて考えてみよう。

雌雄差の起源

われわれ人間では、どの国でも平均すると男性は女性より体が大きいが、これは動物全体でいえる特徴ではない。チョウチンアンコウのオスのように極端に体を小さくしてメスに寄生し、もはや生殖器官化してしまっているような例もある。

さまざまな雌雄間の違いのうちで、動物界を通じてオスとメスを明瞭に区別する基本的特徴がある。それは配偶子（卵と精子）、すなわち生殖細胞の雌雄差である。オスの配偶子（精子）はメスの配偶子（卵）に比べてサイズが極端に小さく、ヒトの場合、卵は直径〇・一五㎜ほどだが、精子は長さにして〇・〇六㎜程しかない。形態的にも明瞭な違いがある。卵は球形で、将来の胚の発生に必須の養分が詰まっている。精子は頭部にエネルギー変換装置のミトコンドリアをぎっしり詰め込み、鞭毛まで備えることで高い運動能力を獲得している。こうした運動性は、精子間の競争を勝ち抜き、卵を見つけて速やかに結合する上で有利な形質である。

配偶子の生産様式も雌雄間でだいぶ違っている。ヒトの場合、発生の比較的早い時期に六〇〇万個ほどの卵が一斉に作られる。その後は卵の生産はなく、生殖年齢に達すると一つずつ排卵する。一方、精子は生殖年齢に達した時点で作り始められ、その後連続的に作られる。一回の射精で億の単位の精子が放出される。

なぜ配偶子の間で形、サイズそして数がこれほどまで違うのであろうか。これには現在もっともらしい説明がある。どの生物も配偶子が極端に違っているわけではない。カビの仲間では同形配偶（アイソガミー）といって、有性生殖はみられるものの、配偶子の雌雄差はみられないものがある。おそらく配偶子の原始的形態はこんなものであったと想像される。

メスの配偶子である卵の一つに突然変異がおき、平均よりわずかに大きな卵が現れたとしよう。この変異は平均的なサイズの卵に比べて子孫を残す上で有利にはたらいたと思われる。なぜなら大型の卵に由来する胚は平均よりも十分な食物の供給が得られるからである。こうして大型の卵が広まり、より大型の卵へと進化していったと考えられる。

こうした大型の独立栄養的配偶子の卵が進化していく状況下で、オスの配偶子である精子に平均よりわずかにサイズが小さい精子が現れたとしよう。サイズを節約した分、数を増やすことが可能になる。この精子が取った戦略は、大型の卵とうまく合体して食物供給の豊富な胚へと分化することで、自身のＤＮＡを首尾よく残していこうという戦略である。その結果、無駄を省いてより小型になり、配偶子の数もますます増加していったであろう。精子の数が増えると精子間競争が激化し、速やかに卵と合体するために運動性を高める方向へと進化していったと考えられる。こうして精子は従属栄養的配偶子への進化の道を突き進んだのだ。

将来の胚が正常に発育するための十分な栄養を貯めこんだ大型で「質の高い」配偶子への進化という卵の「質の戦略」と、卵との合体をより高めるために「大量の」配偶子への進化という精子の「量の戦略」とが、配偶子の形態と生産様式に著しい雌雄差をもたらしたのである。

精子が進化の過程で最初に採った戦略は、できるだけ多くの卵と合体し、ＤＮＡを卵に注入しようとする量の戦略であり、一方メスの最初の戦略は、生まれてくる子供の無事な出産と成長を願った質の戦略であった。偶然とはいえ、この最初の戦略が尾を引き、「三つ子の魂百まで」のことわざ通り、その後の形態と行動の雌雄差全般に色濃く反映するに至った。例外の多い生物の世界において、生殖細胞の雌雄差には動物界全般にわたって例外が見当たらないという点を記憶しておいてほしい。

オス駆動進化説の提唱

これまでの話をまとめておこう。一般に、生殖細胞の分裂数には性差があり、精子の分裂数は卵の分裂数に比べてずっと多い。突然変異の要因がDNAの複製エラーだとすると、細胞の分裂のたびにDNAの上に一定の頻度でエラーが生じるから、精子の突然変異率は卵の突然変異率に比べて圧倒的に高いことになる。したがって、「突然変異の大部分は精子で作られる」ということになる。分子進化の中立説にしたがうと、分子の進化速度は突然変異率に比例するので、「進化はオスが駆動する」という考えが生まれる。

この考えを確かめるには、直接卵と精子の分裂数を測定すればよいのだが、その測定は実際には難しい。しかし他にうまい方法があった。すなわち、生殖細胞の分裂数に性差があると、生じる突然変異率が、常染色体、X染色体、Y染色体の間で違ってくることを、簡単な考察から数学的に示すことができる。しかも染色体の間の突然変異率の違いから、「オスが進化を駆動する」という仮説の正否を塩基配列データで実証できるのである。以下でそれを示そう。

染色体はオスとメス両方が共通にもっている常染色体と、性に関係する性染色体とに分けられる。性染色体は、哺乳類では、X染色体とY染色体からなる。通常、染色体は対で存在し、たとえばヒトは二二対の常染色体と、一対の性染色体をもつ。X染色体が二つで対を作ればメスに、X染色体とY染色体が対を作るとオスになる。簡単のため、常染色体、X染色体、Y染色体をそれぞれ、A、X、Yと略記し、染色体の対を、AA、XX、及びXYと書くことにする。また、哺乳類のような染色体の対合形式をXX♀／XY♂システムと略記することにする。

次に、生殖細胞の分裂回数に関する性差を導入しよう。精子の分裂数と卵の分裂数の比率をα（＝精子の分裂数／卵の分裂数）としよう。上でのべたように、一般に$\alpha>1$である。突然変異はDNAの複製エラーに起因するというのが大前提だから、突然変異率は生殖細胞の分裂数に比例し、したがって、もしある染色体がオスを経由したらαに比例し、メスを経由したら1に比例する。

さて準備が整ったので、以下で特定の染色体に生じる突然変異率を推定してみよう。まず常染色体から始めよう。よく知られているように、対で存在している一方の染色体はオスに由来し、他方の染色体はメスに由来する。したがって、AAのうち、どちらか一方に注目すると、その染色体がオスから来た、つまり精子に運ばれてきた確率は1／2で、そのときαだけの突然変異が生じるので、結局オス経由では突然変異率M_A(♂)は（1/2）・αに比例する。同様にある常染色体がメス経由、つまり卵に運ばれてきたなら、その確率も１／２で、そのとき１だけの突然変異が生じるから、メス経由では突然変異率M_A(♀)は(1/2)・1に比例する。一つの染色体がオスを経由するか、メスを経由するかは排反事象だから、結局常染色体の突然変異率M_Aは、

$$M_A = M_A(♂) + M_A(♀) \propto (1+\alpha)/2 \quad (8-1)$$

となる。

Ｙ染色体ではどうか。ＸＹのＹに着目すると、Ｙは常にオスにのみ存在するので、オスを経由した確率は１で、メスを経由した確率は０となる。したがって、Ｙ染色体の突然変異率M_Yは下のようになる。

$$M_Y = M_Y(♂) + M_Y(♀) \propto 1 \cdot \alpha = \alpha \quad (8-2)$$

最後にＸ染色体を考えよう。Ｘ染色体ではメスはＸＸ、オスはＸＹの対合であったから、一つのＸがオスに運ばれる確率は１／３で、そのときαだけの突然変異がおこるから、オス経由の突然変異率M_X(♂)は(1/3)・αに比例する。一方、一つのＸがメスに運ばれる確率は２／３だから、メス経由の突然変異率M_X(♀)は(2/3)・1に比例する。したがってＸ染色体の突然変異率M_Xは、

$$M_X = M_X(♂) + M_X(♀) \propto (2+\alpha)/3 \quad (8-3)$$

となる。もし生殖細胞の分裂数に雌雄差がなければ、すなわちαが１に等しければ、M_A、M_Y、

M_Xはすべて等しくなる。

M_A、M_Y、M_Xの比例定数が分からないので、M_Aに対する相対突然変異率を導入しよう。すなわち、

$$R_Y = M_Y/M_A,\ R_X = M_X/M_A \qquad (8-4)$$

それぞれaで具体的に表現すると以下のようになる（aが非常に大きい場合、すなわち精子の分裂数が卵の分裂数に比べて圧倒的に大きい場合の極限値も示す）。

$$R_X = (2/3)(2+a)/(1+a) \quad ;\ R_X \to 2/3 \quad (a \to \infty) \qquad (8-5)$$

$$R_Y = (2a)/(1+a) \quad ;\ R_Y \to 2 \quad (a \to \infty) \qquad (8-6)$$

$$R_A = 1 \quad ;\ R_A \to 1 \quad (a \to \infty) \qquad (8-7)$$

相対突然変異率はaが1より大きい値（$a>1$）に対して、

$$R_Y > R_A > R_X \quad (a>1) \qquad (8-8)$$

の関係が常に成り立つ。aが非常に大きい極限では生じる突然変異率の比は、

$$\mathrm{A}:\mathrm{Y}:\mathrm{X} = 1:2:2/3 \quad (a = \infty) \qquad (8-9)$$

となる。こうして、生殖細胞の分裂回数に性差があると、X染色体の突然変異率が最も低く、ついで常染色体で、Y染色体が最も高い突然変異率をもつことになる。もし、卵と精子の分裂回数に差がなければ、どの染色体も同じ突然変異率となる。

オス駆動進化説の証言者としてのトリ

突然変異率が染色体間で異なってくるのは、常染色体と性染色体の対合のしかたに依存して、オスを経由する割合が染色体間で異なってくるからである。したがって対合が違っている生物のグループでは染色体間の突然変異率も違ってくる。哺乳類がもつXX♀／XY♂システムでは、オスが性染色体をヘテロにもつが、トリなどのZW♀／ZZ♂システムでは、逆にメスが性染色体をヘテロにもつ。ここでZ染色体はX染色体のことで、W染色体はY染色体のことである。さてトリではY染色体（すなわちW染色体）がメスによってのみ運ばれるので、Y染色体の突然変異率は、哺乳類とは逆に、非常に小さくなると期待される。XX♀／XY♂システムと同様の解析から、常染色体に対する性染色体の相対突然変異率R_Z、R_W、R_Aは以下のようになる。

$R_Z=(2/3)(1+2\alpha)/(1+\alpha)$　：$R_Z\to 4/3$　$(\alpha\to\infty)$　(8-10)

$R_W=2/(1+\alpha)$　：$R_W\to$非常に小さい　$(\alpha\to\infty)$　(8-11)

$R_A=1$　：$R_A\to 1$　$(\alpha\to\infty)$　(8-12)

予想通り、ZW♀／ZZ♂システムの相対突然変異率はαの全領域（$\alpha>1$）に対して、XX♀／XY♂システムとは逆に、

$$R_Z>R_A>R_W \quad (\alpha>1) \qquad (8-13)$$

	突然変異率				相対突然変異率	
哺乳類	メス		オス	計		$a \to \infty$
常染色体	(1/2)1	+	(1/2) a	=(1+a)/2	1	1
X染色体	(2/3)1	+	(1/3) a	=(2+a)/3	(2/3)(2+a)/(1+a)	2/3
Y染色体	0	+	1a	=a	2a/(1+a)	2
鳥類						
Z染色体	(1/3)1	+	(2/3) a	=(1+2a)/3	(2/3)(1+2a)/(1+a)	4/3
W染色体	1	+	0	=1	2/ (1+a)	o(1/a)

図8－1　突然変異率及び相対突然変異率の a 依存性
a ＝精子の分裂数／卵の分裂数

の関係が常に成り立つ。a が非常に大きい極限では生じる突然変異率の比は、

$$A : Z : W = 1 : 4/3 : o(1/a)\ (\text{非常に小}) : (a \to \infty) \quad (8-14)$$

となる。

これまでに述べてきた突然変異率及び相対突然変異率をXX♀／XY♂システムとZW♀／ZZ♂システムで比較して図8－1にまとめた。哺乳類と鳥類での染色体突然変異率の逆転は興味深い。なぜなら、X染色体の低い突然変異率は、X染色体には非常に重要な遺伝子が存在するため、他の染色体より突然変異率が低く抑えられているという説があるからである。すなわち、X染色体の低い突然変異率は、他の染色体と比べてオスを経由する割合が少ないためではなく、そもそもX染色体上の突然変異は強く制約を受けていて、そのため低く抑えられているのだと主張する。この「X染色体制約説」は、突

哺乳類	鳥類 （Z=X、W=Y）
XX♀/XY♂	ZW♀/ZZ♂
Y＞A＞X	Z＞A＞W

A、X、Y：常染色体、X染色体、Y染色体。
突然変異率の大きさの順が、哺乳類と鳥類で逆転していることに注意

図8－2　染色体の間で比較した突然変異率の大小関係

然変異率を染色体間で比べるだけでは、オス駆動進化説と区別がつけにくい。しかし、トリなどのZW♀／ZZ♂システムでは、突然変異率が説によって正反対の結果を予想する。すなわち、オス駆動進化説ではZ＞A＞Wの順に突然変異率が増加するが、X染色体制約説では逆に、W＞A＞Zの順になる。したがって鳥類での解析が極めて重要になってくる（図8－2）。

個人的な話になるが、突然変異率に雌雄差（α＞1）があると、突然変異率の染色体依存性がXX♀／XY♂システムとZW♀／ZZ♂システムで逆転するという性質を筆者は特に好む傾向がある。第6章でのべたように、中立vs適応論争においても、偽遺伝子を使うと、どちらの理論的立場に立つかで、進化速度が最大か最小かに明確に分かれる。無意識にそうした「量ないしは対象」を求める傾向があり、探し当てると、宝物を見つけたような気分になる。

遺伝子によるオス駆動進化説の検証

[塩基配列から理論を検証する]　第6章でのべたように、分子進化の中立説によると、単位時間あたり集団中に広まる突然変異の数、すなわち、進化速度vは総突然変異率μに比例する、すなわち、$v \propto f \cdot \mu$である（第6章6-2式を参照）。ここでfは総突然変異のうち、淘汰に中立な突然変異の割合で、残り$1-f$は有害で進化に寄与しない（分子においては淘汰に有利な変異は数においてきわめて少ないので無視できる）。$1-f$は機能的制約と呼ばれる量と関連する量で、一般に生命維持に重要な遺伝子ほど大きくなり（中立の割合が減少し）、その遺伝子の進化のスピードが遅くなる（$v \sim 0$）。逆に機能を完全に失った偽遺伝子では変化に対する制約がまったくなく（$1-f=0$）、進化のスピードは最大になる。この関係式は中立説から導かれる最も重要な結論の一つで、分子進化における種々の観察事実をうまく説明する（第6章参照）。

さて、第6章ですでにのべたように、機能的制約がほとんど存在しない（$f \doteqdot 1$）同義座位やイントロンなどでの進化速度は突然変異率を直接反映するので、これらを解析することで、オス駆動進化説の検証ができることになる。こうして、常染色体や性染色体上にある遺伝子の同義座位やイントロンの進化速度を定量することで、この理論を分子生物学、分子進化学に乗せることができ、遺伝子の解析を通して理論の正否を確かめることができるのである。生殖細胞の分裂数に雌雄差があると染色体間で突然変異率が異なってくるという発見が鍵になったわけである。

右でのべてきた、常染色体に対するX及びY染色体の相対突然変異率 R_X 及び R_Y は、同義座位やイントロンでは $f \fallingdotseq 1$ であることを考慮すると、

$$R_X \fallingdotseq k_X/k_A,\quad R_Y \fallingdotseq k_Y/k_A$$

から近似的に計算できる。ここで、k_X、k_Y および k_A はX、Y及び常染色体上に存在する遺伝子の同義座位やイントロンの進化速度を表し、普通それぞれ遺伝子の配列を異なる種間で比較することで得られる。すなわち、相対突然変異率は近似的に相対進化速度（$R_X' = k_X/k_A$, $R_Y' = k_Y/k_A$）として与えられる。また、R_X'、R_Y' それぞれから α（＝精子の分裂数／卵の分裂数）が逆算できる。

［最初の検証］　筆者らは一九八七年の最初の論文に、理論とともに、理論を検証するための解析の方法を結果もあわせて示した。三五の常染色体遺伝子及び四つのX染色体遺伝子のそれぞれについて、ヒトとネズミの間で遺伝子塩基配列を比較し、同義置換数 k_S を求めた。その結果、常染色体遺伝子では、$k_S = 0.66 \pm 0.33$ と得た。一方、X染色体遺伝子では、$k_S = 0.33 \pm 0.12$ であった。したがって、$k_X/k_A = 0.5$ となり、理論の期待通り、X染色体遺伝子の同義置換速度は常染色体遺伝子のそれより小さいことが示された。

　では、Y染色体の場合はどうであろうか。論文を発表した時点で、一対の遺伝子に対して、Y染色体と常染色体の間で比較可能であった。しかし、このケースはどちらも偽遺伝子で、突然変

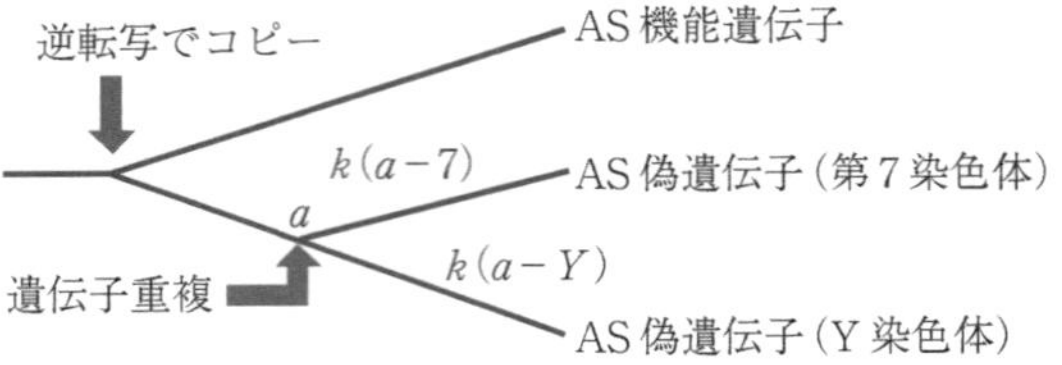

第7及びY染色体の偽遺伝子はプロセストタイプの偽遺伝子で、3'側の同じ位置にAlu配列が存在することから、遺伝子重複の産物と推定される。$k(a-7)$と$k(a-Y)$は遺伝子重複以降、それぞれの系統で蓄積された同義置換数を表す。計算の結果は

$$R=k(a-Y)/k(a-7)=2.2$$

図８－３　ヒトのアルギニノサクシネートシンテターゼ（AS）遺伝子と逆転写で作られた２つの偽遺伝子の系統関係

異率を評価する上では都合がよい。ヒトの染色体には、常染色体上に存在するアルギニノサクシネートシンテターゼ（ＡＳ）遺伝子から逆転写によって作られた、多数の機能をもたない偽ＡＳ遺伝子が散在している（偽遺伝子に関しては第6章を参照）。そのうちの一つはＹ染色体上に存在する（ＡＳ－Ｙと表すことにする）。さらに第七（常）染色体上に存在する偽遺伝子の一つ（ＡＳ－７と表すことにする）と、これらの偽遺伝子のもとになった機能している遺伝子の塩基配列が決定されていた。これら三つから、α－グロビン偽遺伝子の同義置換数を推定した場合と同じ方法で、ＡＳ－ＹとＡＳ－７の同義置換数を計算できる。その結果、$k_S(AS-Y)/k_S(AS-7)=2.2$と得た（図８－３）。すなわち、理論の予想通り、Ｙ染色体遺伝子の同義置換速度は常染色体遺伝子の同義置換速度より大きいという結果を得た。また、どちらの場合もαは非

常に大きな値（$\alpha = 8$）になる。

その後、多くの研究グループによって、哺乳類を中心に、さまざまな動物の系統で理論の検証がなされた。それらの解析では、いずれもαが1に比べてずっと大きい値を示しており、理論の予測と良く一致している。

一九八七年に理論が発表されて以来、オス駆動進化説と右でのべた制約説との間で論争が続いたが、哺乳類のXX♀／XY♂システムの解析に基づいた議論であったため、なかなか最終結論を得るまでに至らなかった。二つの説で正反対の結果が予想されるトリのZW♀／ZZ♂システムの解析が待たれた。

［トリがオス駆動進化説を支持］　理論の発表からちょうど十年経った一九九七年、スウェーデンのハンス・エレグレンとアンナ－カリン・フリドルフセンがクロノヘリケースDNA結合タンパク質をコードしている遺伝子をスズメ目に属する五種のトリから単離し、種間で配列比較を行った。その結果はオス駆動進化説の予言通り、哺乳類とは逆に、Z染色体（X染色体に対応）はW染色体（Y染色体に対応）に比べ、高い同義置換速度を示した。こうしてオス駆動進化説の信憑性がいっきに高まった。その後に発表された結果とともに、鳥類を含めた脊椎動物の解析結果を図8－4に示した。いずれの系統においても、αの値が1に比べて著しく大きくなっている。これらのデータはオス駆動進化説を支持する結果になっている。

分類	比較した生物名	使用した遺伝子/配列	使用した領域	染色体比	α
哺乳類	ヒトーマウス・ラット	39遺伝子	同義座位	X/A＝0.60	∞
霊長類	旧世界ザル	10.4kb非コード	非コード領域	Y/A＝1.68	5.3
齧歯類	マウスーラット	1801遺伝子	同義座位	X/A＝0.814	3.5
	マウスーラット	繰り返し配列	非コード領域	X/A＝0.895	1.9
偶蹄類	ヒツジーヤギ	ZFX/ZFY	イントロン	Y/X＝1.99	3.9
食肉類	ネコ34種	ZFX/ZFY	イントロン	Y/X＝2.06	4.4
鳥類	スズメ目４種	CHD-Z/CHD-W	イントロン	Z/W＝4.64	6.5
魚類	サケ科	GH-2/GH-2Y	イントロン	Y/A＝1.69	5.4
	メダカ	DMRT1/DMY	同義座位	Y/A＝1.73	6.3

図８－４　種々の脊椎動物でのα（精子の分裂数／卵の分裂数）の推定値。たとえば、X/AはX染色体上の遺伝子と常染色体上の遺伝子の置換数の比を表す（星山大介博士による）

［優性疾患で検証する］　これまで、進化に寄与する突然変異の雌雄差を、進化の過程で遺伝子に蓄積された同義置換数から推定する方法と結果をみてきた。これは染色体の使い方が雌雄で異なる場合に可能であった。ところで、染色体対合の雌雄差に対する情報を使わずに、突然変異率の雌雄差を推定する方法はある。それは「優性疾患」から推定する方法である。残念ながら、この方法はヒト以外には利用し得るデータがほとんどない。

卵と精子の形成に際し、それぞれ母親と父親のDNAが複製される。その際、突然変異がある頻度で生じ、変異を受けたDNA上の遺伝子が卵あるいは精子に受け渡される。この変異遺伝子は両親には存在しないが、受精の結果、その子供に受け渡される。この変異遺伝子が有害で、両親から受け取った一対の遺伝子のうちで、どちらか一方にあるだけで、病気が発現することがある。この疾患を「優性疾患」という。原因遺伝子がわかっている場合は、その遺伝子の周辺の多型から、両親のいずれに由来するかが判別できる。

実はこの方法は古い時代に既に知られていた。すでに一九一〇年代にウィルヘルム・ワインベルグ（ハーディー&ワインベルグの法則の発見者）は興味深い観察を行っている。子供の出生時における父親の年齢と軟骨発育不全症をもつ子供の出生率の間に明らかな正の相関があることを発見している。一方、子供の出生時における母親の年齢との間には相関が見られない（図８－５）。これはオス駆動進化説と矛盾しないデータである。何しろ二〇世紀初頭の話なので、ワインベルグがどこまでオス駆動進化を意識していたか、確かめようがないのだが、時代に先んじた優れた科学者には違いない。残念ながら、この方法は、データの上で、ヒト以外の生物に適用するのが困難である。ただ、臨床医学の分野でこうしたデータが眠っている可能性はある。

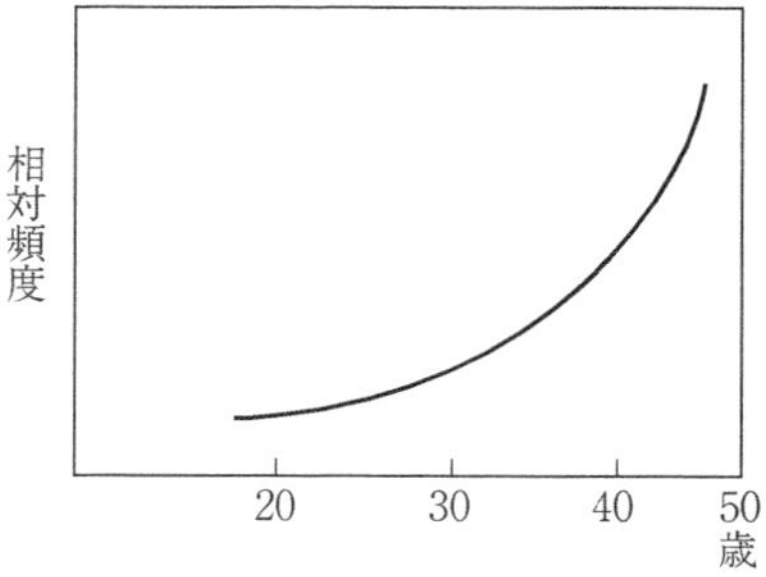

図８－５　子供の出生時における父親の年齢と軟骨発育不全症をもつ子供の出生率との関係

実際、遺伝子上の一塩基置換によっておこる人の優性疾患は、男性が女性よりおよそ一〇倍多いようであする結果になっている。

る。すなわち、a〜10となる。これは、人に限定したデータではあるが、オス駆動進化説を支持

［男性が高齢で子供を作ることによる子供へのリスク］　一つだけ付け加えておこう。右で示してきたように、オス駆動進化説は、トリのデータをはじめとして、多くのデータによって支持されている。このことは、とりもなおさず、ヒトの遺伝性疾患の原因となる変異の多くも男性によって作られることを意味する。

人の場合、男性では、思春期になるまでに三〇回の細胞分裂を経て数十億の精子幹細胞を作り、〜一五歳になって以降、一六日に一回の頻度で精子幹細胞の分裂がおこる。重要な点は精子幹細胞の分裂が「カスケード」的におこることである。そのため、各ステップで生じた変異が次のステップの幹細胞に受け渡される。突然変異は生殖細胞の分裂の際に一定の割合で生じると考えられるので、精子形成過程で生じる突然変異の数は、精子を作り始めてからの年数に比例する。

ほとんどの突然変異は精子形成過程、特に精子幹細胞の分裂過程で作られ、後で作られた精子幹細胞はそれまでのすべての突然変異を受け継ぐことになる。したがって、精子幹細胞に蓄積される突然変異の総数は男性の年齢に比例して増加することになると期待される。

ところで、ワインベルグの図（図８－５）によると、突然変異の総数は確かに年齢とともに増

加するが、増加率は一定ではなく、年齢とともに大きくなっている。これは、DNA複製・修復系には「老化現象」があり、年齢とともにエラーが増えることに起因すると思われる。細胞が老化状態に達すると、DNA修復機能の低下がおこり、それが突然変異の原因になるようである。突然変異は、程度の差はあるものの、多くは体に有害なので、男性が高齢で子供を作ると、より多くの有害な変異が子供に遺伝することになる。

これまで高齢で子供をもつことのリスクが母体に対してのみ言及されてきた。一方、右の議論から、男性が高齢で子供の父親になることは、生まれてくる子供にリスクがあることが推測される。高齢出産は母体にリスクが生じるが、高齢で子供の父親になると、子供にリスクが現れるだけで、父親には影響がない。そのため見過ごされてしまう可能性がある。臨床医学的データに基づく定量的な解析が必要であろう。

メス駆動進化はあるか？

筆者は、学生時代に憧れた物理学者の一人、ポール・ディラックの美しい数学体系で書かれた量子力学の本を読みふけったことがある。一九二八年、そのディラックは、電子の相対論的な量子力学を記述する方程式としてディラック方程式を創った。この方程式から導かれるマイナスエネルギー状態の電子が、一九三二年に陽電子としてカール・アンダーソンによって発見され、一九三三年にノーベル物理学賞を受賞している。ディラックは、質量、スピンが同じで電荷が逆の反粒子によって構成される反物質の世界の存在を理論的に予言したわけである。

科学者として、あまりほめられた話ではないのだが、ある時、昔のことを思い出し、ディラックにあやかって、反オス駆動進化の世界、すなわち、メス駆動進化を考えてみようと思い立った。

まず、理論的にどうなるかというと、常染色体、X染色体、Y染色体の突然変異率を、それぞれオス駆動進化の場合と同様に、メス駆動進化で求めると、きれいな対称性があることが分かる。卵の分裂数と精子の分裂数の比率をβ（＝卵の分裂数／精子の分裂数）としておくと、両者には以下のような対称性がみられる。XX♀／XY♂システムでは、メス駆動進化の突然変異率は、オス駆動進化のZW♀／ZZ♂システムの場合と同じになる（すなわち、Z、W、α→X、Y、βと変換すればよい）。同様に、ZW♀／ZZ♂システムでは、オス駆動進化のXX♀／XY♂システムと同じになる（X、Y、α→Z、W、βと変換）。突然変異率の大小関係を比較して図8-6にまとめた。

何事にも例外の多い生物の世界にあって、例外的に例外が見当たらないのが、生殖細胞にみられる分裂数の雌雄差であろう。知られる限り、精子の分裂数は卵の分裂数に比べ、多い。その結果、右にみたように、オスが進化を駆動するというアイディアが生まれた。逆に、卵の分裂数が

	哺乳類 XX♀/XY♂	鳥類 XY♀/XX♂
オス駆動	Y＞A＞X	X＞A＞Y
メス駆動	X＞A＞Y	Y＞A＞X

図8－6　突然変異率のオス駆動進化とメス駆動進化の対称性

精子の分裂数より多い生物グループが存在するなら、そのグループでは、メスが進化を駆動することが期待される。こうした例は見つかっていないのだが、考えてみる価値のある例がないわけではない。

たとえば、タツノオトシゴ、ヨウジウオ、タツノイトコ、リーフィーシードラゴンなどのヨウジウオ科の魚では、メスがオスの育児嚢に産卵し、オスが、卵が孵化するまで、自分の体内で守り、稚魚を「産み出す」繁殖行動をとることで知られている。また、実験動物で有名なショウジョウバエが属する、ドロソフィラ属の種では、精子は一般に大きく、大きさも種間で大きく異なり、およそ二〇〇倍の差がある。最大の精子はドロソフィラ・ビフルカという種のもので、五・八cmにもなる。ちなみに、それはヒトの精子（六〇μm）のおよそ一〇〇〇倍である。大きな精子は卵に好まれるという、細胞レベルでの性選択がはたらいているという説もある。

オスの繁殖形態がメス的なこれらの生物でもオス駆動進化が成り立つのか？　あるいは、「メス駆動進化」を発見することになるのか？　淡い期待を抱きながら、星山大介博士と筆者は、ドロソフィラ属のハエの遺伝子塩基配列の解析を行った。オス駆動進化の式にしたがって、遺伝子の同義置換からαを推定し、その値が1より大きいか（オス駆動）、小さいか（メス駆動）を調べた。

結果は、残念ながら、$\alpha>1$となり、いぜんオス駆動進化であった。しかし、αの値は1に比べてそれほど大きくはなく、すなわち、精子の分裂数は卵のそれに比べてそれほど大きくはなく、弱いオス駆動型といえよう。精子のサイズが極端に長くなっても、明らかなメス駆動型になるわけではなく、せいぜいオス駆動型が弱まって、突然変異の生成の割合が、オスとメスで差がなくなる程度、すなわち、αがせいぜい1に近くなる程度であると思われる。いかに精子を大きくしても、精子の本性、すなわち、少しでも多くの精子を作ることで、卵との結合のチャンスを増やそうとする本性まで変えることはないということなのであろうか。

［閑談］女性は原始文化の保護者？：マトロン

これまでのべてきたように、サイズをわずかに小型化し、それによって量の増大を図ることで、卵との受精の機会を増やそうとする精子の「量の戦略」は、オスを進化の先導者に仕立て上げた。この章では、もう一つの性であるメスについては、いわば陰の存在であった。そこで、雌雄差の起源の節に戻って、多少本題から外れるが、メスに関して最後に少し付け加えておこう。

産み落とした卵がより丈夫に孵化するためにメスが採った「質の戦略」は、より大きく、栄養の詰まった卵へと進化していった。この戦略は、その後の進化の過程で、孵った雛がより安全に成長するためのさまざまな「養育法」を進化させた。初めのうちは卵を体外に産んでいたが（卵生という）、その後脊椎動物の一部の系統に、卵を体内で孵化させてから子供として生むこと（卵胎生）で、より安全な繁殖形体が現れた。

さらに哺乳類で、母体から胎児に栄養を与え、ある程度成長した段階で出産する胎生が進化した。この出産方法は、より安全で生存力の高い子供へと成長することを可能にした。胎生では、胎児はある程度まで母親の体内で成長して出産されるが、それでも十分成熟した状態とはいい難い。そのため、出産後の哺育がメスの重要な仕事になる。特に人類では、子供は未熟児として生まれ、大人に成長するまでに長い時間を要するので、育児は女の生涯の仕事になった。

より多くの養分を卵に詰め込むことで、卵から子供が無事に誕生し、丈夫に育つことを願ったメスの「質の戦略」は、進化の過程で、卵生、卵胎生、胎生と、出産形態を変化させた。さらにこの戦略は、出産後の哺育にまで拡張され、それに伴って哺育の行動にもさまざまな変化が現れた。

育児期間の長い人類では、特殊な形態が進化した。閉経の獲得は、リスクの高い高齢での出産を断念し、孫も含めて育児に専念させる上で、適応的であったと、ジャレド・ダイアモンドは主張している。さらに、女は、月経を隠蔽することで、男を常に自分の周りに引きつけておくことになり、それは、男に外敵からの保護と育児の手伝いをさせることにもつながった。一方オスでは、「量の戦略」を取り始めた当初から形態や行動の上で本質的な変化はみられない。できるだけ多くのメスとの交尾が哺乳類の時代になっても、いぜんオスの主要な行動になっている。この違いは、ここでは詳細を避けるが、恋愛心理の男女差に代表されるように、われわれ人間の性格や行動における性差に色濃く反映していると筆者は考えている。「永遠に変わらぬ愛」を望む女性心理と「愛を確信すると冷める」男性心理は、恋愛における男女間の本質的な差異であろうが、その差異の進化的起源を尋ねれば、十億年ほど前に始まった、「質の戦略」と「量の戦略」にさかのぼると筆者は考える。

人類の狩猟採集時代では、女は育児をしながら、果実、木の実、キノコなどの食料を採集し、一家の生活を支えてきた。男は主に狩猟に従事したが、彼の収穫は不十分で、生活のあてにできる程のものではなかったに違いない。毎日猟に出かけることはあっても、家族を養うに十分な獲物を持ち帰る予定が立たないので、日々の必要な食料としてあてにするわけにはいかなかった。たまに、栄養価の高い獲物を持ち帰ることはあっても、手ぶらで帰る日の方が圧倒的に多かったと思われる。そのため、女が採集した食料で家族全員が生き延びていたと考えられる。人類の生存にとって、女の存在がきわめて重要であった。

家族の生活に関しては、男はあてにされておらず、かつ、我が身は、家族を養っているというより、どちらかといえば、女に養ってもらっているような状態であったと思われる。こうした半ば居候的な生活を余儀なくされた男たちは、皮肉なことだが、生活のための重労働からある程度解放され、その分時間的なゆとりを得ることができたと思われる。

ほんの僅かな時間であったにしろ、男たちが自由な時間を享受できたということは、その後の人類の文化的発展に重要な要因となったと考えられる。そうした男たちにとって、狩猟は、そのすべてが生活のためというわけではなく、半ばスポーツ化してしまったのではないかと想像される。家族の生活に必要な量の獲物が捕れさえすれば、猟をやめて家族のもとへ戻る男はいたにはいたであろうが、仲間との競争心から、必要以上の量の獲物を捕ったり、食には適さない、しかし珍しい動物を見つけて見せびらかすといった行動があったのではないか。あるいは危険を冒してまで大きな獲物を仕留めて得意になっていたかもしれない。重要なことは、そうした遊び心と自由な時間が、狩りのためのさまざまな道具の工夫から始まって、ついには文化の創造へと男達を駆り立てたのではないかということである。

狩猟採集時代、女の保護のもとに、男は自由を得て、地域ごとに、ささやかながら文化を創ったと思われる。その後、地域間の交易によって生活圏を広げて、より豊かな生活と文化を手に入れていったことであろう。いつの時代でも、文化は自由で遊び主体の生活から生まれる。その自由を保障したのが「パトロン」の存在であった。かつてルネッサンス期にイタリアの天才達は、たとえば、フィレンツェのメディチ家のような強力な権力者の保護のもとに、自由に科学や芸術の日々を送ることができた。同じように、人類文化の創生期には、「女」という保護者、「マトロン」が重要な役割を果たした。

ここで「マトロン」という造語を使った。パトロンとは保護者の意味だが、この言葉は、ラテン語のパテル（pater：父）から派生したパトロヌス（patronus：保護者）に由来するといわれている。名前の由来から分かるように、保護者は一般には男性だったようだ。しかし、保護者が男性であるというのは古代ギリシャ・ローマ文明以降の話で、狩猟採集時代では、右でのべたように、保護者は女性であったと思われる。したがって、狩猟採集時代における文化の保護者は、ラテン語のマテル（mater：母）を使って、マトロン（matron）と改める方が適当であろう。

第9章　類似の配列をコンピュータで探す
――バイオインフォマティックスへの礎石――

学生時代、どなたの講演だったか記憶がないのだが、話は、科学の理解は直線的には進まない、という内容のものであった。途中、こんなたとえ話が出てきたのを覚えている。

昔、豚を生で食べていた。豚小屋がたびたび焼け、そのたびに焼け死んだ豚を捨てていた。こうしたことが何百年と続いた。ある時、焼け死んだ豚を食べた人がいた。焼け死んだ豚は意外なことに美味しかった。それ以降、豚を食べるときは、豚小屋を焼き、焼け死んだ豚を食べる習慣ができた。その習慣が何百年も続いた。ある時、ある人が、豚だけ焼いて食べればよい、といった。それ以降、今の習慣ができ上がった。

焼け死んだ豚を食べるという天才的な発見の後、豚だけ焼いて食べるという、合理的な発見まで、回り道をしながら真理に到達するというのが現実の科学の姿なのだ、というわけである。

筆者は一九七〇年代後半から一九八〇年代初期にかけて、異なる遺伝子の塩基配列、あるいはコードされているアミノ酸配列間の相同性（進化的由来に基づく配列の類似性、ホモロジーという）をコンピュータで検出する方法を開発していたが、その開発の道のりは、まさにこのたとえ話そのものであった。方法の解説と一緒に、その道のりも合わせて紹介してみよう。

配列を比べる

これまでのべてきた分子進化の解析は、異なる塩基配列、あるいはアミノ酸配列を比較するということが、基本中の基本になる。簡単に配列を比べるといったが、ヒトとチンパンジーといった近縁種間では同じ遺伝子、すなわち相同な遺伝子の塩基配列を比べることは簡単である。たとえば、ヒトのα‐グロビン遺伝子の塩基配列とチンパンジーの同じα‐グロビン遺伝子の塩基配列を比べるには、5'末端からヒトの塩基配列を並べ、その下に対応する位置のチンパンジーの塩基配列を並べればよい。このように二つ以上の異なる配列を並列することを「アライメント」という。少し遠縁の間で配列を比べる場合はアライメントが難しくなる。その理由は、どちらかの配列で塩基が「欠失」するか「挿入」されることがあるからである。両者を含めて「ギャップ」と呼ぶ。ギャップが数十塩基に及ぶと目視で相同な部分を見つけるのが難しくなる。そこでコンピュータの助けが必要になってくる。

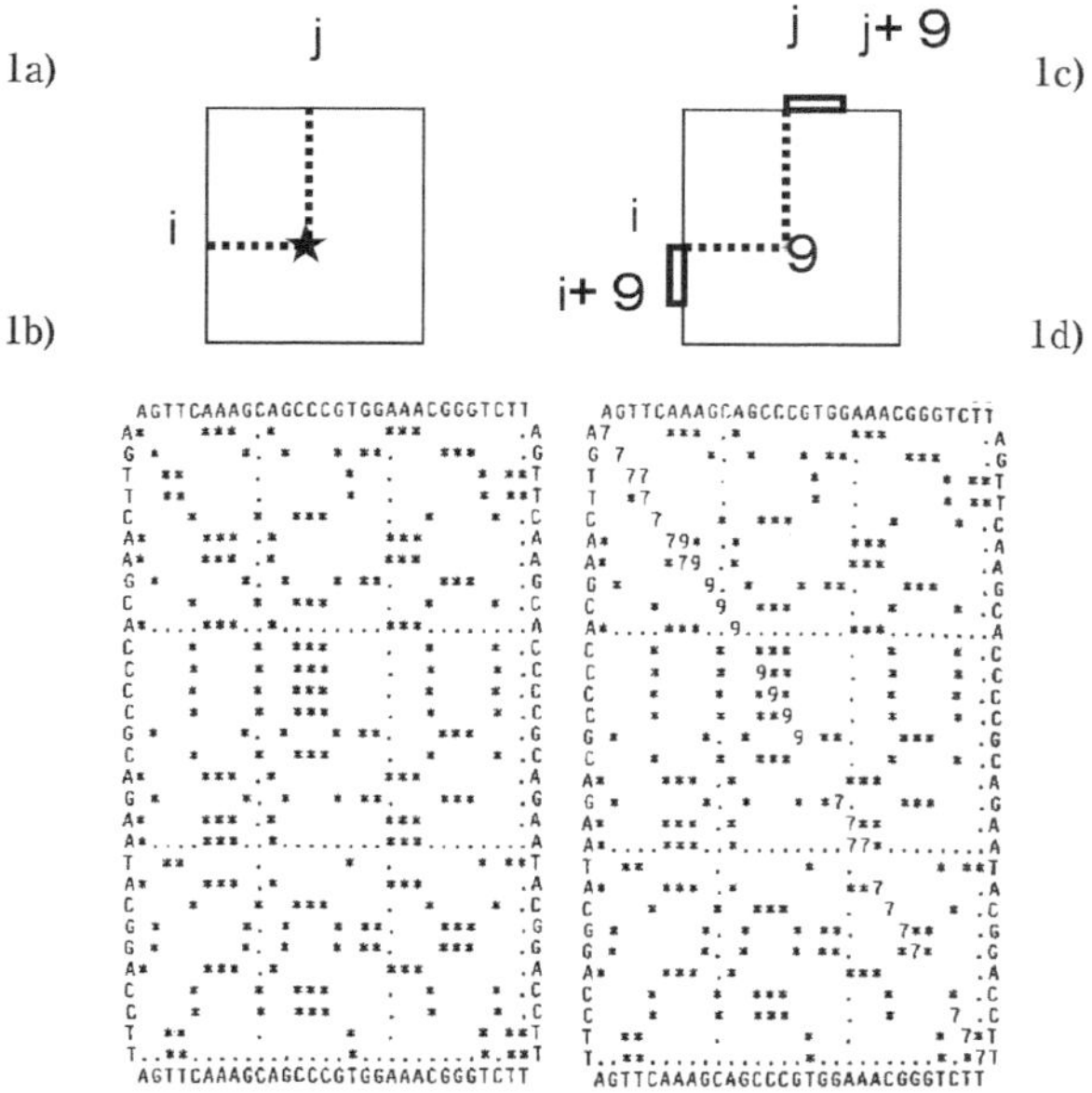

図９－１　ドット・マトリックス（1a,1b）とホモロジー・マトリックス（1c,1d）の作図法

筆者のグループが最初に利用したアラインメントのためのコンピュータ法は、ドット・マトリックス法と呼ばれた既存の方法であった。この方法は、比較したい二つの塩基配列（AとBとする）のうち、一方（たとえばA）を縦に、他方（B）を横に塩基を並べ、Aのi番目の塩基A_iとBのj番目の塩基B_jを比べて、一致したら★、一致しなかったらブランクにする（図９－1a）。全ての塩基座位を比べ尽くして要素が★かブランクのマトリックスを作る（図９

-1b)。

比較する塩基配列AとBが近縁なら、このドット・マトリックスで対角線上に★が並ぶ。もしBに欠失があれば、欠失分だけ下に移動して、再び対角線と平行に★が並ぶ。もしAに欠失があれば★は右に移動する（図9-2）。このドット・マトリックスは、〜1／4の確率で偶然に非対角線上に★が現れるので、よほど近縁な塩基配列でない限り実際にはホモロジーの検出が困難であり、実用的でない。

これをどう解決していくか、次のステップまでに試行錯誤が続いた。

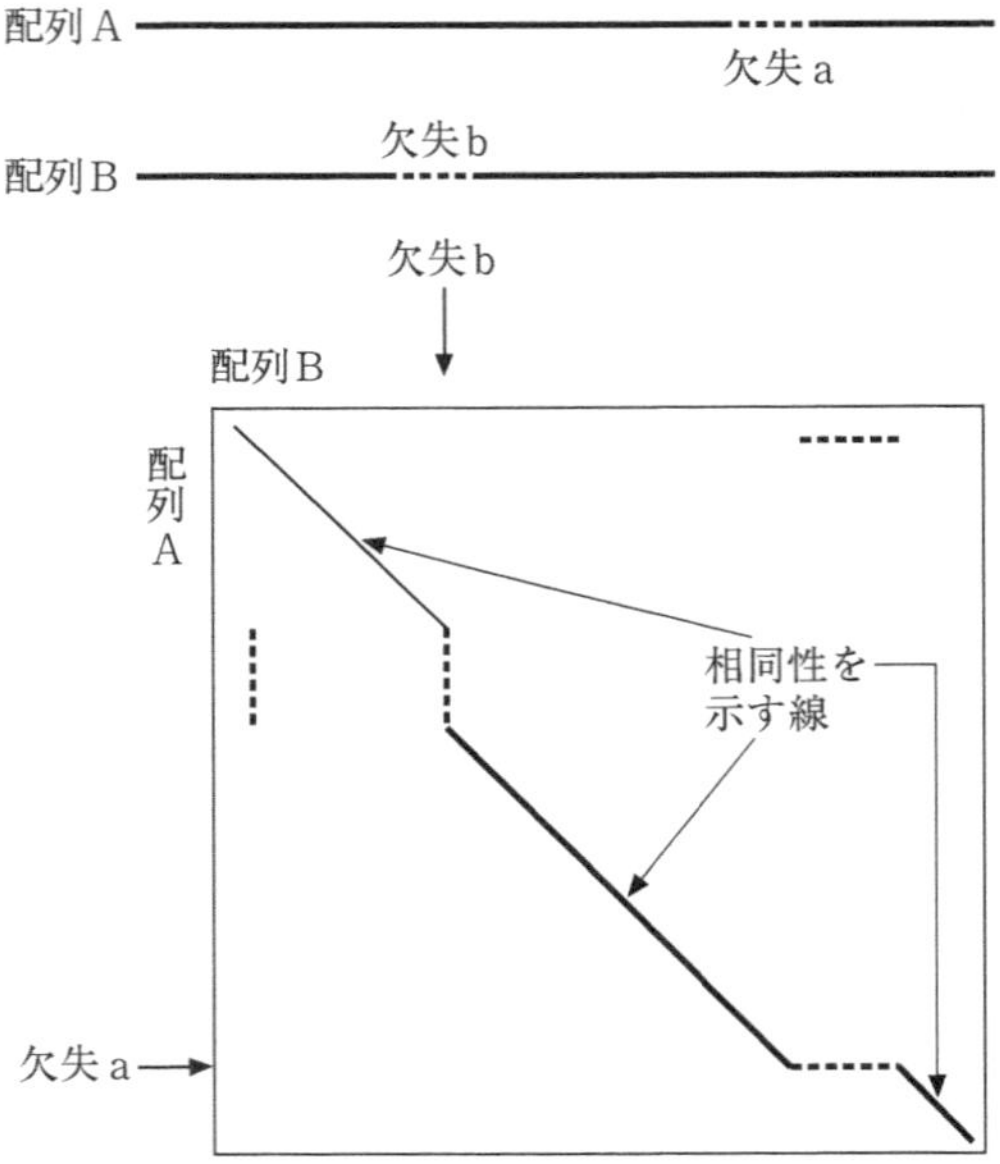

図9－2　ギャップの見分け方
欠失の位置に応じて、配列間の相同性を示すラインが下側あるいは右側に欠失の大きさだけ移動する

［スタート］試行錯誤の過程で、一塩基ずつの比較ではなく、数塩基から数十塩基の長さからなる断片（ここではセグメントと呼ぶ）の比較が有効であることを偶然思いついた。たとえば、配列Aのiから、i+9の長さ一〇の断片（セグメント）と、Bのjからj+9までの断片を比較し、一致している塩基数を数える。pパーセント一致していれば、(i,j) 要素にp/10の数字を与える。pが六〇％以下ならブランクにする（図9-1c）。この操作を図9-1bのドット・マトリックスの上に重ねる。このマトリックスを、ドット・マトリックスと区別して、ホモロジー・マトリックスと呼ぶことにする（図9-1d）。

（図9-1d）と（図9-1b）を比べると、ホモロジー・マトリックス法では二つの塩基配列の間でホモロジーのある領域がはっきり検出される。

［改良Ⅰ］その後の改良はセグメントの長さであるが、セグメントの長さを変えてホモロジーの検出力を比較した結果、二〇塩基のセグメントが最適であることが分かった。

［改良Ⅱ］さらに、比較する遺伝子配列がタンパク質をコードしている場合は、塩基配列ではなく、アミノ酸配列にすることでホモロジーの検出感度を上げることに成功した。

［改良Ⅲ］こうした検出力の改良に加えて、出力形式を文字の印刷から、当時ようやく一般に普及しだしたプロッターを用いた図形処理に変更することで小型化が可能になった。これによって

比較する領域全体が一望でき、かつ多数の比較を短時間に処理することが可能になった。「改良Ⅳ」第5章でのべたように、アミノ酸の物理・化学的性質を体積と極性で定量化し、距離 d として表すと、d とアミノ酸置換頻度との間にきれいな相関がある（図5－5）。この性質を指標にして、比較するアミノ酸が一致しているか（＝1）、していないか（＝0）でなく、どの程度違っているかを〇～一の値を割り振ることで定量化した。この指標をアミノ酸配列間のホモロジー・マトリックスに適用してみたところ、ホモロジーの検出力が飛躍的に向上した。一九八二年頃には「改良Ⅳ」の段階まで完了していた。

この研究を振り返って、二つのことを強く感じた。その第一は、研究を通して、目的としていることが、始めと終わり頃では、大きくは同じだが、多少変わってきていることを感じた。この研究にはいくつかの節目があった。右でのべたように、それらは、「スタート」から始まり、「改良Ⅰ」から「改良Ⅳ」までの四つの改良の段階を経て、ホモロジー検出感度を上げていった。最初は、既存の方法ではなかなかうまくいかず、なんとしても新しい方法を考えて、それによって配列間にホモロジーを見つけ、それらを並列（アラインメント）したいという、どちらかというと現実に直面している問題を解決することから研究が始まっている。その切実な願いが最初の「スタート」の発見を偶然生んだのだと思う。

しかし途中から、現実の問題を処理したいという願望がとりあえず満たされると、今度は微弱なホモロジーでも発見できるほど高感度の検出力をもった方法に発展させたいという、どちらかというと自己満足的な願望へと変化していたように思われる。［改良Ⅳ］の段階は、ホモロジー検出力が高く、満足のいくものであったが、当時現実の問題で必要としていたわけではなかった。しかし、この検出力の高い道具を一度手にすると、非常に遠縁の関係にある配列間にホモロジーを見つけることが可能であることを知ったのである。この道具は後に、後述するように、「逆転写酵素」のホモロジーを発見する上で大いに威力を発揮した。

この方法は、当時世界で最もホモロジー検出力の高い方法になっていたことを、一九八三年に提出した逆転写酵素に関する論文のレフェリーコメントではじめて知った。レフェリーの一人は、「自分のグループもこの問題にトライしたが、ホモロジーを見つけることができなかった」と述べ、論文の改訂版にもっと詳しい方法の記述を要求してきた。［改良Ⅳ］の段階まで検出力を高めた結果、当初、意図していなかったことだが、第7章でのべたように、通常の生物の一〇〇万倍の進化速度で変化しているウイルス間に逆転写酵素のホモロジーが発見できたわけである。さらに、生物最古の分岐を研究する際に、自信をもって非常に遠縁の配列間をアラインメントすることができたのである。

第二の点は、［スタート］から四つの改良に至る各段階が、じれったいぐらい長い時間を要していることである。なぜ、一挙に改良が思いつかなかったのか、後になって考えると不思議である。科学の進歩とはとかくそうしたもので、このケースはその個人版といったところなのであろうか。

この章の冒頭でのべたたとえ話を思い出してみよう。「焼け死んだ豚を食べた天才的発見」から、「豚だけ焼けばよいという合理的発見」の間に、豚を焼くのに、何百年もの間、豚小屋を焼いていたのである。豚だけ焼くという発想がすぐ出てこないというところが、科学の進歩のじれったさだと、講演者が指摘していたのだ。それを、ずっと後に筆者自身が無意識に経験していたわけである。

似た配列をデータベース中に検索する

ホモロジー・マトリックス法を開発していく一方で、あることがきっかけで、遺伝子の配列データを独自に集めてデータベース化していった。プロテインキナーゼはタンパク質分子をリン酸化し、はたらきを調節する分子だが、多くのメンバーからなる超遺伝子族を形成している（第10章参照）。ある時、「機能がよく似たプロテインキナーゼ同士は配列もよく似ている」という趣旨の論文を偶然見つけた。逆は必ずしも真ではないことを百も承知で、これはむしろ逆に使うべきであると、とっさに感じた。すなわち、ある遺伝子の塩基配列が決定されたが、その機能が未知であった場合、その遺伝子の配列とよく似た配列をもった機能既知の遺伝子を、塩基配列がすでに決定されている遺伝子を集めたデータベースの中に探す方が重要な情報が得られると感じた。

林田秀宜博士を中心とした筆者のグループは、解析のために使った遺伝子の塩基配列を集めてデータベースを自前で作り上げた。ホモロジーを検出するホモロジー・マトリックス法はまだ未完成の状態ではあったが、これを利用して、相同性検索システム（ホモロジー・サーチ・システム）をとりあえず作り上げた。データベースに格納されている塩基配列数が三〇〇〇本程度と、本数が十分でないため、検出能力が低かったが、それでも、独自に所有していた遺伝子配列のデータベースを徐々に大きくしながら、コンピュータによる相同性検索システムらしきものができ上がっていった。

最近では、世界中の研究者によって決定された遺伝子の塩基配列データが収録されているDNAデータバンクの組織が確立している。データバンクから、個々の研究者は、希望すれば、すべての配列データを手にすることができるようになっている。このデータベース中に、今問題にしている配列と相同性のある配列をコンピュータで探す方法が、すでに一般の分子生物学者の間に普及している。今やこの操作はパーソナルコンピュータでも可能であり、相同性検索のためのソフトも手に入れることができる。個々の研究者は新しく決定した遺伝子の配列に対して、この方法で相同性検索を行い、よく似た配列を探すことが当たり前になっている。よく似た配列が見つかると、配列を並べて、アミノ酸が変化していない保存部位を見つけたり、配列の類似性から、逆に機能の類似性を推測したりして、その後の生化学的実験の役に立てる。

ドット・マトリックスからホモロジー・マトリックスへの一歩は、偶然による小さな一歩であったが、今振り返ると、それは今日大きな分野へと発展した生物情報学（バイオインフォマティックス）への礎石の一つであったように思われる。このコンピュータ法の確立によって、コンピュータを利用して遺伝子の塩基配列からその機能を推定する道が開けたのである。

相同性から推定された遺伝子の機能

一九八三年、コンピュータを用いた配列の相同性検索から、遺伝子の機能の推定に関する重要な発見が、最初に米国のラッセル・ドリトルのグループによって、次いで数ヵ月遅れて筆者のグループによって報告された。これら二つの発見は、これまでの技術とまったく異なる、コンピュータという道具を使って行われた点で新しい。

ドリトルのグループは、相同性検索からサルのガンウイルス*sis*が血小板由来成長因子ＰＤＧＦと強い相同性を示す領域をもつことを発見した（図９‐３）。この発見は、ガンウイルスが宿主細胞の遺伝子を取り込み、宿主をガン化するという説を強く支持する結果となった。

同じ年に、藤博幸博士を中心とした筆者のグループは、肝炎ウイルス（ＨＢＶ）とカリフラワ

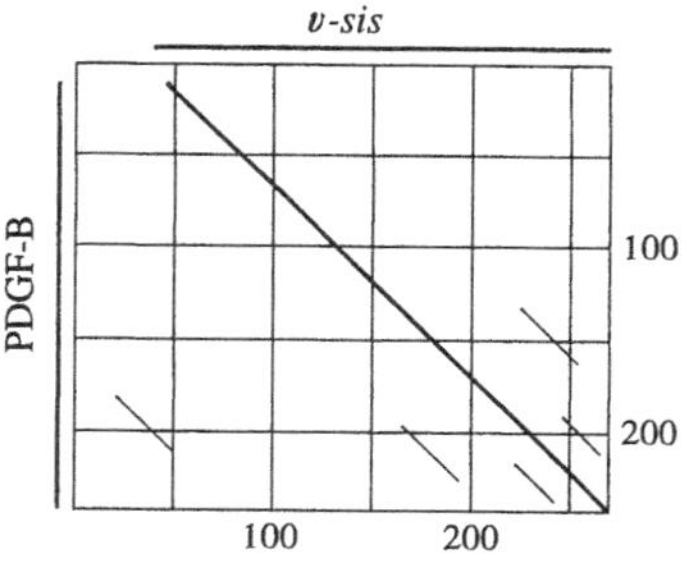

ヒトの血小板由来成長因子のアミノ酸配列（縦軸）とサルのレトロウイルスが持つがん遺伝子*sis*のアミノ酸配列（横軸）をコンピュータで比較したときのドット・マトリックスと呼ばれるグラフで、両者にホモロジーがあるときは、図のように長い斜線が出るように工夫されている

図９－３　ホモロジー・マトリックスが示す*sis*とPDGF間のホモロジー

ーモザイクウイルス（ＣａＭＶ）（いずれも環状二本鎖ＤＮＡウイルスで、逆転写酵素でＲＮＡからＤＮＡを複製する）のゲノム中に、レトロウイルスの逆転写酵素と配列の相同性を示す領域を発見し、同時に逆転写酵素の活性部位を推定することに成功した（図９－４）。この発見によって、これら二つのウイルスが自前の逆転写酵素で増殖することが示唆された。当時、逆転写酵素はレトロウイルスのみがもつ特殊な酵素と考えられていたが、他のウイルスにも存在することが明らかになった。

　レトロウイルスは直鎖状一本鎖ＲＮＡを染色体にもつ小型のウイルスで、有名なＡＩＤＳのウイルスもこのウイルスの仲間である。レトロウイルスの最大の特徴は「逆転写」によってウイルスが増殖する点にある。通常、遺伝情報の

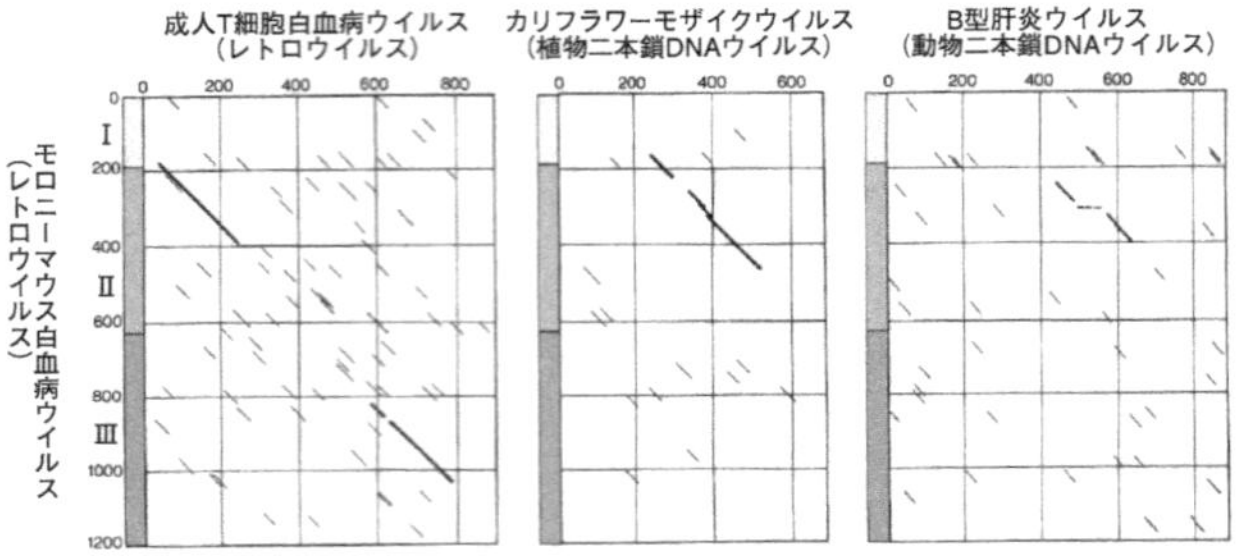

I、II、IIIはそれぞれ、gag、pol、env領域を示す。polの一部に逆転写酵素をコードする領域がある

図9-4　レトロウイルス（縦）の逆転写様配列が別のレトロウイルス（左）、カリフラワーモザイクウイルス（中央）、B型肝炎ウイルス（右側）に存在する。

流れはDNA→RNA→タンパク質となっているが、このウイルスでは一部が逆流する。すなわち、まずウイルスRNAは、自分自身がもつ逆転写酵素のはたらきでDNAに変換される。これが「逆転写」である。つづいて逆転写でつくられた二本鎖DNAはエンドヌクレアーゼという酵素のはたらきで宿主細胞のDNAに挿入される。挿入されたDNAは宿主の転写機構を使ってRNAに転写され、一部をウイルスの染色体RNAとして、他の一部をメッセンジャーRNAとして利用し、子孫ウイルスをつくる。挿入されたDNAは何度も転写されるので、多数の子孫ウイルスができるわけである。

　逆転写酵素は、一九七〇年にハワード・テミンとデビッド・バルチモアによって独立に発見されたが、以来、この酵素はレトロウイルスに特有の酵素であると考えられていた。レトロウイルスとは異なり、環状の二本鎖DNAをもつ肝炎ウイルスとカリフラワーモザイクウイルスのいずれにも逆転写酵素に類似の配列が存在することが明らかになって、逆転写酵素はレトロウイルスに特有の酵素であるという神話は崩れた。その後、逆転写酵素探しが活発に開始された。

真核生物のDNAには「動く遺伝子（トランスポゾン）」と呼ばれる遺伝因子が多数存在するが、一九八五年、西郷薫博士のグループは、ショウジョウバエのDNAに存在する動く遺伝子の中に逆転写酵素によく似た配列を見つけた。しかもこの場合、逆転写酵素をコードしている領域のみならず、レトロウイルスと動く遺伝子の全領域にわたって配列の相同性が認められた。おそらく、この動く遺伝子は、宿主のDNAから外へ出られなくなったレトロウイルスの子孫なのかもしれない。

つづいて一九八六年、榊佳之博士のグループは、真核生物のDNA中に無数に散在する繰り返し配列の一種LINEにも逆転写酵素によく似た配列を見つけた。こうしてまたたくまに、逆転写酵素はウイルスに限らず、種々の生物のDNAにも存在することが確認されていった。今では、この酵素はバクテリアからヒトに至る広範囲の生物で見つかっている（図9－5）。

西郷グループ、榊グループと筆者のグループは、当時、学部こそ違っていたが、同じ九州大学に在籍していた。それまで、研究面でのつながりはほとんどなかったのだが、逆転写酵素という共通のキーワードを得てからは、熱っぽい、実りある討論の日々が続いた。この頃は、討論の過

ウイルス	
エイズウイルス	LDVGDAYFSVPL…LPQGWKGSPAIFQ…IYQYMDDLYVGS…WMGYEL
ハムスター内在性ウイルス	IDIKDCFFSIPL…LPQGMANSPTICQ…VIHYMDDILICH…FLGSKI
ラウス肉腫ウイルス	LDLKDCFFSIPL…LPQGMTCSPTICQ…MLHYMDDLLLAA…YLGYKL
モロニーマウス白血病ウイルス	LDLKDAFFCLRL…LPQGFKNSPTLFD…LLQYVDDLLLAA…YLGYLL
カリフラワーモザイクウイルス	FDCKSGFWQVLL…VPFGLKQAPSIFQ…CCVYVDDILVFS…FLGLEI
B型肝炎ウイルス	LDVSAAFYHLPL…IPMGVGLSPFLLA…AFSYMDDVVLGA…FMGYVI
レトロトランスポゾン	
ショウジョウバエ17.6	IDLAKGFHQIEM…MPFGLKNAPATFQ…CLVYLDDIIVFS…FLGHVL
細胞性粘菌 DIRS-1	LDIKKAYLHVLV…MPFGLSTAPRIFT…VIAYLDDLLIVG…FLGLQI
ヒト LINE-1	IDAEKAFDKIQQ…TRQGCPLSPLLFN…LSLFADDMIVYL…YLGIQL
トウモロコシ Cin4	LDISKAFDSLNW…VRQGDPLSPFLFI…CSLYADDAGVFV…YLGVHL
真正細菌	
ミクソコッカス Mx162	VDLKDFFPSVTW…LPQGAPTSPGITN…YTRYADDLTFSW…VTGLVV
コンセンサス配列	LD D F … PQG SP IF … Y DD …FLG L
	I K … F A LC … …YM I

比較的よく保存されている部分のアライメントが示されている。…は配列が保存されていない部分。比較したすべての配列で強く保存されている部位のアミノ酸（コンセンサス配列）を下段にしめした

図９－５　種々の逆転写酵素の比較

程で、重要な発見や認識が次々と浮上し、興奮がおさまるいとまがなかった。何か急に新しい世界が開けたような感じであった。

逆転写酵素は、ある時はウイルスに、またあるときは動く遺伝子に組み込まれて、繰り返し進化の舞台に登場してきたようだ。しかし、現在われわれが見る逆転写酵素は、もはや歴史的使命を終えた化石的存在なのかもしれない。われわれが現在見ている生物の世界はＤＮＡを中心とする世界だが、それ以前の世界はＲＮＡの世界であったと考えられている。逆転写酵素はＲＮＡ世界からＤＮＡ世界への移行期に活躍した立役者だったのかもしれない。

一九八三年になされた二つの発見が契機となって、相同性検索の利用価値が実証され、またたくまに分子生物学者の間に広まっていった。

その結果、真核生物の遺伝子の多くが多数の遺伝子と相同性を共有し、大きな遺伝子族を形成していることが明らかになった。ゲノム時代に入った現在、ここで確立した概念・手法は必要不可欠で、あたりまえの存在になった。

一九八六年、筆者らは「日経サイエンス」に相同性検索と逆転写酵素に関する総説を書く機会があったが、われわれはその最後の文章を、「近い将来、コンピュータは分子生物学者のよきアドバイザーとして、各種の実験手段と対等の市民権を得ることになるに違いない」と結んだ。まさにそれが現実のものとなった。

第10章　コピーによる遺伝子の多様化

遺伝子の重複と新しい機能の進化

すでに第5章でみてきたように、分子の機能に直接関わる重要な部位は長い進化の過程で不変に保たれる。この保守性は、分子を取り巻く細胞内の体制が非常に古い時期に完成しており、部分的な変更でも体制に大なり小なり影響を及ぼすので、どうしても遺伝子の機能を変えることが許されないことに起因する。そこで、生物は進化の過程で、古い時代に完成した体制に、新たに新しい分子ないしは新しいシステムを付け加え、さらにその上に別の新しい分子やシステムを加えていく、という積み上げ方式を採用した。そのため、一般に古いものほどシステムの内部に位置するようになり、そのぶん制約が強くなり、変化が許されなくなった。

これでは新しい機能をもった遺伝子が進化できない。しかし現実にはさまざまな機能をもった多様な遺伝子が存在している。では、どのようにして、新しい遺伝子が進化したのか？　新しい機能をもった遺伝子の進化にとって重要なことは、従来の保守的な体制を堅持しつつ、革新を可能にする道でなければならない。それはいかなる道か？

生物がとった戦略はバイパスを通る方法であった。新しい機能をもつ遺伝子が進化するのに先だって、まず、従来の遺伝子のコピーを作る。もとになった遺伝子とそこからコピーされた遺伝子とは、塩基の配列が同じであり、したがって機能も同じである。このことを「遺伝子重複」と呼んでいる。多くの場合、コピー遺伝子はもとの遺伝子の隣に作られる。

一対の遺伝子のうち、一方の遺伝子で従来通りの機能を果たす。そうするともう一方の遺伝子は完全に自由になるので、どのような変異でも受けつけることができる。活性中心におきた変異でも受けつけることができる。機能的制約は有害な突然変異を自然選択の力で除くことに対応する。遺伝子重複によって生じた一対の遺伝子のうち、従来通りの機能を果たしている一方の遺伝子に、自然選択の目を引き付けておくので、もう一方の遺伝子には自然選択の圧力がほとんどはたらかない。ここは変り者にとっての別天地で、あらゆる変革が許容される解放区になっている。こうして自由になった遺伝子から新しい機能をもった遺伝子が進化できるわけである（図10−1）。これは生物が発明した、保守と革新とをうまく調和させる巧妙な方法である。遺伝子は遺伝子重複によって従来もっていた機能を変えることができるといういい方もできる。

トーマス・クーンによると、科学者には、一定の発想、前提、枠組み、ルールなど、既存の枠

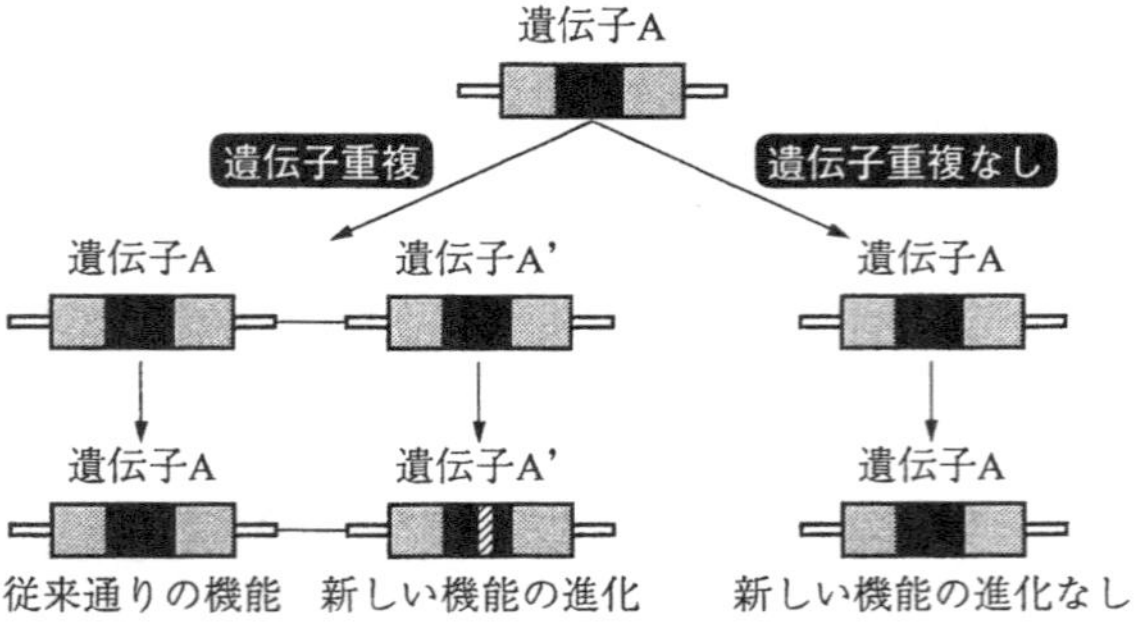

遺伝子重複によってつくられた一対の遺伝子のうち、一方（遺伝子A）で従来の機能を果たし、他方（遺伝子A'）に自由に突然変異を蓄積して、新しい機能をもった遺伝子が進化する。黒く塗りつぶした部分は機能上重要な部位で、遺伝子A'では、そうした部位にも突然変異を蓄積できる

図10－1　遺伝子重複による新しい機能をもつ遺伝子の進化

内で問題の解決を図る傾向があり、これが権威主義を生む。この枠内での問題解決が行き詰まると大変革、すなわち、科学革命（パラダイムシフト）がおこる。したがって、革命をおこすのは権威と無関係な外部あるいは若手研究者である、とクーンは主張する。クーンのいう科学革命のルールは分子進化の世界でも成り立っているようだ。これまでの「しがらみ」から自由なよそ者や若者（コピー遺伝子）が科学革命（遺伝子機能の革新）を可能にするわけだ。

いつもこううまくいくとは限らない。どんなに自由だからといって、遺伝子としての存在そのものを損なうような変化は許されない。たとえば、遺伝子の前方には、遺伝子のはたらきを調節している部位があるが、この部位を失うと、遺伝子としてのはたらきができなくなり、遺伝子の死、すなわち、偽遺伝子につながる。こうなっては、たとえ何億年かけて作り上げた見事な遺伝子であっても、単なる塩基の羅列になってしまう。また、図6－5でみたように、タンパク質をコードしている領域に塩基の挿入や欠失を伴う変異がおこると、その場所から後の情報は意味がなくなり、アミノ酸の配列はデタラメになってしまう。こうした変異を受けた遺伝子も早晩死ぬ定めにある。

遺伝子重複によって新しい機能をもった遺伝子が進化するか、あるいは偽遺伝子となるかは、デタラメにおこる突然変異の仕業なので、全く見当がつかない。新しい機能をもった遺伝子の進化は全く試行錯誤の結果なのである。不思議なことに、高等動物のDNAには、こうした役立たずの偽遺伝子が除去されることなく、残っている。

進化における遺伝子重複の重要性はすでに一九一〇年代に指摘されていて、研究対象が染色体からDNA塩基配列へと変わるなかで、進化機構に関するさまざまなアイディアが遺伝子重複との関連で提案されてきた。大野乾（すすむ）博士による著書『遺伝子重複による進化』は、博士自身のアイディアも含めて、遺伝子重複の重要性をのべた名著である。

遺伝子重複によく似た多様化機構が形態レベルでも知られている。第14章で詳しくのべるが、脊椎動物の進化の過程で、肺から鰾への機能シフトがおきた。デボン紀の初期に地球が乾燥し、川や海の浅瀬が乾きはじめて、古代魚にとって鰓呼吸に必要な酸素が不足し始めた。この時期に鰓と同じ咽頭由来の器官である肺が硬骨魚類の祖先に導入された。同じ由来で機能的に類似した、鰓と肺というガス交換用の器官が重複したとみなせる。後に十分酸素を獲得できる環境の海へと進出した硬骨魚は、不要になった肺を鰾へと変えていった。

遺伝子ファミリー

遺伝子のコピーは多くの場合、もとになった遺伝子の隣に作られる。そのどちらか、あるいは両方からさらに遺伝子のコピーが作られる。こうした過程が進むと、機能が僅かずつ違う遺伝子の群がDNA上で互いに隣り合って形成される。こうした一群の遺伝子のことを「多重遺伝子族」という。何度も出てきたヘモグロビン遺伝子がその典型例である。たとえば、われわれヒトでは、胚、胎児、成人、と発生が進む各段階で、使われるヘモグロビンの種類が異なるが、これらのヘモグロビンを作る遺伝子は遺伝子重複によって作られた多重遺伝子族を形成している（図2－5参照）。

遺伝子重複で作られた一対の遺伝子は、はじめのうちは塩基配列が全く同じだが、突然変異を受けて、次第に相互の類似性が減少していく。ところで、塩基配列に類似性があると、「遺伝子変換」といって、一方の配列で、他方の配列を置き換えてしまうしくみがあることが知られている。こうなると、変換を受けた側の遺伝子では、せっかく蓄積した突然変異がご破算になってし

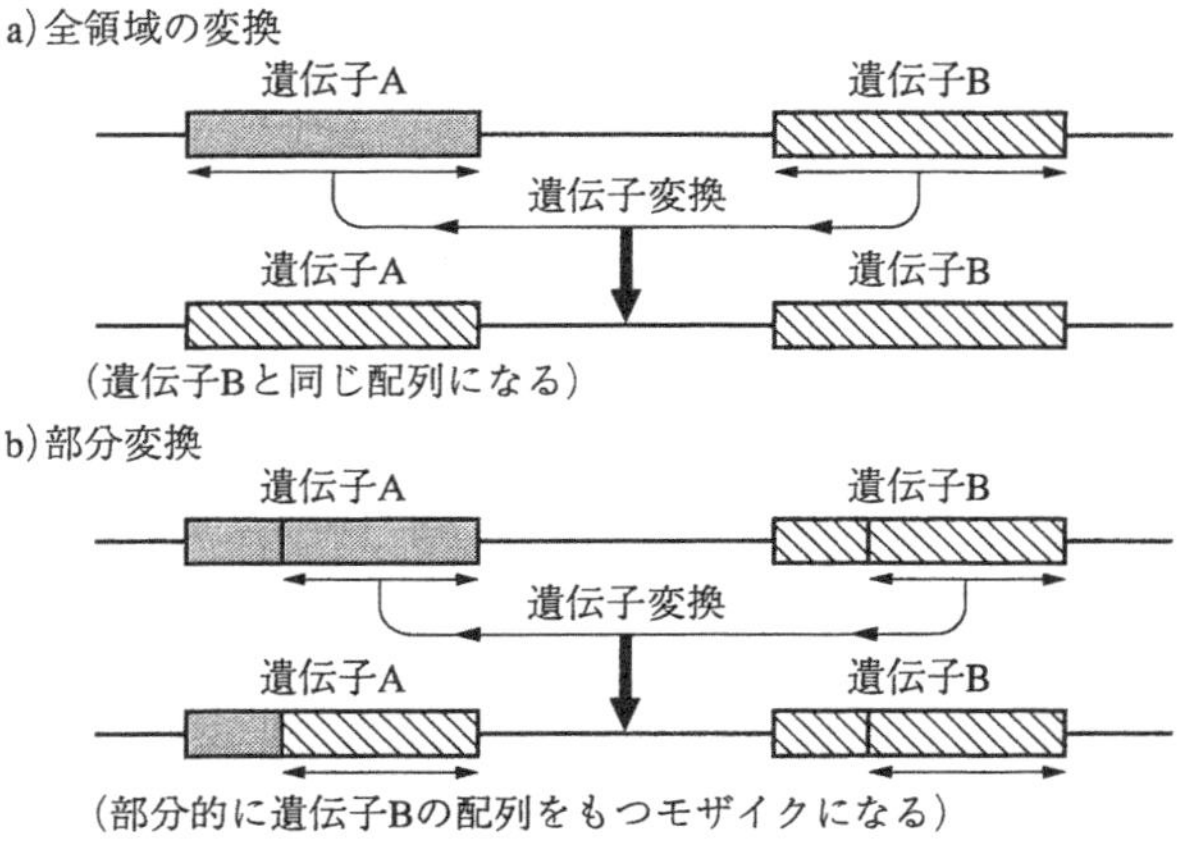

図10－2　遺伝子変換の模式図

まって、あたかもいま遺伝子重複がおきたように見える（図10－2a）。

遺伝子変換によってもたらされた配列の類似性と遺伝子重複がおきた瞬間に見られる配列の類似性は、配列だけを見ていたのでは区別がつかないが、遺伝子重複は新しい遺伝子座を作るが、遺伝子変換では遺伝子座は昔のままで、配列だけを隣のもので新たに取り替えるのであるから、区別がつく場合がある。

遺伝子全体ではなく、その一部が入れ替わることがある。この場合は遺伝子変換を受けた側はモザイクになり、あたかも一挙に突然変異を受けたかにみえる（図10－2b）。塩基配列の解析から、いかにして進化の過程でおきた遺伝子変換を同定するか。具体的な例で述べよう。

この現象は、一九八〇年、筆者と安永照雄博士

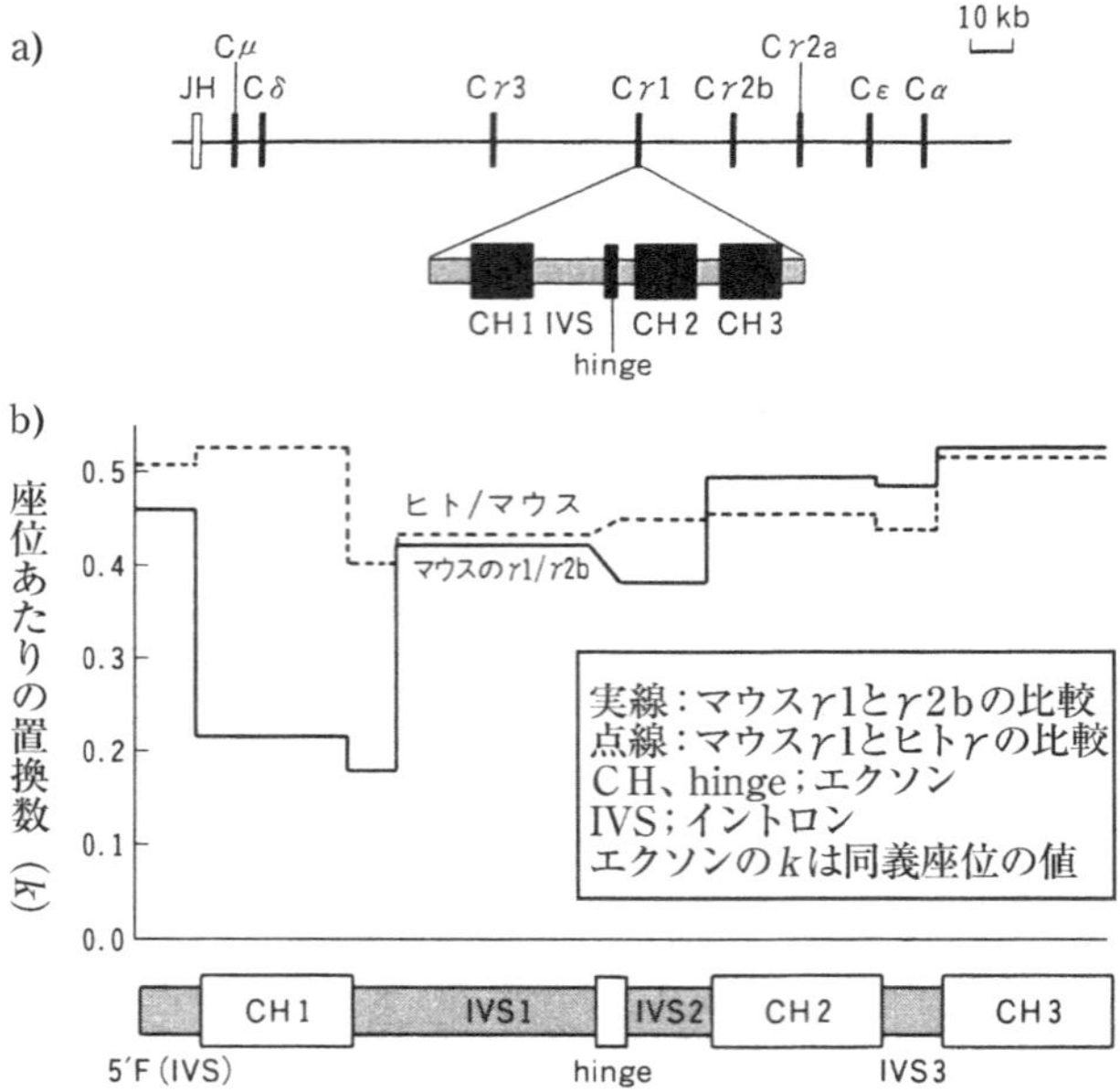

図10－3　a）マウス免疫グロブリンH鎖定常領域遺伝子群とb）マウスγ1、γ2b、ヒトγ遺伝子の塩基配列比較

が、本庶佑博士のグループと共同で、遺伝子重複で作られたマウスの免疫グロブリンH鎖遺伝子γ1とγ2bの塩基配列を解析していた際に偶然にみつかった。最初のタンパク質をコードしているエクソンCH1とそれに続くイントロンの一部が、他の領域に比べて明らかに塩基置換数が低下していることがみつかった（図10－3）。この図で、三つのエクソンCH1、CH2、CH3については同義置換数を、イントロン領域

については座位あたりの塩基置換数を示している。第6章の図6－4で示したように、異なる種間で配列を比較すると、同義座位及びイントロンでの塩基置換数は、遺伝子によらずほぼ一定であり、かつ、同義座位とイントロンの間でも、ほぼ値が同じであった。図10－3で、マウスのγ1と相同なヒトのγ遺伝子を比べると、領域によらず、置換数がほぼ等しい値を示しているのはそのためである。

一方、マウスのγ1とγ2bの比較では、CH1とIVS1の一部が、周囲に比べて、明らかに値が小さい。この結果の合理的な解釈は、マウスの進化の過程で、γ1とγ2b遺伝子の間でCH1とIVS1の一部を含む領域が、遺伝子変換の機構で、一方の配列で他方の配列が置き換えられたということである。遺伝子変換を受けた領域は、およそ一〇〇アミノ酸からなる構造単位をコードしている部分（CH1）を完全に含んでいるので、この遺伝子変換によって機能的変更はほとんどおきていなかったと思われる。おそらくこの結果は、塩基配列の解析から遺伝子変換を明らかにした最初の報告であろう。

多重遺伝子族に属する個々の遺伝子は互いに配列がよく似ていることが多い。その場合、隣接した遺伝子同士で遺伝子変換が頻繁におこり、結局多重遺伝子族全体が配列を交換し合うことになる。こうなると、個々の遺伝子は単独で進化することができなくなり、多重遺伝子族に属する遺伝子が一群となって進化することになる。

こうしたしがらみから抜け出て、個性ある遺伝子へと進化するには、今いる場所を離れなければならない。抜け出た遺伝子はＤＮＡの別の場所で新たにコピーを増やし、機能的にもかなり違った多重遺伝子族を形成していく。こうして、ＤＮＡのさまざまな領域に、単独で存在する遺伝子も含め、多様な機能をもつ、大きな遺伝子の集団が進化していく。この大きな遺伝子のグループのことを「遺伝子族」あるいは「遺伝子ファミリー」と呼んでいる。特にメンバーの数が多い遺伝子族を「超遺伝子族」と呼んでいる。われわれヒトを含めた高等動物のＤＮＡにはさまざまなグループの超遺伝子族が存在する。

免疫グロブリン超遺伝子族

超遺伝子族の一例を以下で紹介してみよう。ウイルスのような外来の異物を認識する分子が生体内に存在する。それが免疫グロブリン（あるいは抗体）という分子である。この分子は遺伝子重複によって多様化が極端に進んだことで有名である。抗体は一対の短い鎖（Ｌ鎖）（図10－4）と長い鎖（Ｈ鎖）から構成されていて、どちらも一〇〇アミノ酸程度の、「ドメイン」と呼ばれるポリペプチドのかたまりが構成単位になっている。

ドメインは配列の違いによってＶドメインとＣドメインに大別される。ドメイン間にはアミノ酸配列の相同性が認められる。このことから、もともと一〇〇アミノ酸程度のタンパク質を暗号

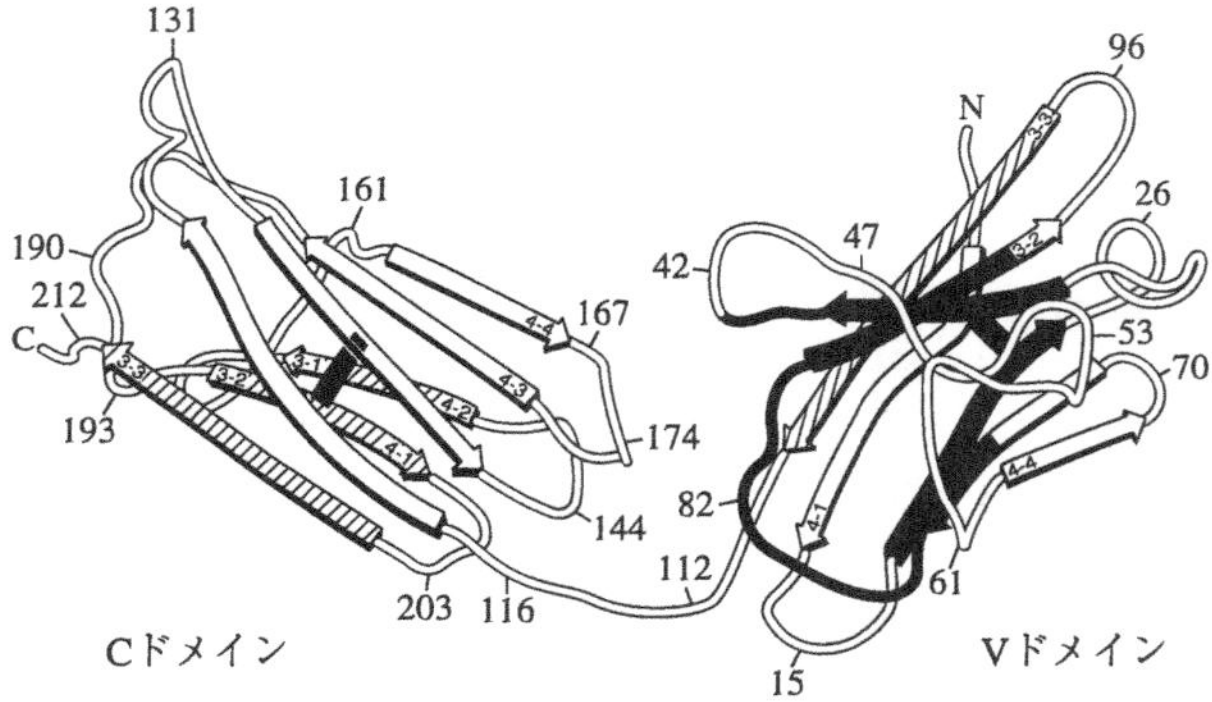

図10－4　免疫グロブリンL鎖の立体構造

化していた小さな祖先型遺伝子が、進化の過程で繰り返し内部重複をおこし、現在みるような抗体に進化したと考えられている。L鎖およびH鎖の遺伝子それぞれは多重に重複し、多重遺伝子族を形成している。

ところでVドメインには外来の異物（抗原）を認識する部位がある。抗原の数は自然界には無数に存在するが、それらを認識する抗体の種類もまた無数に必要になる。この抗体の多様性の生成機構を明らかにしたのが利根川進博士である。

Vドメインを暗号化しているDNA部分は、生殖系列では、実際は連続しておらず、二つないしは三つの部分に分かれている。さらに各部分は多重に重複していて、各部分から一つずつDNA断片を選択して、Vドメインの遺伝子部分を構成するわけである。つまりDNA断片の組み合わせによって多様な遺伝子を生み出しているのである。

この発見は抗体の多様性の生成機構を明らかにしたにとどまらない。DNA断片を組み合わせる際に、どうしても途中のDNA領域を欠失させる必要があるが、このことは重要なことを意味する。すなわち、DNAは細胞分化の過程で変化することがあるということである。従来遺伝情報を担うDNAは非常に安定なもので、進化の過程でまれにおこる突然変異を除いては変化しないと考えられていたが、この概念を打ち破ったわけである。さらにDNA断片の組み合わせによって、遺伝子の多様化（すなわち、遺伝子混成）が進化の過程でもおきたかもしれない、という示唆を与えた点でも重要な発見であった。

免疫系に関与する細胞には、B細胞とT細胞がある。B細胞はもっぱら抗体を生産する細胞であるが、T細胞は自己、非自己の認識や免疫系の他の細胞をコントロールしている。T細胞上にはT細胞受容体という分子が存在するが、これは細胞間相互作用に不可欠の分子である。この分子は抗体とよく似た構造をもっている。T細胞にはさらにいくつかのアクセサリータンパク質が存在するが、これらも抗体分子と配列の上で類似性が認められる。

私たちひとりひとりは名前で区別されているように、各個体には特有のタンパク質がすべての細胞表面上に存在する。異なる個体の細胞上にあるこのタンパク質を「抗原」と認識するわけである。この「抗原」はT細胞受容体に認識され、組織適合抗原遺伝子群（MHC）と呼ばれる、多数の遺伝子から構成された遺伝子族のうちの一部（クラスI）のグループによってつくられ

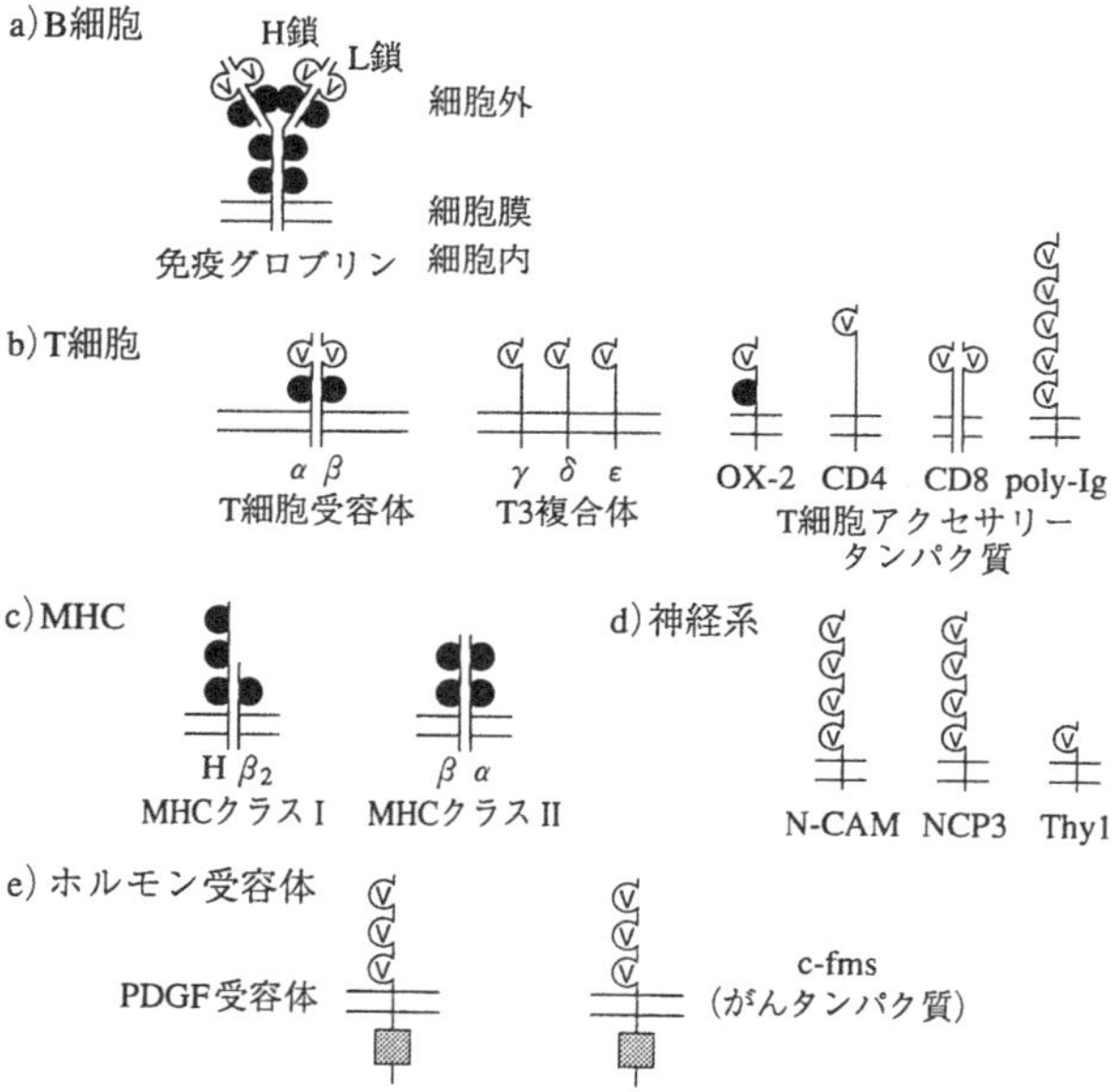

図10－5　免疫グロブリン超遺伝子族に属するメンバーの模式図

る。クラスI遺伝子族は多重遺伝子族で、これらもまた免疫グロブリン遺伝子族と構造がよく似ている。

このように免疫系に関与し、互いに認識したり、されたりする多くの分子が一つの元になった遺伝子から、遺伝子重複を多数回繰り返して多様な分子が進化したわけである。

抗体によく似た配列をもつ分子は何も免疫系に関与する分子だけとは限らない。神経系に存在する分子のあるものにも相同性が認められる。たとえば神経接着分子（N－CAM）もその一つで、神経細胞の認識に関与している。さらにさまざまな細胞増殖因子（ペプチドホルモン）の受容体もまた抗体とよく似た配列をもっている（図10－5）。

このように免疫系、神経系あるいはホルモン受容体といった、広範囲の系において、分子を認識するタンパク質の素材が基本的には抗体分子のそれに類似なのである。

このことから想像されることは、一〇〇アミノ酸程度から成る免疫グロブリン様ドメインは分子認識の基本構造で、これをつくる遺伝子は非常に古い時期に、たぶん神経系が発達する以前に創られていた、ということである。ほんとうの意味での創造はこのときだけで、以後はこの素材を何度もコピーし、ときには他の遺伝子につないでパッチワークをしながら、神経系や免疫系の発達に伴って繰り返し使用してきたわけである。

第11章　眼の分子進化学

ダーウィンを悩ませた眼の進化

眼は精巧な装置からなる高度に完成された器官である。さまざまな距離に対して、焦点を調節したり、虹彩中の筋肉の伸縮により、瞳孔から入ってくる光の量が調整される。また、光学的な収差を防ぐために、眼のレンズは異なる屈折率をもつ複数の素材からできている。こうした精巧な装置をもつ眼は、その装置の一つでも欠けると、眼としての機能が果たせない。すべてが揃ってはじめて眼としての機能が果たせるのであるから、ある時期に一瞬にして完成されたに違いない。したがって、眼は、自然選択による進化の産物ではなく、神による創造である、と一九世紀の動物学者セント・ジョージ・マイヴァートは推論した。これは、地球上のすべての生物は神によって創られたと信じる創造論者によって、繰り返し取り上げられてきた古典的問題である。

ダーウィンは、彼の著書『種の起源』の中に「学説の難点」と題する一章をもうけて、「眼が

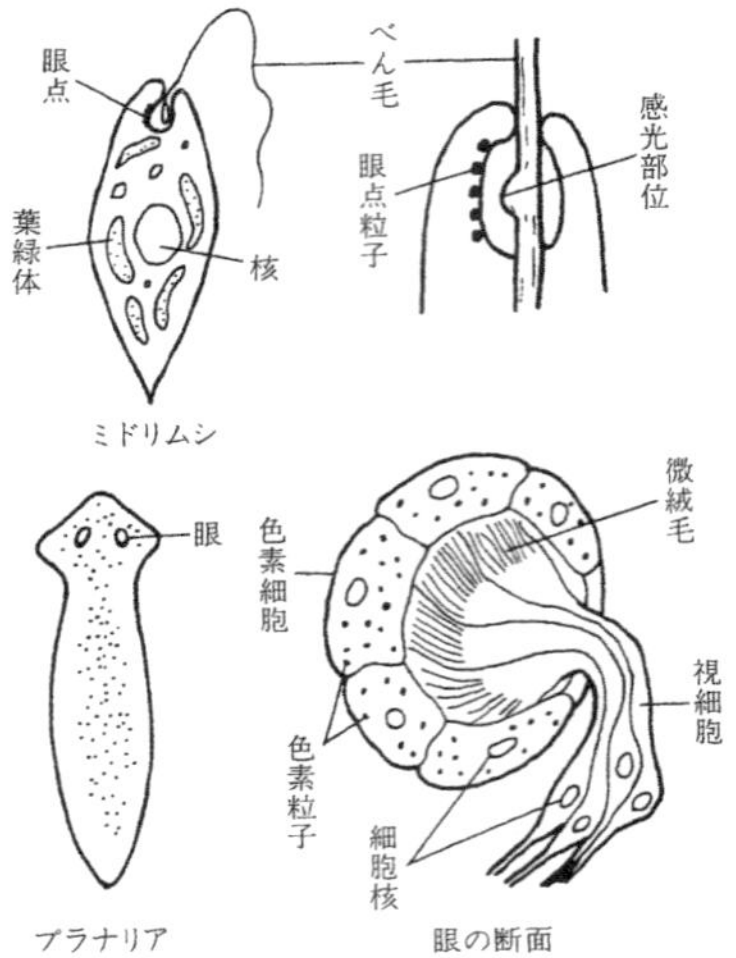

図11－1　ミドリムシとプラナリアの眼の構造
河合清三著『いくつもの目――動物の光センサー』講談社（1984）より

自然選択で作られたと考えることは、正直いって不合理であると思われる」と述懐する一方で、「太陽が静止していて、地球が回転するということが最初に唱えられたとき、人類の常識はこれを虚偽の学説だといった」と述べ、常識的判断を排し、理性による判断の必要を説いている。

生物が神の創造ではなく、進化の産物なら、歴史があるはずで、祖先のさまざまな段階で保持していた不完全なものや痕跡的なものを現在の生物に残しているに違いない。こうしたものは、昔の生物が今とは違った姿をしていたことの証拠になるはずである。眼のような完成された器官ではなく、不完全なものに注目することで、もし神が生物を創ったのなら、こんな不完全な生物（あるいは器官）を創るはずがないとダーウィンは考えた。

また眼についても、下等な動物から高等な動物までの眼を比べることで、眼が自然選択によって徐々に進化したことがわかるはずだとダーウィンは考えた。プラナリアなどの扁形動物は単純な構造をした眼をもっている。さらに原始的な単細胞生物のミドリムシにはべん毛のつけ根に光を感じる部位があるが、ここに光をあてると運動の方向を変える。これは、眼という範疇に入れてよいかどうか疑問だが、眼の起源となった感覚器かもしれない（図11－1）。ダーウィンは、精巧なカメラ眼や複眼などはこうした単純な眼から徐々に進化したに違いないと考えた。

さまざまな光受容体

外界からの光はレンズを通して、網膜と呼ばれる、眼球の内側を覆っている神経組織の層に達し、像を結ぶ。網膜の後ろ側の表面には視細胞と呼ばれる細胞があって、それらはモザイク状に並んでいる。そこで光の刺激が電気的信号に変換される。視細胞は神経接続を通じて脳とつながり、多くの視細胞からの信号が脳に集積され、処理される。こうした情報処理機構によって外界の形や動き、色などを感じることができる。

脊椎動物の視細胞には桿体と錐体の二種類があり、桿体は感度が高く、暗い場所での視覚をになう。錐体は、感度は低いが精度が高く、色を識別できる。ヒトには三種類の錐体があり、青、緑、赤の光を吸収する視物質（光受容体）を含んでいる。視細胞の上方は外節と呼ばれ、円盤状の細胞膜が何層にも積み重なっていて、その膜に感光性の色素すなわち視物質が多数存在する。

眼で受けた光の刺激を電気的信号に変換するしくみは分子レベルでよく理解されている。まず網膜に達した光は視物質に吸収される。視物質は、桿体の場合、ロドプシンと呼ばれるタンパク質とビタミンAによく似たレチナールと呼ばれる色素からできている。ロドプシンは七本の筒状の部分が細胞膜の内外を交互に貫通しているタンパク質である（図11－2）。

錐体にもロドプシンによく似た視物質がある。ヒトでは、吸収する光の波長、すなわち、赤色、緑色、青色の光にあわせて三種類の色覚に関係する視物質がある。ここでは、カラーの視物質と明暗視の視物質であるロドプシンを含めてオプシンと呼ぶことにする。オプシンのアミノ酸配列は互いによく似ており、遺伝子重複によって進化した。特にヒトの赤色オプシンと緑色オプ

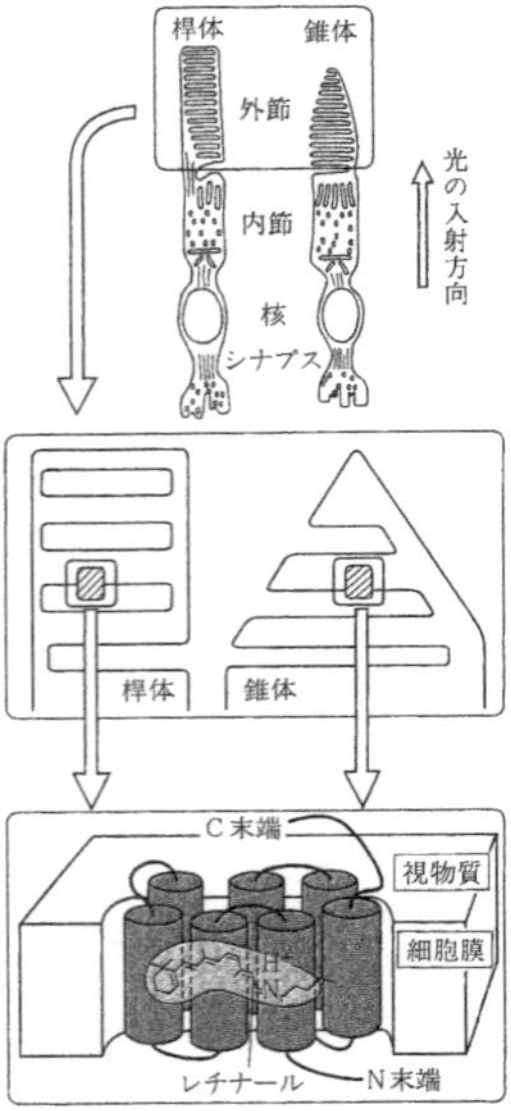

図11－2　桿体と錐体及びロドプシンの模式図
深田吉孝・岡野俊行著、細胞工学 vol.14, 1007-1014（1995）より

シンは非常によく似ており、X染色体上に並んで存在する。

脊椎動物には頭のてっぺんに松果体と呼ばれる光を感じる器官があり、頭頂眼とか第三の眼ともいわれている。松果体にも光受容能をもつピノプシンと呼ばれる光受容体がある。ピノプシンは深田吉孝博士のグループによって最初に単離され、構造と機能の解析がなされた。ピノプシンのアミノ酸配列はオプシンの配列とよく似ており、両者は遺伝子重複によって多様化した。無脊椎動物にもオプシンによく似た光受容体があり、それらは動物進化の過程で遺伝子重複によって作られたオプシン遺伝子族を形成している。

カラーの受容体はモノクロの受容体より先に進化した

第15章以下で詳しくのべるが、同じ遺伝子を異なる生物から取り出し、互いに塩基配列（タンパク質の場合はアミノ酸配列）を比べることで、生物が過去に辿った進化の道筋を知ることができる。すなわち、分子系統樹を作ることができる。同じ手法で、遺伝子重複で多様化した遺伝子族のメンバーのアミノ酸配列を比べることで、進化の過程で遺伝子重複を繰り返しながら、どのように遺伝子が多様化したかを示す遺伝子族の系統樹が推定できる。図11－3は、脊椎動物のオプシン遺伝子の系統樹である。

図11－3の系統樹で、右端が現在で、左へ行くにしたがって過去にさかのぼる。枝の長さは蓄

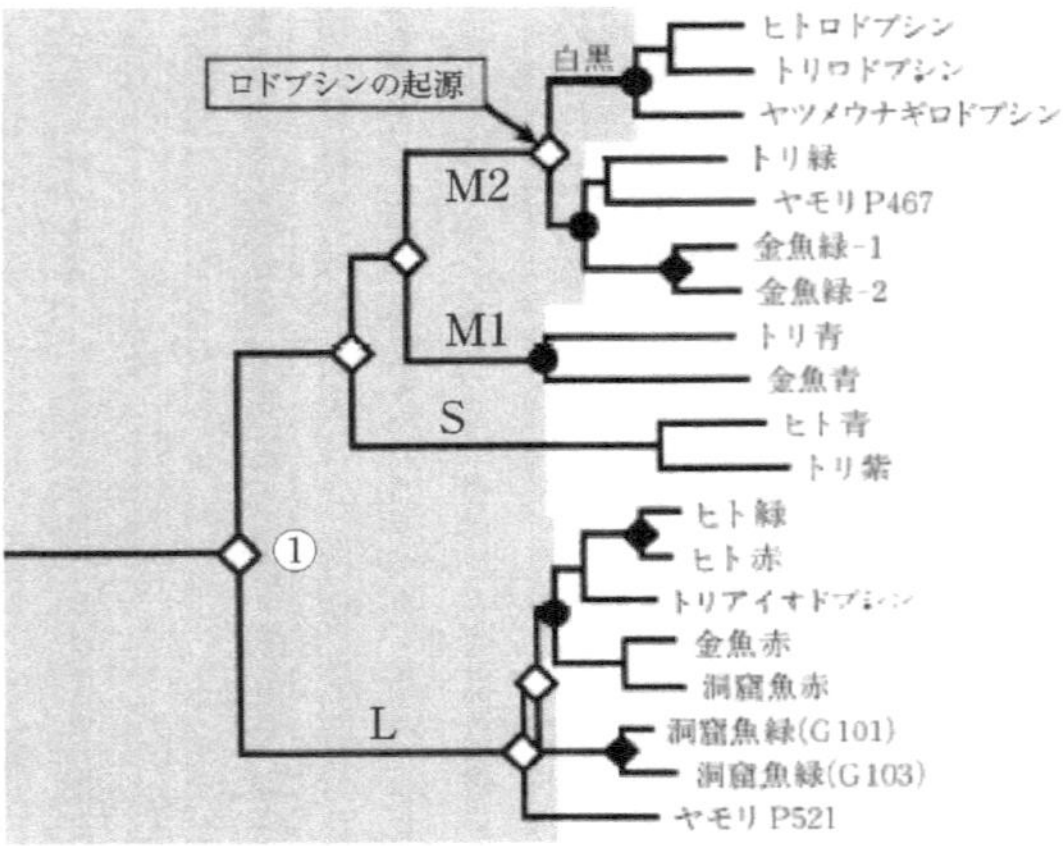

菱形は遺伝子重複、丸は種の分岐を示す

図11－3　脊椎動物のオプシンの系統樹

積されたアミノ酸の置換数に比例する。分岐点での菱形は遺伝子重複を示し、丸は種の分岐を示す。異なる生物種を比較に入れることで、系統樹上でのおおよその時期を知ることができる。

この系統樹には示されていないが、脊椎動物のオプシン遺伝子は、眼以外の器官に存在する光受容体、おそらく松果体がもつ光受容体ピノプシンから遺伝子重複によって進化したと思われる。その後、この系統樹によると、分岐点①で長波長のオプシンL（赤色オプシン）と、それより波長の短いグループ、S（紫）、M1（青）、M2（緑）に分かれ、最後に緑色オプシンから白黒のロドプシンが誕生する。その時期は有顎動物と無顎動物の分岐（～五億年前）以前にさかのぼる。したがって白黒の受容体はカラーの受容体より後になって進化したことになる。

七田芳則博士のグループは、色覚オプシンのどのアミノ酸を変えれば白黒のオプシン、すなわち、ロドプシンになるかを調べた結果、色覚オプシンからロドプシンへの変換あるいはその逆はたった一ヵ所のアミノ酸を変えるだけで達成できることを発見した。ニワトリのロドプシンでは、一二二番目のアミノ酸がグルタミン酸になっている。この位置のアミノ酸はすべての脊椎動物のロドプシンでグルタミン酸になっている。一方、ニワトリの赤色オプシンでは対応する位置のアミノ酸がイソロイシンになっている。一二二番目のアミノ酸がグルタミン酸になると、他の位置のアミノ酸と相互作用できるようになり、分子が構造的に安定化する。その結果、たくさんのGタンパク質を活性化することができるようになる。これが、ロドプシンをもつ桿体の視細胞が暗い場所で、わずかな光を受けるだけで感度よくものが見える理由である。色覚オプシン遺伝子を遺伝子重複によってコピーを作り、一二二番目のアミノ酸をグルタミン酸に変えることで、薄暗がりでもはっきりとものが見えるロドプシンが進化したわけである。

図11－3の系統樹から読み取れるもう一つの重要な点は、四つのカラー遺伝子L、S、M1、M2と白黒のロドプシン遺伝子が、有顎動物と無顎動物の分岐以前にすでに成立していたということである。哺乳類を除く脊椎動物の多くは四色型の色覚をもっているようである。一方、多くの哺乳類では二色型の色覚といわれている。このことは、この系統樹にしたがえば、かつてもっ

ていた色覚を一部失ったと解釈しなければならない。色覚を一部放棄した理由は、おそらく多くの哺乳類が夜行性だったからであろう。彼らにとって色覚はあまり役に立たず、そのかわり優れた臭覚に頼った生活に切り変えたのであろう。森に住むようになった霊長類の系統で再び色覚を取り戻している。また、ここではっきり示していないが、無脊椎動物を含めた動物の光受容体の分子系統樹から、脊椎動物の色覚と昆虫の色覚は独立に進化したことが示されている。

森が育んだ立体視と色覚

哺乳類の祖先は夜行性であったため、色覚を一部失ったが、われわれヒトを含めた霊長類の一部のグループは三色の色覚をもっている。一度失った色覚はいかにして回復することができたのであろうか。霊長類の歴史を振り返りながらこの問題を考えてみよう。

われわれヒトが属する霊長類は分類学的には哺乳類の一つの目(もく)である。最古の霊長類の化石は北アメリカの白亜紀末(〜七〇〇〇万年前)の地層から発見されていて、トガリネズミやハリネズミなどの食虫類がその起源とされている。白亜紀には、ヨーロッパと北アメリカはつながっていて、一つの大陸を形成していた。当時は、ヨーロッパ-アメリカ大陸、アジア大陸、アフリカ大陸、南アメリカ大陸の四つは別々の大陸であった。最も原始的なサルである原猿類は、まずヨーロッパ-アメリカ大陸で進化し、ついでアフリカへと移動した。およそ四五〇〇万〜四〇〇〇万年前の始新世のなかごろ、北アメリカはヨーロッパから分離して次第に遠ざかり、逆に、ヨーロッパはアジアと地続きになった。さらに、アフリカとも地峡でつながった。ヨーロッパにいた原猿類はこの地峡を渡ってアフリカへと広がっていき、そこで原猿類から真猿類が進化した。

真猿類は南アメリカに生息する広鼻猿類（別名新世界ザル）と、それ以外の大陸に生息する狭鼻猿類（旧世界ザル）とに分類されている。旧世界ザルからヒトを含む類人猿が進化する。新世界ザルは始新世のころに進化したと考えられているが、そのころは南アメリカとアフリカとの距離はわずか六〇〇km程度で、現在に比べるとずっと近かった。一方、南北アメリカはそれよりずっと離れていた。現在では、新世界ザルはアフリカから、島伝いに流木や浮き草などに乗って、南アメリカにたどり着いたと考えられている。他の哺乳動物に比べて、いろいろな点で劣ってい た霊長類の祖先は、草原を捨てて木によじ登ることで、かろうじて繁栄を勝ちとることができたのであろう。しかし、森はサルを育て、やがてわれわれヒトの誕生を準備した。

樹上生活は重要な形質をサルに与えることになった。木にぶら下がることで、背筋が伸び、頭、背骨、腰、足が一直線に並んだ体型は、将来の二足歩行と頭脳の大きなサルへの道を準備した。樹上生活はさらに、かぎ爪よりも、ひら爪を備えた「握れる手」への進化をうながし、手さきの器用さを獲得した。さらに、他の哺乳類では臭覚が大変発達しているのに反し、霊長類では視覚が発達している。

二つの眼が互いに接近し、視野が重なって、立体視が可能になった。この立体視の能力は、木から木へと渡り動くときに、枝と枝との正確な距離の把握に大いに役立った。さらに色覚の獲得も、樹上生活の上で重要な意味をもつ。薄暗い森の中で、真っ赤に色づいた果物を見つけられる色覚の発達は生きていく上で都合がよい。たとえば、実をたわわにつけたリンゴの木をカラーとモノクロの写真に写して見比べてみるとよい。明らかにカラー写真の方が実を識別しやすいことがわかるであろう。もともと二色の色覚しかもたなかった霊長類が、青、赤、緑の三色の色覚を獲得したのは旧世界ザルの出現以降のことである。

こうして、樹上生活がもたらした握れる手、大きな頭脳と背筋が伸びた体型、立体視と色覚の能力は、やがてヒトの祖先が森を捨て、草原に戻ったときに、ほかの哺乳類には見られない、優れた特徴となった。樹上生活がヒトへの道を準備したわけである。では、どのようにしてサルは三色の色覚を獲得したのであろうか。

メスが色覚回復の立て役者

南米に住む新世界ザルには色覚に関して興味深い性差がある。オスは二色の色覚しかもたないが、メスには三色の色覚をもつ個体がいる。この色覚に関する性差は、X染色体がメスでは二本あるが、オスでは一本しかないことと関係がある。

新世界ザルの一種マーモセットでは、四九九nmの波長の光を吸収する（厳密には吸収極大が四九九nm）ロドプシンをコードする遺伝子と、四二三nmの波長の光を吸収する青色オプシンをコードする遺伝子の両方が常染色体にある。そのほかに、X染色体上に、両者より長い波長の光を吸収するオプシンをコードしている遺伝子座がもう一つ存在する。

おもしろいことにマーモセットでは、このX染色体上の遺伝子座がコードしているオプシンは個体によって吸収波長が違っている。すなわち、遺伝子座としては一つだが、個体によって遺伝子が若干違っているのだ。マーモセットの集団には、五四三nm（緑色）、五五六nm（黄色）、五六三nm（赤色）の光を吸収する、三つの異なるオプシンの遺伝子が存在する。このように、一つの遺伝子座に異なる複数の遺伝子が一定の割合で集団中に存在することを「多型」という。血液型を決める遺伝子座がよく知られている例で、この遺伝子座はA、B、O、の三つのタイプの遺伝子がヒト集団中にあって、多型になっている。

マーモセットでは、ヒトの場合と同様に、母親から一本のX染色体を、父親から一本のY染色体をもらい、XYと対合すると、オスになる。メスでは、母親由来の一本のX染色体と、父親由来の一本のX染色体が対合して、XXとなっている。まず、オスのマーモセットの色覚から考えてみよう。一つの個体をみると、四二三nmの青色オプシンと、それより長波長の緑色、黄色、赤色のオプシンのいずれか一つ、合わせて二色の色覚をもっている。ただし、長波長側のオプシンは個体ごとに違っており、ある個体では青色と赤色、別の個体では青色と緑色、あるいは青色と黄色、というように、個体によって見ている色が若干違う。

面白いのはメスの場合である。メスは父親由来のX染色体と母親由来のX染色体をもっていて、それぞれに長波長のオプシンの遺伝子座がある。ちなみに、このような父親と母親由来の同じ染色体を相同染色体といい、相同染色体上の同じ遺伝子座の遺伝子のことを対立遺伝子という。ところで、一つの視細胞では、一対のX染色体のうち、どちらか一方がはたらき、他方は不活性化していてはたらかない。どちらが不活性化するかは五分五分で、視細胞ごとにまちまちである。たとえば父親由来の遺伝子が赤色オプシン遺伝子で、母親由来の遺伝子が緑色オプシン遺伝子なら、赤色オプシン遺伝子が活性化している視細胞が半分あり、緑色オプシン遺伝子が活性化している視細胞も半分あることになり、結局この個体は青色、赤色、緑色の三色の色覚をもつことになる。つまり、マーモセットのメスでは、対立遺伝子が同じ色の遺伝子である場合（すなわち、ホモの場合）は二色の色覚をもち、対立遺伝子が異なる色のオプシンをもつ場合（すなわち、ヘテロの場合）は、三色の色覚をもつことになる（図11－4）。

このように、マーモセットではオスは常に二色の色覚だが、メスでは個体によっては三色の色覚をもつことになる。この性による色覚の違いは、色覚に関与する遺伝子の一つがX染色体上にあり、そのうえ、この遺伝子座が多型になっていることと、オスとメスで性染色体の対合形式が

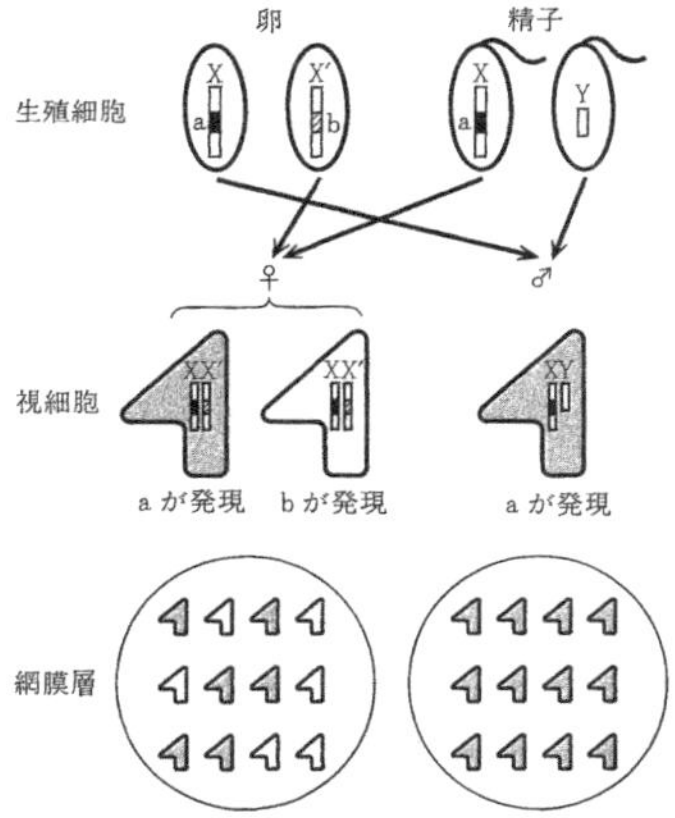

図11－４　マーモセットのメスが３色の色覚をもつしくみ

異なることに由来する。すべての新世界ザルでこのような性差があるかどうかはまだ明らかではないが、少なくともいくつかの新世界ザルではマーモセットと同じような性差がある。

この性差を解消するには、どうしても旧世界ザルや類人猿のように、X染色体上に異なる二色の遺伝子座を遺伝子重複によって作らなければならない。新世界ザルの差別的色覚が三原色への前段階であったかどうかは明らかでないが、とりあえず対立遺伝子で異なる色を試しておいて、後に遺伝子重複で二つの異なる色をもつ遺伝子座が進化した可能性は十分考えられる。遺伝子重複をおこす前に、対立遺伝子を使って新しい機能が進化することがあることを新世界ザルの色覚遺伝子は教えてくれる。

マーモセット集団で多型になっている三つの長波長オプシンは、波長にそれほどの違いはなく、おそらく互いに中立な変異と考えられるが、そのうちの一つ、たとえば、緑色のオプシンしか発現しない場合と、緑色と赤色のオプシンが同時に発現している場合では、適応度に差が生じるであろう。森に住むサルにとって、赤色と緑色の差が知覚できる能力は、木々の葉の緑を背景に赤い実を探すことを容易にするであろう。したがって、二つの長波長オプシンが同時に発現することは適応的な意味があると思われる。一つ一つは中立的な変異であっても、二つが同時に発現すると、適応的な意味が出てくる場合があることを、マーモセットの眼は教えてくれる。

ＤＮＡ上にみられる大部分の変異は中立な変異で、生物の表現形に影響する変異が、自然選択によって集団に広まると考えられている。しかし、中立進化と自然選択による進化とは必ずしも異なる進化のパターンではない。集団に広まった中立変異が、後の時代に環境が変わって適応的になる場合もあるであろう。さらにこの章でみたように、一つ一つは中立な変異であっても、複数の中立変異が同時に発現することで、適応的な意味をもつことがあるであろう。

ヒトに見られる赤色オプシンの多型

新世界ザルの色覚遺伝子に多型が見られるなら、同じような多型がヒトの集団にも見られないだろうか？　こうした疑問が出るのは当然である。実際、白人男性五〇人に対して調査が行われ、赤色オプシンに多型が認められた。この集団では、人により赤色オプシンの一八〇番目のアミノ酸がセリンかアラニンになっていた。セリンになっている人は六二%で、アラニンになっている人は三八%であった。面白いことに、この場所のアミノ酸がセリンだと吸収する光の波長が五五七nmの赤色だが、アラニンだと波長が五五二nmで、どちらかというと橙色になる。

ヒトの場合、赤色オプシン遺伝子はX染色体上に乗っているので、調査した白人集団の多型は、マーモセットの場合と同様に、色覚における性差を生じさせる。男性の場合は、夕焼けを見て人によって赤色の感じ方が違うかもしれないが、いぜん三色の色覚である。一方女性の場合は、もし二つの対立遺伝子をヘテロにもてば、赤、橙、緑、青の四色の色覚になる。

なぜヒトと新世界ザルに見られた色覚オプシンの多型が集団中に維持されているのか？　それには適応的な意味があるのか？　ヒトの多型については明らかではないが、前にのべたように、森に生息するサルにとって、三色の色覚は明らかに有利な形質と思われるので、マーモセットの場合には適応的な意味があるであろう。

人間集団にみられる赤色オプシン座位の多型が、将来どのように進化するか、明らかではない。文明が発達した人類集団で、自然状態と同じ進化がおこるかどうか、わからないからである。旧世界ザルや類人猿ではどうか、これからの課題であろう。

第12章　高次のレベルからの機能的制約

大域的制約

これまで示してきたように、分子の進化速度は機能的に重要な座位の数、すなわち機能的制約の程度で理解できる。極端な場合として、タンパク質のほとんど全領域が機能的に重要なら、アミノ酸が変化できる座位はほとんどなく、進化はゆっくり進むことになる。逆に機能的に重要な部位がほとんどないタンパク質では、どこの座位でもアミノ酸が変化できるので、進化速度が大きくなる。すなわち、各々の分子の特性によって進化速度が決まることになる。このように個々の分子の特性で決まる制約のことをここでは「局所的制約」と呼ぶことにする。

ところで、右でのべた局所的制約のほかに別のタイプの制約があることがずいぶん昔から経験で知られていた。総ての生物の系統に存在する、生命維持に必須な分子（ハウスキーピング分子と呼ぶ）は総じてゆっくり進化するが、ある限られた系統にのみ存在する分子は比較的速い速度で進化する。このことは、いま問題にしている分子が、その分子と直接・間接に相互作用している高次の分子集合系からも制約を受けていることを示唆している。このような高次のレベルから受ける機能的制約のことを、ここでは「大域的制約」と呼ぶことにしよう。もし大域的制約が十分強いものであるなら、分子の進化は組織や器官といった高次のレベルからの影響を受けている可能性がある。

組織・器官からの大域的制約が存在することをはじめて確認したのは隈啓一博士を中心とした筆者のグループであった。第10章でのべたように、既存の遺伝子のコピー（すなわち遺伝子重複）といくつかの遺伝子あるいはその一部の組み合わせ（遺伝子混成）は、遺伝子多様化の重要な機構である。遺伝子重複による遺伝子の多重度が極度に進むと、相互に配列が類似した遺伝子のグループ、すなわち、遺伝子族が形成される。

第13章でもしばしば進化の解析に活用されるチロシンキナーゼ族は、膨大な数のメンバーから形成されている典型的な遺伝子族である。この遺伝子族に属するメンバーは、キナーゼドメインと呼ばれる互いに配列の相同な、タンパク質のリン酸化に関与する領域をもっている（図12－1）。このドメインに限定すると、異なるメンバーの間では機能がほぼ類似なので、局所的制約はほぼ同じであると期待される。したがって、もし大域的制約が無視できる程度なら、共通にもつドメインの進化速度はメンバー間でほぼ同じであると期待される。

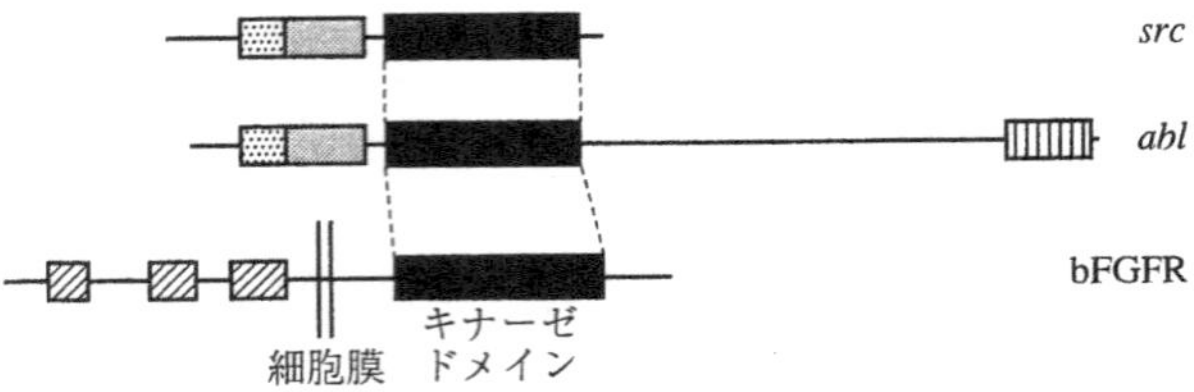

ドメインは四角でしめした。異なるドメインは異なる模様でしめしており、3者で共通に存在するキナーゼドメインを黒く塗りつぶした。ドメインとして確認されていない部分は直線でしめした

図12－1　異なるチロシンキナーゼの構造比較

ところで、チロシンキナーゼ族は（通常、他の遺伝子族でも同様だが）基本的な機能が互いに異なっているいくつかのサブファミリーから構成されており、各々のサブファミリーはいくつかの異なるメンバーから構成されている。これらのメンバーは基本的な機能は同じだが、しばしばはたらいている（すなわち、発現している）組織が違っている（組織特異的に発現しているという）。すなわち、脳や肝臓といった組織や器官ごとに、異なるメンバーが発現していることが知られている。各メンバーは、仕事をする縄張りをもっているというわけである。もし、組織や器官といった高次のレベルに由来する大域的制約が存在するなら、これらの組織特異的遺伝子は、発現している組織が違うと、進化速度も異なると期待される。

このことを明らかにするために、隈博士は、チロシンキナーゼ族に属するメンバーごとに、ヒトとネズミの間でキナーゼドメインの塩基配列を比較して分子進化速度を求めた。その結果、発現する組織に依存して、遺伝子の進化速度に違いがある

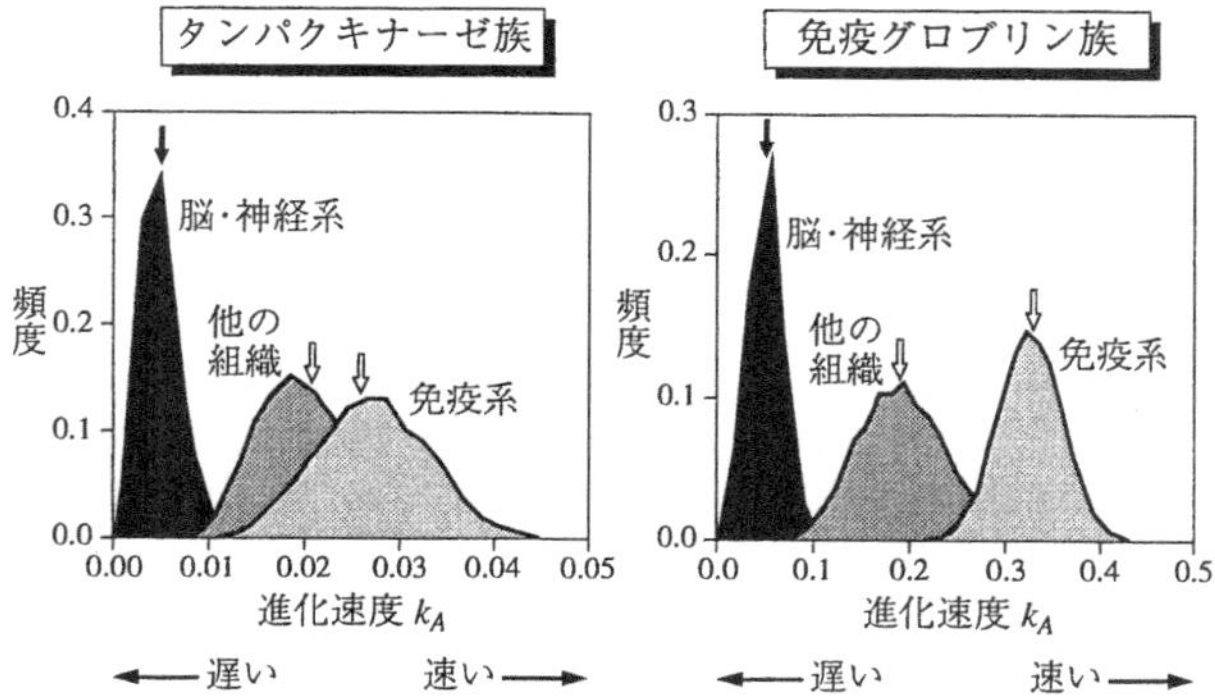

図12－2　異なる組織で発現している組織特異的遺伝子の進化速度の比較

ことが分かった（図12－2）。すなわち、脳あるいは神経系で発現する遺伝子は進化速度が非常に低く、逆に免疫系で発現している遺伝子は速い速度で進化していることが明らかになった。その他の組織では両者の中間の速度で進化していた。この結果は、遺伝子は組織や器官から大域的制約を受けており、その強さの程度は組織に依存することを示している。他の遺伝子族についても全く同じ結果が得られた。こうして大域的制約の存在が確認された。したがって分子進化速度kは、

$$k \propto C_G \cdot C_L \cdot \mu \qquad (12-1)$$

と表される。ここでC_LとC_Gは、それぞれ局所的制約と大域的制約の強さの程度を表す。また、μは突然変異率である。

大域的制約が分子全体に一様にはたらくことを示す証拠を隈博士は見つけている。チロシンキナーゼ

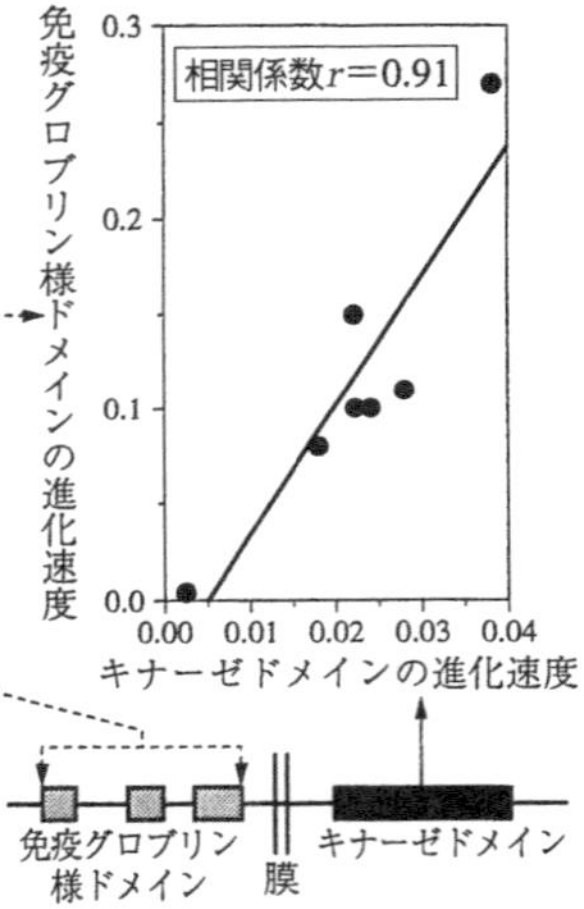

図12-3　2つの異なるドメイン間の進化速度の相関

族には、免疫グロブリン（Ig）様の構造とチロシンキナーゼのドメインで構成されているメンバーがある。七つのメンバーについて、ヒトとネズミでの間で配列を比較し、ドメインごとに進化速度を評価してみると、二つのドメイン間には明瞭な相関が見られる（図12-3）。一方のドメインの進化速度が小さいと、他方のドメインも比例して小さくなる。この見事な相関関係は、大域的制約が分子全体に一様にはたらいていることを示している。

脳では膨大な数の遺伝子が発現していることが知られているが、そのことと脳で発現している遺伝子の進化速度が非常に小さいことと関連していると思われる。ニコチン性アセチルコリンレセプター（nAChR）遺伝子族のメンバーは脳で発現するタイプと筋肉で発現するタイプとに分類されるが、いずれも神経細胞のシナプスに局在する。したがって脳型は中枢神経系に存在し、筋肉型は末梢神経系に存在すると考えられる。隈博士は、中枢神経系に局在する遺伝子の進化速度は低く、逆に末梢神経系に局在する遺伝子の進化速度は相対的に高いことを明らかにした。すなわち、システムの中心部に存在する分子は多くの分子と直接・間接に相互作用し、システムから強い制約を受けることになろう。逆に、システムの表層部にある分子は相対的に少数の分子と相互作用し、結果として、システムから受ける制約は小さくなると解釈できる。

隈博士を中心とした筆者らの論文が発表された翌年の一九九六年、ケネス・ヘスティングスは、いろいろな組織で発現している遺伝子は、発現している組織が限定されている遺伝子よりもゆっくり進化していることを明らかにした。このことは、ある一つの遺伝子がいろいろな組織で発現していると、その遺伝子におきた変異がさまざまな組織に影響するため、変化に対する制約が強くはたらくためと理解できる。二〇〇〇年にローレン・デュレとドミニク・ムシルは多くの組織と遺伝子の解析から、上記二グループの結果を確認した。

①遺伝子の進化速度は発現している組織に依存する。
②多くの組織で発現している遺伝子はごく限られた組織で発現している遺伝子よりも進化が遅い。

形態進化と分子進化の橋渡し

ある遺伝子が多くの組織で発現すると進化速度が極端に減少するのは、その遺伝子がより多くの遺伝子と直接・間接に相互作用していることを示しており、複雑なシステムに組み込まれた遺伝子が強い大域的制約を受けると解釈できる。また、発現している組織に依存して遺伝子の進化速度が変化するという結果は、分子進化速度が組織という形態の違いを十分反映しうることを示している。

さて、分子進化速度が形態の複雑さを反映するのなら、ある系統が進化の過程で獲得した形態の複雑さに依存して、分子進化速度に顕著な変化が認められると期待される。星山大介博士を中心とした筆者のグループは、形態形成に関与する遺伝子の一つである*Pax6*遺伝子が脊椎動物の進化の過程で進化速度を大きく変化させていることを発見した。

図12－4は、*Pax6*と、同じ遺伝子族に属する*Pax1/9*について、脊椎動物の系統を、魚類と四足動物が分岐した時期を境に、それ以前と以後の時期に分け、それぞれの時期の進化速度を示している。有顎類の前期は、無顎類のナメクジウオや節足動物のショウジョウバエとほぼ同じ進化速度を示すが、後期では、魚類及び四足動物の系統で、*Pax6*と*Pax1/9*いずれにおいても、分子進化速度が極端に低下している。

では、なぜ*Pax6*の進化速度が脊椎動物の後期になって低下したのか。*Pax6*は眼の形成を誘導するマスター遺伝子として有名だが、発生の異なる段階でいろいろな目的に使われている転写因子（支配下にある一群の遺伝子のはたらきを制御する）の一種である。まず、胚発生の過程で神経管の腹側に発現する。ずっと後の器官形成時には、眼の形成を誘導する。鼻の形態形成にも関与しているらしい。また下垂体にも発現が認められる。さらに、膵臓にあるランゲルハンス島の形成や、ランゲルハンス島β細胞からインスリンの分泌の誘導にも関与している。このように*Pax6*は胚発生、器官形

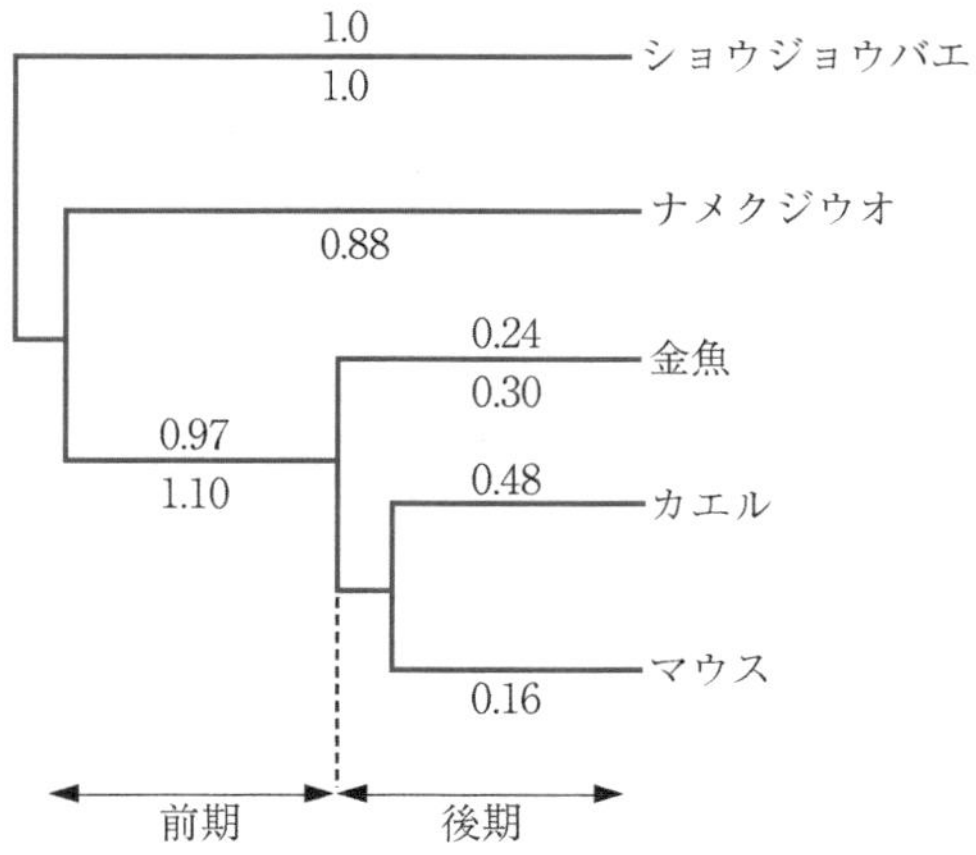

脊椎動物の系統を、魚類と四足動物が分岐した時期を境に、それ以前（前期）と以後（後期）の時期に分け、それぞれの時期の進化速度を計算した。ここでは、ショウジョウバエの進化速度を１として、その相対速度を示している。
上段、*Pax 6*、下段、*Pax 1/9*

図12－４　脊椎動物の前期と後期での*Pax6*と*Pax1/9*遺伝子の進化速度の比較

成、成体の各過程で繰り返し発現する。たとえば、顎のある脊椎動物では、*Pax6*は下垂体や膵臓でも発現することが知られているが、これらの臓器の構造が円口類などの顎のない原始的脊椎動物ではずいぶん違っている。このことは、脊椎動物の進化の過程で、体の複雑さが増すにつれて、同じ遺伝子が別の目的に繰り返し使われるようになったことを示唆している。

では、同じ転写因子が別の目的に繰り返し使われるとどうして進化速度が低下するのか。転写因子上でおきたアミノ酸置換は転写活性に大なり小なり影響するが、支配下にある一つの遺伝子には大した影響がなくとも、別の遺伝子には悪い影響を及ぼすこともありうる。結局、支配下におく遺伝子の数が増えれば、それだけ転写因子は変化し難くなると考えられる。すなわち、転写因子がいろいろな目的に利用されれば、それだけ機能的制約が強くなって進化速度が低下するというわけである。

ある遺伝子が、本来もっていた仕事に加えて新たな組織の形成のためにリクルートされ、別の仕事が付け加わると、大域的制約が増加して進化速度が低下することになるであろう。同じ遺伝子に新たな機能が付け加わるという現象はどの遺伝子にもみられることではないが、転写因子にはこうしたリクルート現象がおきやすいのかもしれない。

こうみてくると遺伝子の進化速度は、木村資生博士が将来に残された重要な問題として強調した、「形態進化と分子進化を繋ぐ架け橋」の一つになるのかもしれない。

第13章　カンブリア爆発と遺伝子の多様化
——形態進化と分子進化の関連を探る——

およそ五億四〇〇〇万年前、カンブリア紀と先カンブリア時代の境で、生物の全歴史を通じて特筆すべき事件がおきた。その規模においても、デザインの斬新さにおいても、どの時代の生物にもひけをとらない、さまざまな多細胞動物が爆発的に出現した。これは生物進化史上最大のイベントで、カンブリア爆発といわれている。この爆発的多様化は、新しい遺伝子を作ることなく、すでに単細胞の時代に作ってあった遺伝子を再利用しておきたらしい。

問題をほぐす

ヒトゲノムの全塩基配列が決定された際、日本の主催者側から報道関係者に説明があった。その際、ヒトの全遺伝子数は約三万七〇〇〇でショウジョウバエのおよそ二倍にあたるとの報告があったらしい。それを聞いた報道関係者の一人が私の研究室にやってきてこうつぶやいた。「ヒトの全遺伝子数がショウジョウバエのたかだか二倍とは驚いた。複雑さから考えて、とても信じられない」。私は即座に、「全然驚かない」と答えた。そのわけは以下を読んでいただければ分かるであろう。

この本で何度も登場した、「分子進化の中立説」の提唱者木村資生博士は、彼の晩年の著書『生物進化を考える』のなかで次のようにのべている。「今後に残された大きな問題の一つは、表現形レベルの進化と分子レベルの進化との間にどうしたら橋渡しができるかということである。この方面でも、将来、日本の若い研究者によって世界に誇ることができるような業績が上げられることを望みたい」

この問題は、別のいい方をすれば、生物の進化と遺伝子の進化の関連を問う問題であり、生物進化の分子機構の問題である。さらにこのテーマは、分子進化学誕生当初からの大問題でもある。ただ、この問い方ではあまりにも漠然としているので、具体的に研究を始めるにあたって問題を解きほぐす必要がある。

生物が示す種の多様性は生物の最も大きな特徴の一つである。「生物の進化と遺伝子の進化の関連」という問題を、「生物の多様性と遺伝子の多様性の関連」としてみよう。さらに生物の多様性に対して、以下で詳しくのべるが、多様な形態をもった多細胞動物が爆発的に出現した「カンブリア爆発」という具体的な「事件」を当てはめてみる。そしてこう問うてみよう。「カンブリア爆発がおきたとき、遺伝子も爆発的に多様化したか?」かなり具体的な問題になったが、さらに「遺伝子」に対しても限定しておこう。

いうまでもなく、多細胞動物の体は複数の細胞で構成されている。細胞の一つ一つには共通のDNAがあり、DNAには数万の遺伝子がコードされている。これらの遺伝子にはバクテリアも含めてすべての生物に共通に存在する遺伝子もあれば、多細胞動物だけがもつ遺伝子もある。例えば異なる細胞同士の情報交換や、動物の体を作るために必須な遺伝子などがそれにあたる。ここでは多細胞動物に特有の遺伝子を問題にするのが適当であろう。

そうすると問題は以下のようにほぐされ、具体的に扱うことが可能になる。すなわち、「カンブリア爆発に伴って、多細胞動物に特有の細胞間情報伝達や形態形成に関与する遺伝子も、爆発的に作られたのであろうか?」この問題は現在の技術で十分アプローチ可能である。

すでに第10章でのべたように、遺伝子の多様化機構はすでに理解されている。タンパク質は、一度獲得した機能を長い進化の過程で保持し続ける。ここからは新しい機能をもった遺伝子は進化しない。どうやって新しい機能をもった遺伝子が進化するのか? 生物は細胞内の体制ができ上がった太古の時代から、一つの巧妙な方法で膨大な数の遺伝子を生み出してきた。その方法は、既存の遺伝子の機能を保持したまま、機能的革新をもたらすものでなければならない。生物が採用した方法は遺伝子のコピーを作ることであった。すなわち、遺伝子重複である。

もう一つ重要な遺伝子多様化の機構が知られている。コピーされたいくつかの遺伝子あるいはその一部を組み合わせて、一つの大きな遺伝子に統合することで、新しい機能をもった遺伝子が作られる。すなわち、「遺伝子混成」（ジーン・シャフリング）である（第10章参照）。遺伝子混成は、わずかな数の遺伝子から多様な遺伝子を創出することを可能にする。真核生物は遺伝子重複と遺伝子混成の機構で、驚くほど多様な遺伝子を生み出してきた。コピーとそれが基本となった組み合わせこそ、遺伝子多様化の基本的メカニズムなのだ。

ここまでくると問題は単純になる。問題は、「多細胞動物に特有の細胞間情報伝達や形態形成に関与する遺伝子は遺伝子重複や遺伝子混成でいつ作られたか？」というように、具体的に扱うことが可能な形に変形された。遺伝子重複がおきた時期の推定は、後で詳しくのべるが、分子系統学的な手法で可能なのだ。

カンブリア爆発

多細胞動物は、分類学上、動物界に分類されていて、最も原始的な形態をもつカイメンや、より複雑な体制をもったクラゲやイソギンチャクなどの二胚葉性の動物、さらには脊椎動物や節足動物など、多数の種類の動物を含む三胚葉性の動物が含まれる。動物界の最大の分類単位は門で、異なる門の間では体の形が全く異なっている（第19章参照）。カンブリア爆発によって出現した動物は現在の門に相当する動物たちの祖先なのだ。彼らはすべて数百万年ほどの、地質学的には極めて短い期間に爆発的に出現したといわれている。

カナダの西部、ブリティッシュ・コロンビアにバージェス頁岩と呼ばれる有名な化石産地がある。ここでは、カンブリア爆発当時の動物たちの姿が保存されている（図13－1）。米国の古生物学者チャールズ・ドリトル・ウォルコットによって一九〇九年に発見された。それに続いて、英国の三人の古生物学者、ハリー・ウィッテトン、デレク・ブリッグス、サイモン・コンウェイ・モリスはバージェス頁岩の重要性を現在の地位にまで高めた。今やバージェス頁岩は、古生物学者ならだれでも一度は訪れたか、あるいは行きたいと望む、まさに古生物学の聖地といったところだ。

バージェス動物群の化石はカナダだけではなく、中国の雲南省の澄江（チェンジャン）、グリーンランド北部のシリウスパセットでも発見されている。こうした事実は、バージェス動物群は限られた地域に生息していた動物ではなく、カンブリア紀には全世界的に繁栄していた動物だったということを示している。

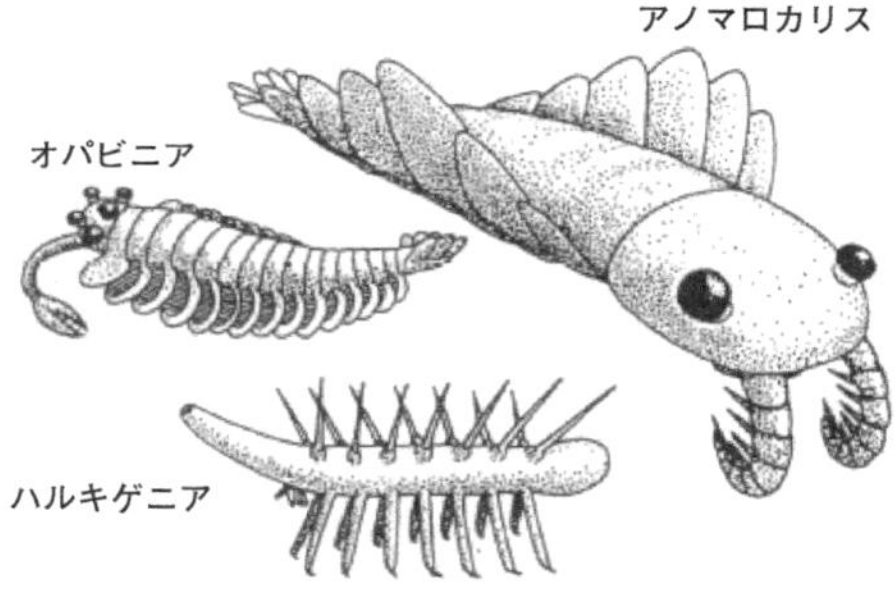

図13－1　バージェスの生物たち
（イラスト　安富佐織氏）

カンブリア爆発は古くから生物学者の関心を引いてきた。ダーウィンも強い関心をもった一人で、自然選択の力で徐々に生物が進化すると考えていたダーウィンは、カンブリア爆発を深刻に受けとめ、現時点では説明不能とするしかないと認めている。

一方、生物の創造神話を信じる人たちからみれば、カンブリア爆発は謎でもなんでもなく、まさに神が生物を創造した瞬間だったのだ。もちろん現在ではダーウィンが正しかったことを化石の証拠が示している。多細胞動物と思われる化石が、カンブリア紀よりずっと古い、九億年前の地層から見つかっている。また、二〇億年前に生息していた単細胞真核生物の化石もあれば、三五億年前に生きたバクテリアと思われる痕跡さえある。今ではカンブリア紀と先カンブリア時代の境で突如生物が誕生したのではないことは確かだ。

カンブリア爆発の規模と原因

カンブリア紀と先カンブリア時代の境の地層から、およそ数百万年の幅で、急に多細胞動物の化石が顕在化する。スティーヴン・J・グールドに代表されるように、急に化石が見つかることから、少数の祖先種から爆発的に種の多様化がおきたのだとする説がある（図13－2a）。一方、最近の分子からの知見を踏まえて、リチャード・フォーティのように、もっと緩やかな爆発を考えることも可能である（図13－2b）。

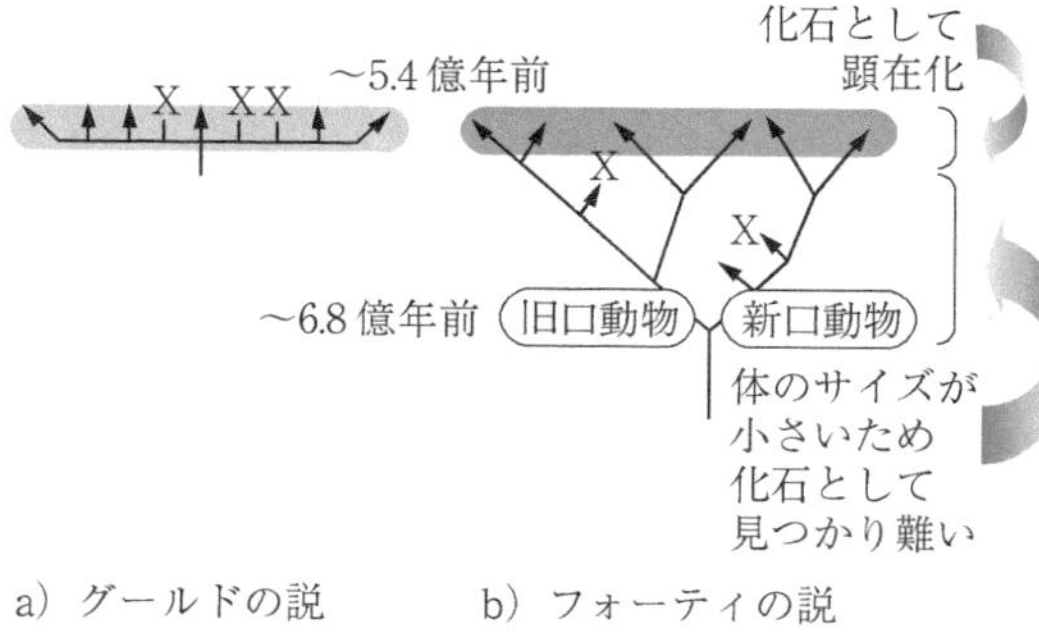

図13－2　カンブリア爆発の時間幅に関する2つの説

最近の分子系統学的解析によると、多細胞動物の主要なグループである三胚葉動物は、脊椎動物を含む僅かなグループからなる新口動物と、多くの三胚葉動物を含む旧口動物にまず分かれ、新口動物、旧口動物それぞれがさらに分岐を繰り返して、現在の多様な動物門が形成された（第19章参照）。ラッセル・ドリトルらの計算によると、新口動物と旧口動物の分岐はおよそ六億八〇〇〇万年前で、それは化石が顕在化した五億四〇〇〇万年前のカンブリア爆発よりもはるかに古い。三胚葉動物は六億八〇〇〇万年前より多様化を繰り返したが、この頃の動物は体が小さく、化石として残りにくく、また発見されにくい。そして最後の数百万年前より急速に大型化して、化石として残るようになった、というのがフォーティの考えである。すなわち、三胚葉動物の多様化は先カンブリア時代にすでに進んでいて、最後の数百万年で大型化したため、化石として顕在化したというのだ。

フォーティの説では、多様化はグールドの説に比べて緩やかにおきていたことにはなるが、それでも六億年前の年代を中心に前後数千万年の幅で多様な動物が急速に進化したことになる。ここではフォーティにしたがって、動物の多様化が六億年前付近で急速に進んだと考えておこう（結果論だが、フォーティの説の方が本書の結論には不利な条件となる）。

ではなぜ、動物は徐々に多様化せずに、ある特定の時期に爆発的に多様化したのか。この問いに対しても明快な答えはいまだにない。はっきりしていることは、カンブリア紀と先カンブリア時代の境で多細胞動物の化石が急に出現するということだけなのだ。昔からいわれている、カンブリア爆発に対する伝統的な説明は、当時の地球環境の変化に基づいている。すなわち、この頃になって、多細胞動物が活発な代謝を行うために必要な自由酸素量が現在とほぼ同じ二〇％のレベルに達した。この自由酸素量の増加が大型動物の出現を可能にした。また、オゾン層が出現して、気候が温暖化したことも要因の一つと考えられている。さらに、地球の大陸と海の分布は当時と現在ではずいぶん違っていて、先カンブリア時代の終わりには、大陸は一つの大きな塊となって、超大陸を形成していたと考えられている。それが徐々に分裂を始め、それに伴って大陸棚や海の浅瀬が出現した。こうした環境は動物たちに新しい生態的環境を提供する結果となった。これは先住者も競争相手もまったくいない、カンブリア紀の動物たちにとって生態的に空っぽの環境となった。競争相手のいない環境では、体のデザインや動きの俊敏さはまったく問題にならないので、奇妙な形をした動物たちでカンブリア紀の海はまたたく間に埋め尽くされていったというのだ。

当時の地球環境に対して、スノーボール仮説という新しい仮説が提唱され、カンブリア爆発との関連で論議されている。この仮説によると、当時の地球では、全地球の凍結と氷解が繰り返されていたらしい。最終氷解期では、氷の解けた浅瀬の海はカンブリア紀の動物たちに新しい生態的環境を提供する結果となったことであろう。カンブリア爆発はちょうどこの時期におきたというのだ。

遺伝子重複がおきた時期を推定する

前にのべたように、今から六億年ほど前に小さな体の多細胞動物が急速に多様化し、それから五千万年ほど後に、そうした中から化石として認識できるほどの体の大きなグループが爆発的に増加した。この形態レベルで爆発的多様化が進行しているまさにその時、遺伝子レベルでは何がおきていたのか？　表現形レベルに呼応して、遺伝子レベルでも盛んに遺伝子重複がおき、遺伝子の多様化が急速に進んだのか？

ここで考える遺伝子は、解糖系の酵素をコードしている遺伝子や、キネシン遺伝子のような全ての真核生物が共有する遺伝子ではない。そうではなく、細胞間情報伝達や形態形成に関与する遺伝子など、多細胞の動物に特有と考えられている遺伝子である。こうした多細胞動物特有の遺伝子は進化の過程で遺伝子重複を繰り返し、多数のメンバーからなる大きな遺伝子族を形成している。われわれが答えるべき問いは次のようになる。それぞれの遺伝子族がカンブリア爆発に呼応して、高い頻度で遺伝子重複と遺伝子混成を繰り返し、爆発的に遺伝子メンバーの数を増やして、多様化したのであろうか?

前にのべたように、この問題は、遺伝子重複と遺伝子混成がおきた時期がいつかという問題に焼き直った。時間を推定する場合、分子時計の性質を利用すると便利である(第4章参照)。しかし、現在では分子時計は常に存在するわけではなく、限られた条件で成立すると考えられている。特にここでは、同じ遺伝子ではなく、遺伝子重複で作られた異なる遺伝子の分岐時期を推定する問題であるから、分子時計が使えない。やや面倒だが、別な方法に頼らざるを得ない。すなわち、生物の系統と分子の系統を同時に推定することで、遺伝子重複がおきた時期を大雑把に見積もろうという方法である。

第15章でのべるが、同じ遺伝子を異なる生物種の間で比較することで、生物が進化の過程でどのように枝分かれしてきたかを示す、分子系統樹を推定することができる。生物の系統樹を推定する場合と全く同じ考えで、一つの遺伝子族に属する遺伝子の系統樹を推定することができる。分子系統樹における枝分かれは、生物の系統樹では種分岐に対応し、遺伝子族の系統樹では遺伝

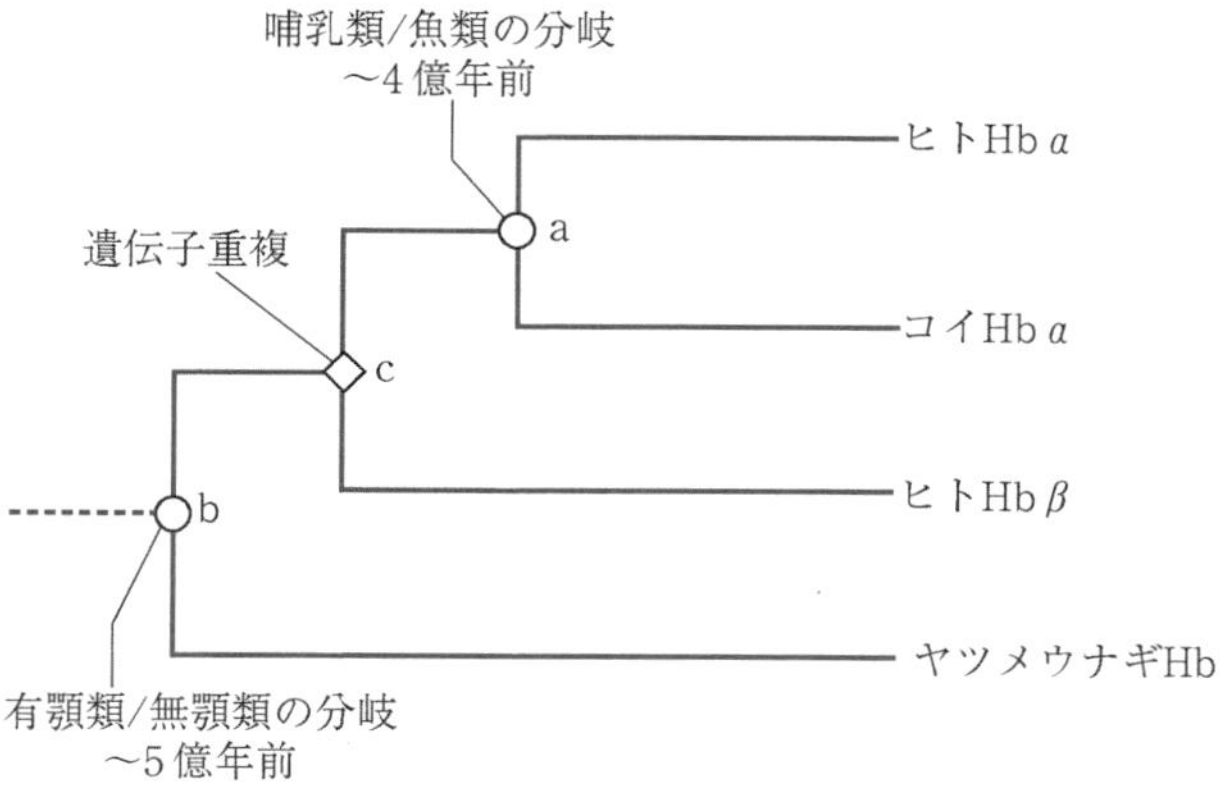

分岐点aは四足動物と魚類の分岐（〜4億年前）に対応し、分岐点bは有顎類と無顎類の分岐（〜5億年前）に対応する。分岐点cは遺伝子重複による遺伝子αと遺伝子βの分岐に対応し、したがってその時期はおよそ4億年前から5億年前の間と推定される

図13－3　ヘモグロビンα鎖遺伝子とβ鎖遺伝子の重複時期の推定法

子重複を示す。これら二つの系統樹を同時に推定することで、遺伝子重複がおきた時期が推定できる。この系統樹をここでは「複合系統樹」と呼んでおこう。以下で複合系統樹から遺伝子重複がおきた時期をどう推定するかを簡単な例で説明しよう。

ヘモグロビン（Hb）は二つの異なるポリペプチド鎖、α鎖とβ鎖、それぞれが二つずつ重合した四量体（$\alpha_2\beta_2$）で構成されている。α鎖とβ鎖は脊椎動物の進化の過程で遺伝子重複によって作られた。いま、ヒトのα鎖、コイのα鎖、ヒトのβ鎖、及びヤツメウナギのHbの比較から複合系統樹を作ったところ、図13－3のようになったとしよう。ここで分岐点aは、同じα鎖の遺伝子の系統で、生物種ヒトとコイが分岐した時期に対応する。古生物学的にこの時期はおよそ四億年前と推定されている。分岐点bはヤツメウナギ（無顎類）と有顎類の分岐に対応し、およそ五億年前に遡る。分岐点cは遺伝子重複によってα鎖とβ鎖が分かれた時期に対応する。分岐点cは分岐点aとbの間にあるから、その時期は～四億年前と～五億年前の間と推定されることになる。

付け加えるが、ヒトのα鎖遺伝子とコイのα鎖遺伝子はヒトとコイの種分岐に伴って分かれた遺伝子で、「ホモロガス」（相同）な関係にあるという。一方、コイのα鎖遺伝子とヒトのベータ鎖遺伝子は遺伝子重複の結果分かれた遺伝子で、種の分岐に対応していない。この関係を「パラロガス」な関係という。

遺伝子族：サブファミリーと組織特異的遺伝子

多細胞動物に特有な遺伝子族として、チロシンキナーゼ（PTK）遺伝子族を例に考えてみよう。タンパク質リン酸化酵素（プロテインキナーゼ）は、互いに相同な触媒部位（キナーゼドメイン）を共通にもつ、遺伝子重複で作られた巨大な遺伝子族を形成している。ここでドメインとは、アミノ酸配列が立体構造上、かたまりをなしている領域で、通常、アミノ酸が一〇〇あるいはそれ以上の大きさからなる。多くの場合、一つのドメインは特有の機能をもつ、機能単位である。

プロテインキナーゼは基質の違いにより、セリン・スレオニンキナーゼ（ＰＳＫ）族とＰＴＫ族の二つに大きく分けられる。プロテインキナーゼ族の分子系統樹から、ＰＴＫ族はＰＳＫ族の一グループから進化したことがわかっている。ほとんど全ての真核生物に存在するＰＳＫに対し、ＰＴＫ族は多細胞動物のほかは限られた系統にしか見つかっていない。細胞性粘菌にはチロシン特異的なリン酸化活性をもつものがあるが、これらは別のＰＳＫのグループから進化してきたもので、多細胞動物のものとは由来が違う。

多細胞動物では、細胞外の情報を細胞表面の膜にある受容体タンパク質で受け止め、細胞内に情報を伝えることで、細胞の状態を変えるしくみが発達している。このしくみのことを「シグナル伝達系」と呼んでいる。ＰＴＫは主に細胞間のシグナル伝達に関わり、細胞の増殖や分化を制御している。これらのことからＰＴＫは菌類から分岐後、動物の系統で進化したと考えられている。

ＰＴＫはキナーゼドメイン以外にもいくつかのドメインから構成されていて、異なるドメイン構成をもつＰＴＫの間では基本的な機能が違っている。遺伝子重複による異なるドメインの生成とドメイン混成によって、多様なＰＴＫが進化の過程で作られてきた。

異なるドメイン構成をもった多様なＰＴＫが進化したずっと後の時代に、各々のＰＴＫがさら

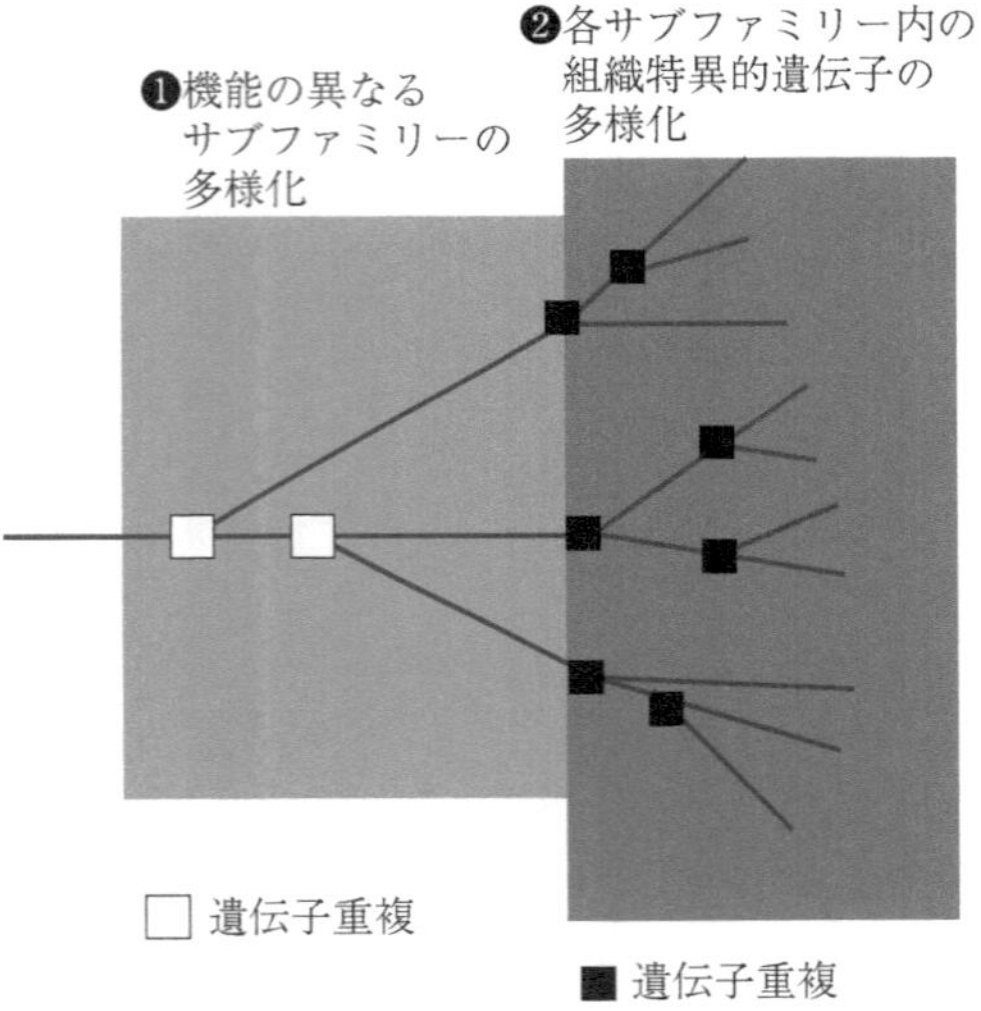

図13－4　遺伝子族の多様化パターンの模式図

に遺伝子重複によってコピー数を増やす。ここでの遺伝子重複は遺伝子領域全体のコピーなので、コピーで増えたメンバーは互いにドメイン構成が同じである。そのため機能がほとんど同じと考えられる。このプロセスが進むと、共通のドメイン構成をもった複数のメンバーからなる遺伝子グループが形成される。このグループを「サブファミリー」と呼んでいる。図13－4は遺伝子族の多様化パターンを模式的に表している。

ＰＴＫ族は多数のサブファミリーによって構成され、かつ各々のサブファミリーはさらに複数のメンバーで構成されるという二重構造になっている。一般に、同一サブファミリーに属する異なるメンバーは、機能がほぼ同じだが、発現する組織・器官が異なる場合が多い（こうしたメンバーのことを「組織特異的遺伝子」と呼ぶ）。ＰＴＫ遺伝子族に見られるこの階層構造は、多くの多細胞動物に特有の遺伝子族に共通に見られる特徴になっている。

遺伝子族の多様化とカンブリア爆発との関連

およそ一〇億年前、菌類の系統と動物（後生動物）の系統が分岐し、動物の系統で最初にカイメン（側生動物）とそれ以外の動物、すなわち、真正後生動物とが分岐する。その時期はおよそ九億年前と推定されている。次いで、真正後生動物の系統で、クラゲ、イソギンチャク、ヒドラなどの二胚葉動物と主要な動物のグループである三胚葉動物とが分岐する。

三胚葉動物はおよそ六億八〇〇〇万年前に、まず新口動物と旧口動物のグループに分かれる。旧口動物のグループは、節足動物や線形動物を含む脱皮動物のグループと軟体動物や扁形動物を含む冠輪動物のグループに大きく分かれ、それぞれのグループはさらに次々と現存の動物門へと分かれていく（第19章参照）。

新口動物の方は、ウニ、ナメクジウオ、ホヤを経て、脊椎動物が出現する。脊椎動物の系統では、五億年ほど前に、メクラウナギやヤツメウナギの無顎類と顎のある有顎類に分かれ、後者の系統では、四億年ほど前に魚から四足動物が進化する（第20章参照）。

これらの動物をできるだけ含めながら、それぞれの動物から一つの遺伝子族、例えばＰＴＫ遺伝子族のメンバーを網羅的に取り出し、塩基配列を決定して、分子系統樹を推定する。その系統樹に基づいて、各々のメンバーを作った遺伝子重複がいつ頃おきたかを図13－3の方法で推定する。このプロセスを別の遺伝子族で繰り返し、多数の遺伝子族に対するデータを集積する。こうして筆者のグループは、一五ほどの多細胞動物特有の遺伝子族の解析を行った。

本節及びその後の三つの節で解析の結果を簡単に紹介する。ただし、やや込み入った説明になるので、分子進化学にあまりなじみのない読者は、本節を含め、四つの節の後の節、「遺伝子の爆発的創成とカンブリア爆発の時期的ずれ：「ソフト」が重要」を先に読んでから、戻って読むことを勧める。

【ＰＴＫの異なるサブファミリーの多様化時期】　まず、当時大学院の学生だった菅裕博士が中心になって、多細胞動物に特有の細胞間シグナル伝達に関与するＧタンパク質のαサブユニット（Ｇα）から研究をスタートした。Ｇαの解析が終了した後、直ちに、得られた結論の確認も含めて、典型的な遺伝子族ＰＴＫの解析へと研究を進めた。

菅裕博士が推定したＰＴＫ族の分子系統樹が図13－5に示されている（紙面の関係で一部のみを示す）。この系統樹は異なるＰＴＫの間で共通に存在するチロシンキナーゼドメインの配列比較から推定された。この系統樹の大きな特徴は、異なるサブファミリーが分岐した時期が非常に

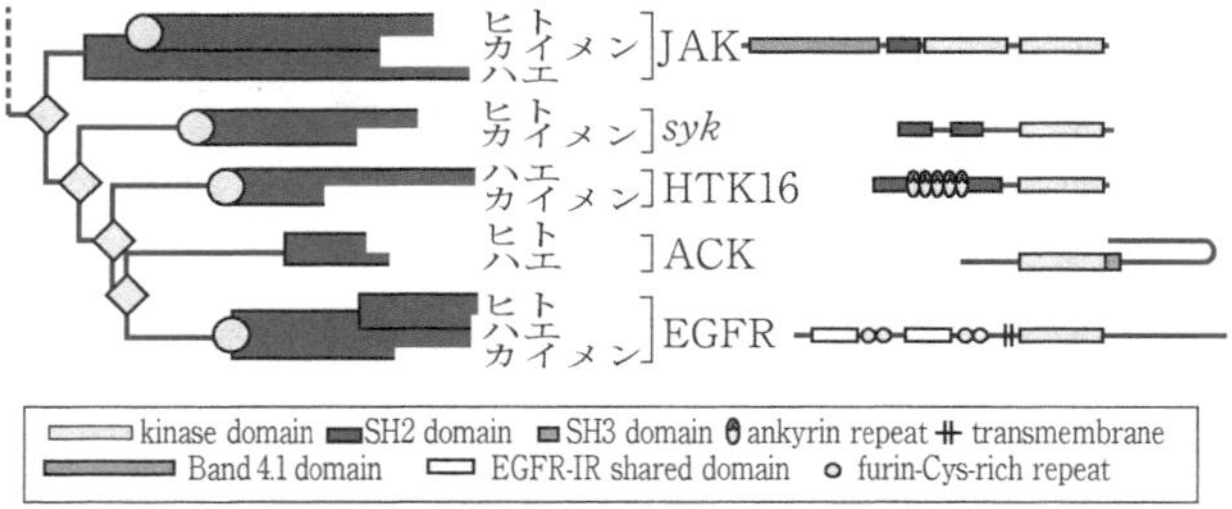

チロシンキナーゼ（PTK）族の分子系統樹の一部が示されている。塗りつぶされている系統の塊がサブファミリーに対応する。丸はおよそ9億年前に起きたとされる、カイメンとそれ以外の動物との分岐に対応する。菱形は異なるサブファミリーを作った遺伝子重複を示す。いずれの遺伝子重複もカイメンとそれ以外の動物との分岐前に起きている。各サブファミリーのドメイン構成を図の右側に示した

図13－5　チロシンキナーゼ族の分子系統樹

古いことである。図13－5の系統樹によると、異なるサブファミリーを作った遺伝子重複が、現存する多細胞動物のなかで、最も古い時期に出現したと考えられているカイメンとそれ以外の多細胞動物（真正後生動物）が分岐する以前におきている。つまり、PTKの基本的な機能の多様化は遅くとも九億年前に完了していたことになる。カンブリア爆発による動物の多様化が六億年前頃におきているので、形態の多様化と遺伝子の多様化には時間的なずれがあることになる。

　ところで、図13－5の複合系統樹は全てのPTKが共通にもつキナーゼドメインで推定した。したがって、側生動物と真正後生動物の分岐前におきたのは、厳密には多

様なキナーゼドメインを作った遺伝子重複であって、ドメイン混成がおきた時期はもっと後の時代、すなわち、カンブリア爆発当時である可能性が残る。このことを検証するには、カイメンとその他の動物の間で、それぞれのPTKのドメイン構成を比較する必要がある。調べた限りドメイン構成は、同じサブファミリーで比べると、カイメンとその他の動物で共通していた。このことは、ドメイン混成も側生動物と真正後生動物の分岐前におきたことを意味している。

PTKの基本的な機能の多様化は動物進化の初期に完了していたという結論は他の遺伝子族にもあてはまるだろうか？　PTK族以外のシグナル伝達系に関与する遺伝子族や形態形成遺伝子族など、多くの遺伝子族について、同様の解析を行った。たとえば、PTKとは逆の脱リン酸化機能をもつチロシンホスファターゼ（PTP）の解析は、PTKとほぼ並行して小野－小柳香奈子博士を中心に行われたが、両者から導かれる結論は一致していた。その他の遺伝子族の多様化パターンもPTKのものとほとんど同じであった。

［ホスホジエステラーゼ族の場合］　もう一つ、ホスホジエステラーゼ族の例をあげよう。この場合、進化の過程でドメイン混成がどうおきていたかを知ることができる。ホスホジエステラーゼは、リン酸ジエステルを加水分解して、リン酸モノエステルにする酵素の総称である。脊椎動物の眼の光情報伝達系にあるホスホジエステラーゼはよく知られている。この酵素は、光情報伝達系では、Gタンパク質トランスデューシンのすぐ下流に位置していて、サイクリックGMPを

分解し、ナトリウムイオンの細胞内流入を調節する。

ホスホジエステラーゼには少なくとも七つの異なるサブファミリーが存在する（PDE1〜PDE7と略記する）。これらの酵素は互いにホスホジエステラーゼの活性をもつPDE活性ドメインを共有し、互いに異なるドメイン構成をもつ。七つのメンバーは動物の系統で遺伝子重複によって多様化した。

解析を担当した小柳光正博士は、もっとも原始的な動物であるカイメンから四つの異なるホスホジエステラーゼ遺伝子の単離に成功し、それらを含めてホスホジエステラーゼ族の分子系統樹をPDE活性ドメインで推定した。その結果、カイメンから単離した四つのホスホジエステラーゼ遺伝子にはそれぞれヒトの相同遺伝子が存在していた。その上、どのサブファミリーにおいても、カイメンと脊椎動物でまったく同じ構造をもっていた（図13－6）。

この系統樹は、異なるサブファミリーを生み出した遺伝子重複がカイメンとその他の動物の分岐以前におきていたことを示している（PDE5あるいはPDE6の遺伝子が単離できなかったので、両者の分岐をおこした遺伝子重複が何時おきたかは不明である）。同一サブファミリーの中では、カイメンと脊椎動物のドメイン構成が同じなので、ドメイン混成もカイメンとその他の動物の分岐以前にさかのぼることは明らかである。さらに、系統樹上に示してあるように、どのドメインがどの系統で付け加わったかが推定できる。

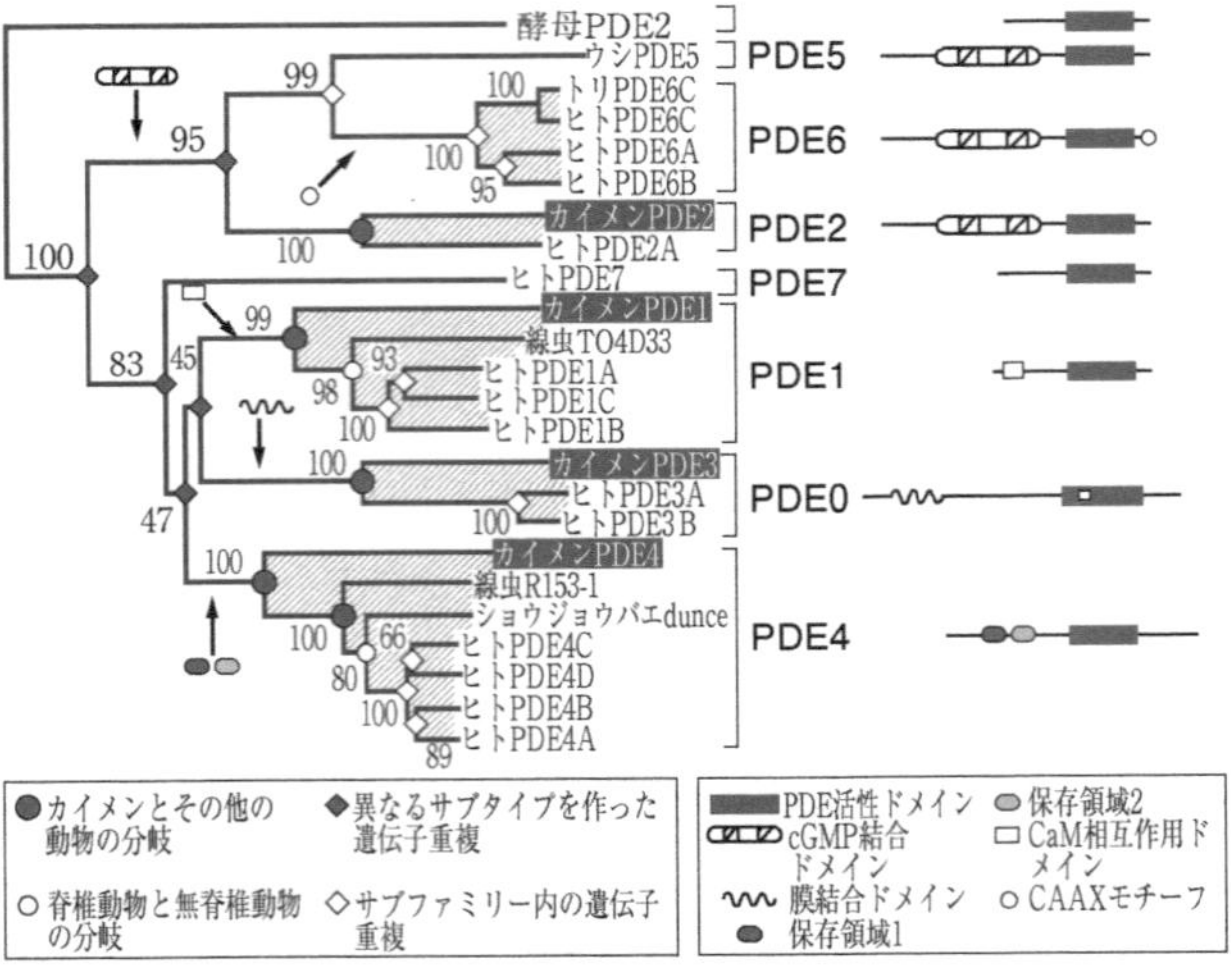

この系統樹はPDEドメインの比較で推定された。右に７つのサブファミリーのドメイン構造を模式的に示した。系統樹中の矢印は、進化の過程で付加されたドメインを示す

図13－６　ホスホジエステラーゼ（PDE）族の系統樹

こうして、異なるサブファミリーを作った遺伝子重複のほとんどは、ドメイン混成も含め、動物進化のごく初期、すなわちカイメンとその他の動物が分かれる以前におきていたことになる。菌類にはこうした遺伝子のほとんどは存在しないことから、動物特有の遺伝子は、菌類との分岐の後、現生動物最古の分岐である側生動物と真正後生動物との分岐前に、ほとんどの機能的多様化を済ませていたことになる。この多様化の特徴的な点は、遺伝子重複と遺伝子

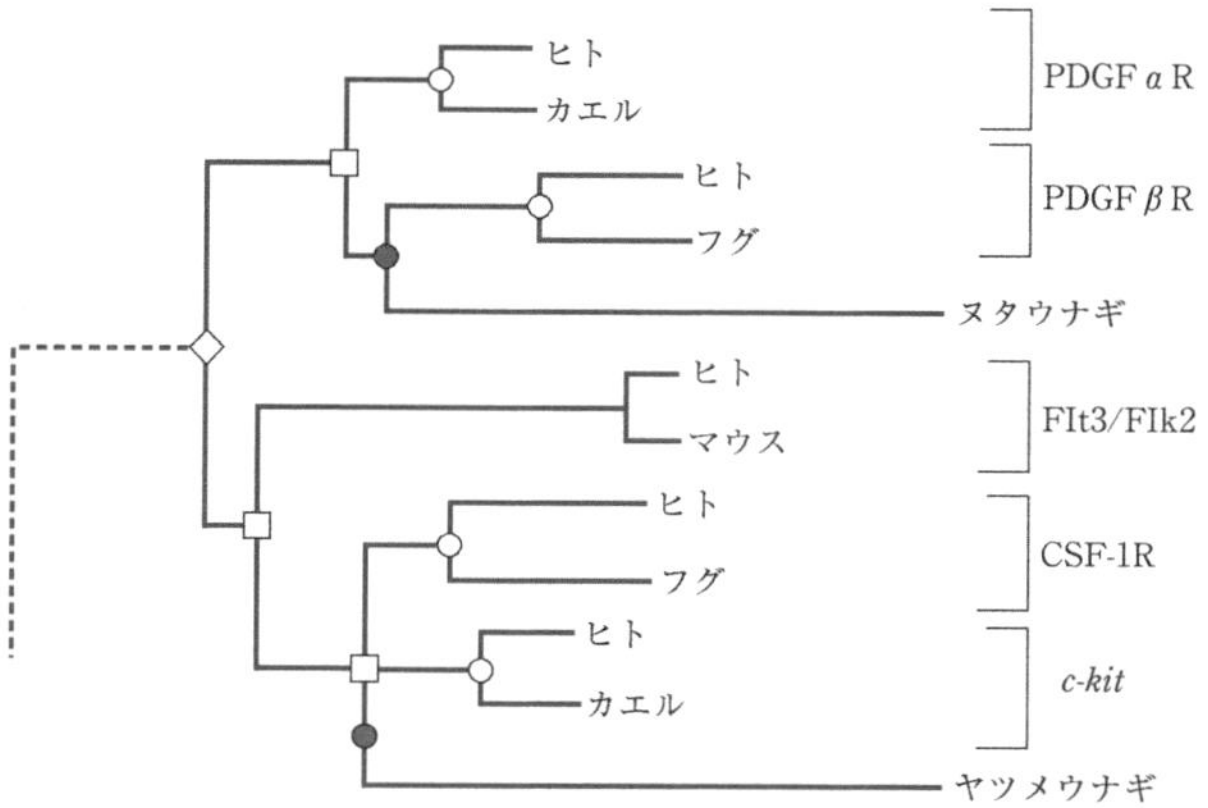

図13－７　PDGFRサブファミリーに属するメンバーの系統樹

混成の機構で、異なるサブファミリーが多様化した時期が、どの遺伝子族でみても、ほぼ同じだということである。

［組織特異的遺伝子の多様化パターン］　異なるサブファミリーを作る遺伝子重複以外に、同じサブファミリーに属するメンバー（すなわち、組織特異的に発現する遺伝子）もまた遺伝子重複で多様化した。では、このタイプの遺伝子重複はいつ頃おきたのか？　ＰＴＫ遺伝子族に属する一つのサブファミリーである血小板由来成長因子受容体（ＰＤＧＦＲ）のサブファミリーを例にみてみよう。

ＰＤＧＦＲサブファミリーの系統樹の一部が図13－７に示されている。この図から、組織特異的遺伝子の重複は、脊索動物のナメクジウオから分岐後、脊椎動物の系統で、およそ五億年前におきた無顎類（メクラウナギとヤツメウナギ）と有顎類が分岐したあたりで盛んにおきていることがわかる。他のいくつかのサブファミリーでみても同様の結果が得られる。

この系統解析からもう一つの興味ある情報が得られる。詳細は省略するが、これらの遺伝子が乗っている染色体上の位置から、二回の遺伝子重複の後、二回の染色体レベルの重複が、いずれも無顎類と有顎類が分岐したあたりでおきたと推定される。おそらく、一つの遺伝子族の各々のサブファミリーは、無顎類と有顎類が分岐した頃に、遺伝子重複と染色体の重複でメンバーの数を増やし、遺伝子の多様度を高めたのであろう。他のサブファミリーも同様の多様化パターンを示す。この結果は、脊椎動物の初期に染色体レベルの重複がおきていたと主張する大野乾博士の説を裏付ける。

サブファミリー内の多様化が異なるサブファミリーの間でほぼ同じ時期におきているという結果は、異なるサブファミリーの多様化時期が遺伝子族によらずほぼ同じ時期におきていることと、おそらく関連のある現象と思われる。こうした大規模な同時多様化には、図13－7でみたように、染色体レベルの重複が関与しているものと思われる。無顎類と有顎類の分岐した時期（～五億年前）は、現生生物最古の分岐時期（～九億年前）に比べてずっと最近のことなので、染色体レベルの重複の痕跡がまだ残っていたのであろう。

立襟鞭毛虫：単細胞原生生物に多細胞用の遺伝子セット

第19章で説明するように、多細胞動物に最も近縁な単細胞の原生生物は立襟鞭毛虫の仲間である。立襟鞭毛虫はカイメンの襟細胞によく似ていることから、古くから両者の近縁関係が指摘されていたが、最近になって分子系統学的に裏づけられた。カイメンとそれ以外の動物の分岐は、現生多細胞動物中もっとも古い時期の分岐に対応する。したがって、その分岐以前に多細胞特有の遺伝子の多様化が完了していたという、これまでのべてきた結果は、否応なく立襟鞭毛虫を遺伝子多様性の舞台に引きずり出す。

立襟鞭毛虫は単細胞生物だから多細胞特有の遺伝子族の各々について、多細胞動物と共通の遺伝子が一つあるか、あるいは全くないと期待される。前者の場合は、その一つの遺伝子が起源となって立襟鞭毛虫との分岐後、多細胞動物の進化の過程で繰り返し遺伝子重複をおこし、一つの遺伝子族へと発達したと考えられる。後者では、遺伝子重複の種になった遺伝子が立襟鞭毛虫との分岐後、多細胞動物の進化の過程で作られ、遺伝子族へと発展したと考えることができる。この問題に答えるべく筆者の研究グループでは、ＰＴＫなどの多細胞動物特有の遺伝子のいくつかを取り上げ、単細胞の立襟鞭毛虫に多細胞の遺伝子を探査した。

［チロシンキナーゼ遺伝子族］　まず、菅裕博士が中心になって、ＰＴＫ遺伝子族の解析からス

タートした。驚いたことに、多細胞動物特有だと思われていたPTK遺伝子が立襟鞭毛虫に多数存在していた。さらに遺伝子の系統解析の結果、多様なキナーゼドメインを作った遺伝子重複のほとんどは、動物と立襟鞭毛虫との分岐以前にすでに完了していたという、まったく予想外の結果となった。ドメインの混成はその分岐の前後で盛んにおきていたようで、動物と共通のドメイン構成をもつ遺伝子もあれば、動物、立襟鞭毛虫それぞれで独特のドメイン構成をもつ遺伝子もあることがわかった。

受容体型PTKサブファミリーでは、ドメイン混成は動物と立襟鞭毛虫の分岐後、それぞれの系統で独自に行われたが、動物へ至る系統では現生動物最古の分岐、すなわち、カイメンとその他の動物の分岐までには完了していた。一方、細胞質内に存在するサブファミリーでは、およそ半数は動物と立襟鞭毛虫の分岐前にドメイン混成が完了している。残りの半数のうち、半分は立襟鞭毛虫の系統で、残りの半分は動物の系統でドメイン混成が完了していた。

こうして、動物で使用されているPTK遺伝子族の異なるサブファミリーは、動物と立襟鞭毛虫とが分岐した時期の周辺、遅くとも現生動物最古の分岐前、おそらく単細胞原生生物の時代に、ほぼ完成していたと推定される。

［細胞膜貫通型受容体キナーゼ（RLK）族］　第18章で説明するが、多細胞の陸上植物にもっとも近縁なグループは緑藻類で、その中でも、ミカヅキモなどを含む単細胞の接合藻類がもっと

も近い。したがって、陸上植物と接合藻類の関係は、動物と立襟鞭毛虫の関係に似ている。では、後者でみられた遺伝子の多様化パターンが前者でもみられるであろうか。

このことを明らかにするために、佐々木剛博士は、多細胞の植物に特有と思われていた細胞間情報伝達に関与するリン酸化酵素の一種、細胞膜貫通型受容体キナーゼ（ＲＬＫ）族の解析を進めた。その結果、ＰＴＫ遺伝子族の場合とよく似た多様化パターンがみられた。すなわち、ＲＬＫ族も多数のサブファミリーから構成されていて、それらは、単細胞の接合藻類にも多数存在し、陸上植物と接合藻類の分岐あたりで多様化していたことが明らかになった。

こうして、多細胞生物に特有と考えられていた遺伝子が、単細胞生物に多く存在していることが、立襟鞭毛虫だけでなく、接合藻類にも同じようにあてはまることが明らかになった。

［イノシトールリン脂質シグナル伝達系］　前にのべてきた遺伝子族のメンバーは単独で機能しているわけではなく、「シグナル伝達系」の一員として機能しているものがほとんどである。イノシトールリン脂質シグナル伝達系もそうした系の一つである。このシグナル伝達系は、細胞外のシグナルを受け止める受容体として、Ｇタンパク質受容体や受容体型チロシンキナーゼをもっている。これらの受容体が受け止めた細胞外シグナルは、途中に介在する分子をつぎつぎと活性化させながら、最終的に細胞内のカルシウム濃度の上昇をおこす。介在する分子はつぎの通りである。受容体からのシグナルはＧタンパク質に伝わり、それはホスホリパーゼＣ（ＰＬＣ）を活

性化する。活性化したＰＬＣはホスファチジルイノシトール二リン酸（ＰＩP_2）をセカンドメッセンジャーと呼ばれるジアシルグリセロール（ＤＡＧ）とイノシトール三リン酸（ＩP_3）に分解する。ＩP_3は細胞内小胞体の膜に存在するイノシトール三リン酸受容体（ＩP_3Ｒ）に結合する。その結果、ＩP_3Ｒは小胞体からカルシウムイオンを放出し、細胞内カルシウムイオン濃度を上げる。

さて、シグナル伝達系に介在する遺伝子セットはいつ頃作られたのであろうか。この問題を解明するために、広瀬希博士は、ＰＬＣ族とＩP_3Ｒ族をカイメンと立襟鞭毛虫に探査する研究を行った。その結果、どちらの遺伝子族においても、サブファミリーの多様化がカイメンのみならず立襟鞭毛虫でもおきていたことが明らかになった。Ｇタンパク質についてはカイメンと立襟鞭毛虫に存在することが菅博士の研究でわかっていたので、結局、イノシトールリン脂質シグナル伝達系に参加する遺伝子はセットで立襟鞭毛虫に存在することが明らかになった。

この興味深い結果は、直ちにイノシトールリン脂質シグナル伝達系が単細胞の時代に完成していたことを意味しないが、この系に必要なメンバーの多様化が単細胞の時代に完了していたことは確かであろう。したがって、多細胞動物の出現に先立って、このシグナル伝達系が必要となればいつでも組み立てることが可能であったと思われる。素材はすべて用意されていたわけである。

一つの可能性として、単細胞の立襟鞭毛虫は、外界の情報を細胞内に取り入れるために、イノシトールリン脂質シグナル伝達系と似た構成をもつ情報伝達系を発達させていて、多細胞動物の祖先は、その進化の過程で、最初はレセプター部分を取り替えるだけで、その情報伝達系をそっくり利用して隣接する細胞間の情報伝達を行っていたのかもしれない。

われわれは、多細胞生物には多細胞独特の遺伝子があって、そうした遺伝子が多細胞らしさを形作っていると信じてきたが、その考えはどうやら捨てねばならないようだ。非常に多数の遺伝子重複が立襟鞭毛虫と動物の分岐以前におきていたらしいので、われわれ動物がもつ細胞間シグナル伝達遺伝子や形態形成遺伝子は単細胞の立襟鞭毛虫にかなり多数存在していると思わなければならない。ひょっとして、立襟鞭毛虫は多細胞生物が単細胞生物に退化したのではないかと思われるほど、遺伝的には多細胞的だ。あるいは、多細胞化が立襟鞭毛虫の系統ではなく、われわれの系統でおきたのは些細な事がきっかけだったのかもしれない。

遺伝子多様化と進化速度の関連

［異なるサブファミリーが作られた時期の分子進化速度］　これまでのべてきたように、多細胞動物にみられる遺伝子族は遺伝子重複と遺伝子混成の機構でいくつかのサブファミリーに分かれ、一つのサブファミリーは遺伝子重複でさらにいくつかの組織特異的に発現する遺伝子メンバ

ーへと多様化した。いま、動物の系統を、およそ一〇億年前におきた菌類との分岐の後から側生動物／真正後生動物との分岐（およそ九億年前）までの期間をI期とし、その後から現在までの期間をII期としておこう。これまでにのべてきたように、異なるサブファミリーの形成はほとんどI期に完了していた。では、新しい遺伝子がどんどん作られていたこの時期に、アミノ酸の置換はどんな速度でおきていたであろうか。

進化の過程でおきたアミノ酸の置換速度を、PTK族とGα族の系統樹を用いて、その枝の長さから評価してみると、I期のアミノ酸置換数／座位／年、すなわち分子進化速度（V_I）はII期の分子進化速度（V_{II}）に比べて明らかに高くなっている。PTK族の異なる十一のサブファミリーについて進化速度を評価すると、当然のことながら、サブファミリーごとに値は異なるが、V_Iは平均してV_{II}の四倍も高くなっている。比較のため、Gタンパク質族についても七つの異なるサブファミリーで解析し、平均すると、V_IはV_{II}の六倍以上になる。

［組織特異的遺伝子の高い進化速度と中立進化］　これまでみてきたように、さまざまな遺伝子族において、一つのサブファミリーに属する組織特異的遺伝子は、脊椎動物の無顎類と有顎類が分岐したあたりで急速に遺伝子重複によって多様化した。では、遺伝子の数の増加に伴って、アミノ酸の置換速度はどう変化したであろうか。その解析のために、いま便宜的に、旧口動物（たとえばショウジョウバエ）から分岐後、現在の脊椎動物へ至る系統を、魚類と四足動物の分岐を

境にそれ以前（前期）と以降（後期）とに分けてみる。さまざまな遺伝子族に属する二六のサブファミリーに対して、組織特異的遺伝子の進化速度を前期と後期で比較すると、前期は後期の平均四・四倍にもなった。

なぜ脊椎動物の進化の前期で分子進化速度が高くなっているのだろうか。第5章でのべたように、タンパク質は、進化の過程で、性質のよく似たアミノ酸同士は互いに置き換わりやすく、性質の違うアミノ酸の間では置換がおこりにくい、という特徴的置換パターンを示す（図5－5参照）。アミノ酸置換に関するこの性質は、分子におこる変化の大部分は中立的な変化であって、機能的制約で理解できることを第5章でのべた。

この性質を利用して、隈啓一博士は、組織特異的遺伝子の進化速度を求めた二六の異なるサブファミリーに対して、前期におきたアミノ酸置換と後期におきたアミノ酸置換をそれぞれ集め、図5－5を求めた時の方法と同じ方法で、アミノ酸の置換パターンが前期と後期でどう違うかを検討した。その結果、アミノ酸の置換パターンは、前期と後期で本質的な違いはなく、いずれも通常の分子でみられる中立的なパターンを示した（図13－8）。したがって、前期と後期にみられる進化速度の大きな差は、大部分の変化が中立的で、二つの時期で機能的制約の強さに大きな差が生じた結果であると理解できる。おそらく、236ページで示した、異なるサブファミリーに対応する遺伝子が盛んに作られた動物進化の最初期（Ⅰ期）にみられた高い進化速度も同様の理由

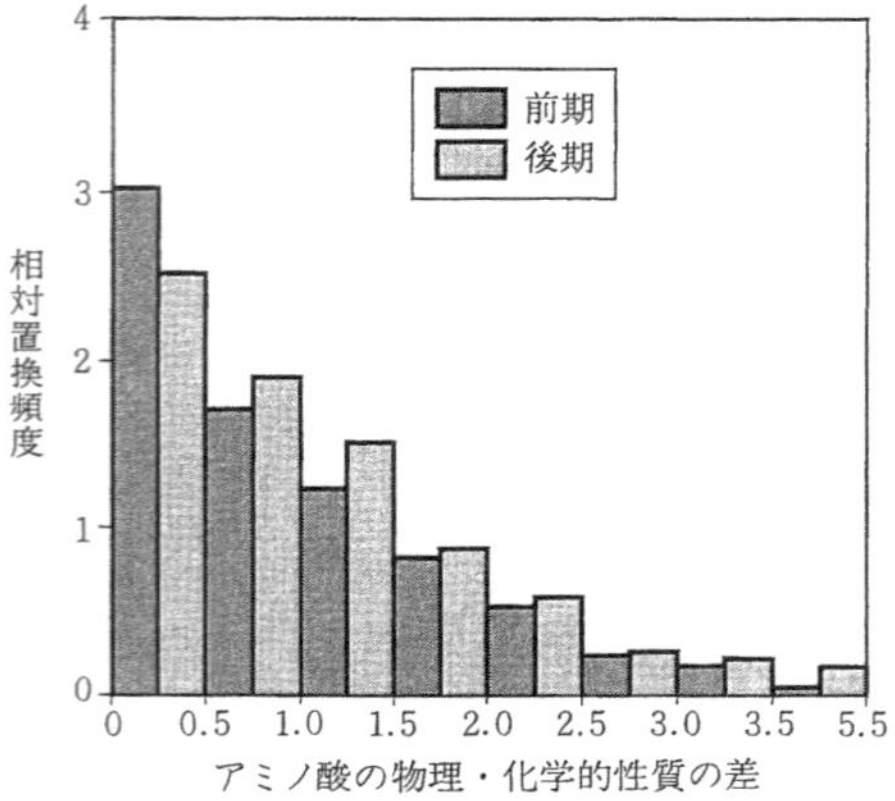

図13－8　脊椎動物の進化の前期と後期での組織特異的遺伝子のアミノ酸置換パターン

で理解できるであろう。

第12章で紹介した星山大介博士の解析によると、形態形成に関与する*Pax6*と*Pax1/9*の進化速度は、脊椎動物の前期ではショウジョウバエなどの節足動物とほぼ同じであるのに比べ、後期では著しく低下している（図12－4参照）。*Pax6*は胚発生、器官形成、成体の各過程で繰り返し発現する。脊椎動物が、無顎類から有顎類が分岐し、哺乳類へと進化する過程で、体が複雑化していくが、並行して*Pax6*が別の目的に繰り返し使われるようになっている。そのことが、後期での*Pax6*の機能的制約を強め、進化速度の著しい低下をもたらしたと思われる。

真核生物の初期進化では遺伝子の多様化は断続か漸進か

これまで、多細胞の動物に特徴的な遺伝子族が断続的に多様化したことをのべてきた。真核生物には、動物が出現するまでに長い原生生物の時代がある。では、この間に真核生物に独特の遺伝子はどう多様化したのか。本章の目的から多少外れるが、この問題にも簡単に触れておこう。

神経細胞には刺激を伝える軸索と呼ばれる非常に長い繊維状の突起のようなものがある。長いものになると一メートルを超えるものもある。軸索の中ではタンパク質の合成ができないため、細胞で神経伝達物質などを作り、それを小胞に蓄えて、軸索の先端まで運ぶ必要がある。小胞の運搬は微小管の上を動くモータ分子キネシンによって行われる。キネシンにはさまざまな種類があって、種類によって、運ぶものが小胞であったり、ミトコンドリアであったりする。異なる種類のキネシンはエネルギー源となるＡＴＰ結合ドメインを共通にもっていて、一つの大きな遺伝子族を形成している。ＡＴＰ結合ドメイン以外にもいくつかの機能ドメインがあって、異なるドメインの組み合わせによって、多様な機能をもつキネシンのサブファミリーが作られている。

キネシンは、動物をはじめ、植物、酵母、原生生物など、真核生物に広く存在する。真核生物が共通にもつ遺伝子族の多様化パターンも、動物の遺伝子族のように断続的なのであろうか。

この問題に答えるため、岩部直之博士は、動物、植物、菌類に加えて、原生生物のなかで古い分岐を示すランブル鞭毛虫ギアルディアからキネシン遺伝子族のメンバーを単離し、メンバー間で共通に存在するＡＴＰ結合ドメインの配列比較からキネシン族の分子系統樹を推定した。

この系統樹は真核生物遺伝子の興味深い多様化パターンを物語る。第18章で詳しくのべるが、真核生物は大きく動物、菌類を含む動物大グループと植物、ランブル鞭毛虫を含む植物大グループに分けられ、両者の祖先、すなわち真核生物の祖先は両大グループ間の分岐点に対応すると思われる（図18－5の矢印の位置）。このことを考慮して、キネシン遺伝子族の系統樹が示唆する遺伝子多様化パターンによると、機能の異なるサブファミリーを生み出した遺伝子重複は非常に古く、真核生物の最古の分岐よりもさらに古い時期にさかのぼることになる。真核生物の祖先となった系統から現存の系統が現れる頃には、キネシン遺伝子族のセットができあがっていたことになる。その後の真核生物の長い進化の歴史で、機能の異なるキネシン遺伝子の分岐はほとんどみられないのである。

さらに、動物特有の遺伝子族の場合と同じように、キネシン遺伝子族においても、脊椎動物の系統で（多分節足動物の系統でも）同一サブファミリーに属するメンバーである組織特異的遺伝子の多様化がおきている。すなわち、真核生物に特有の遺伝子においても、その多様化は断続的であった。

これはキネシン遺伝子族に特別なパターンではない。小胞の細胞内輸送を制御しているrabと呼ばれる一群の分子がある。rabはGTP結合ドメインを共通にもっていて、大きな遺伝子族を形成している。このrab遺伝子族でも、キネシン遺伝子族と基本的に同じ多様化パターンを示した。解析が完全ではないが、他のいくつかの細胞内局在性遺伝子でも同じパターンがみられる。

ギアルディアからキネシン遺伝子族メンバーが網羅的に単離され、動物、酵母、植物からのキネシンを含めた系統樹からキネシン遺伝子族のサブファミリーとして同定されたメンバーを分類すると、細胞分裂や染色体分配に関与するグループ（便宜的に細胞分裂／染色体分配グループとしておこう）と、小胞やミトコンドリアの輸送に関与するグループ（細胞内小器官輸送グループ）とに分けられる。

興味深いことに、ギアルディアは進化の過程で寄生性を獲得した結果、ミトコンドリアや小胞といった細胞内小器官を失ったのだが、細胞分裂／染色体分配グループのみならず、細胞内小器官輸送グループまで存在していた。一方、出芽酵母には、六つの遺伝子が存在することが全DNA塩基配列からわかるのだが、細胞内小器官輸送グループがまったく存在しなかった。これは、出芽酵母では細胞内小器官輸送グループに属するキネシンを進化の過程で失ったと考えねばならない。

右でのべたrabはキネシンと機能の上で関連しあっている。rab遺伝子族にも小胞やミトコンドリアの輸送に関係する細胞内小器官輸送グループがある。興味あることに、出芽酵母でも細胞内小器官輸送グループに属するrab遺伝子が残っている。したがって、出芽酵母で細胞内小器官輸送グループのキネシンが欠失できたのは、キネシン以外にも他のモータタンパク質が存在するが、出芽酵母ではそれらがキネシンの代用をしているのだろうか。

逆に、ギアルディアでは、ミトコンドリアや小胞といった細胞内小器官を失ってしまったのに、細胞内小器官輸送グループのキネシンが残されている。このことは、このキネシン遺伝子は別の目的に利用されているのかもしれない。細胞内小器官輸送に関与するキネシン遺伝子族のサブファミリーは、何か別の遺伝子で代用されたり、逆に別の遺伝子の代用をするなど、本来の機能を比較的簡単に変えることができることを物語っているように思える。

出芽酵母やギアルディアでおきた遺伝子欠落／存続事件は、細胞内の体制が思ったより柔軟であることを教えてくれる。われわれは長い進化の過程で保存されてきた遺伝子は生物の生存に必須なのだと考えがちだが、細胞は、場合によっては、そんな遺伝子がなくなっても生存にも生殖にもなんら支障を来すことなく、なんとかやりくりできるのだと、出芽酵母が教えてくれた。

遺伝子の爆発的創成とカンブリア爆発の時期的ずれ：「ソフト」が重要

以上のことから、菌類や単細胞の原生生物である立襟鞭毛虫から分岐後、四足動物へ至る動物の系統でみると、遺伝子の多様化パターンは次のようにまとめることができる。およそ一〇億年前、立襟鞭毛虫と多細胞動物が分岐したあたりで、機能の異なるさまざまな基本的遺伝子（遺伝子族のサブファミリーに対応する）が、遺伝子重複とドメイン混成の機構で、急速に多様化し、おそくも約九億年前におきた現生動物最古の分岐であるカイメンとその他の動物の分岐までには完了していた。その後、無顎類と有顎類が分岐した、およそ五億年前の時期までの約四億年の間は新しい遺伝子の創造はほとんどおきていない。組織ごとに特異的に発現する遺伝子（遺伝子族の同一サブファミリー内メンバー）が、一部染色体レベルの重複を含む遺伝子の重複で、無顎類と有顎類が分岐したあたりで盛んに多様化し、おそくも魚類から四足動物へ至る系統が分かれた、およそ四億年前までに多様化が完了していた（図13－9）。

右でのべた遺伝子多様化パターンには二つの大きな特徴がある。第一に、遺伝子は遺伝子重複と遺伝子混成の機構で漸進的に多様化するのではなく、断続的に短期間に集中して多様化している。動物特有の遺伝子では、二つの限られた期間（それぞれおよそ一億年の間）に集中している。興味深いことに、どの遺伝子族でみても、似たような時期に多様化している。多細胞動物特有の遺伝子族だけでなく、真核生物に共通して存在する遺伝子族においても、サブファミリー内の多様化が同じ時期におきている。こうしたことから、これらの爆発的遺伝子多様化は、ゲノムレベルの大規模な重複と、繰り返し配列が特定の時期に挿入され、増殖したことによって、遺伝子重複が容易になったことに由来する可能性がある。血小板由来成長因子受容体（ＰＤＧＦＲ）の場合にそれが一部観察できたのは、おきた時期が比較的最近であったため、痕跡が残っていたためであろう。

第二に、これは重要な結果だが、およそ六億年前に爆発的に動物の形態が多様化したと思われ

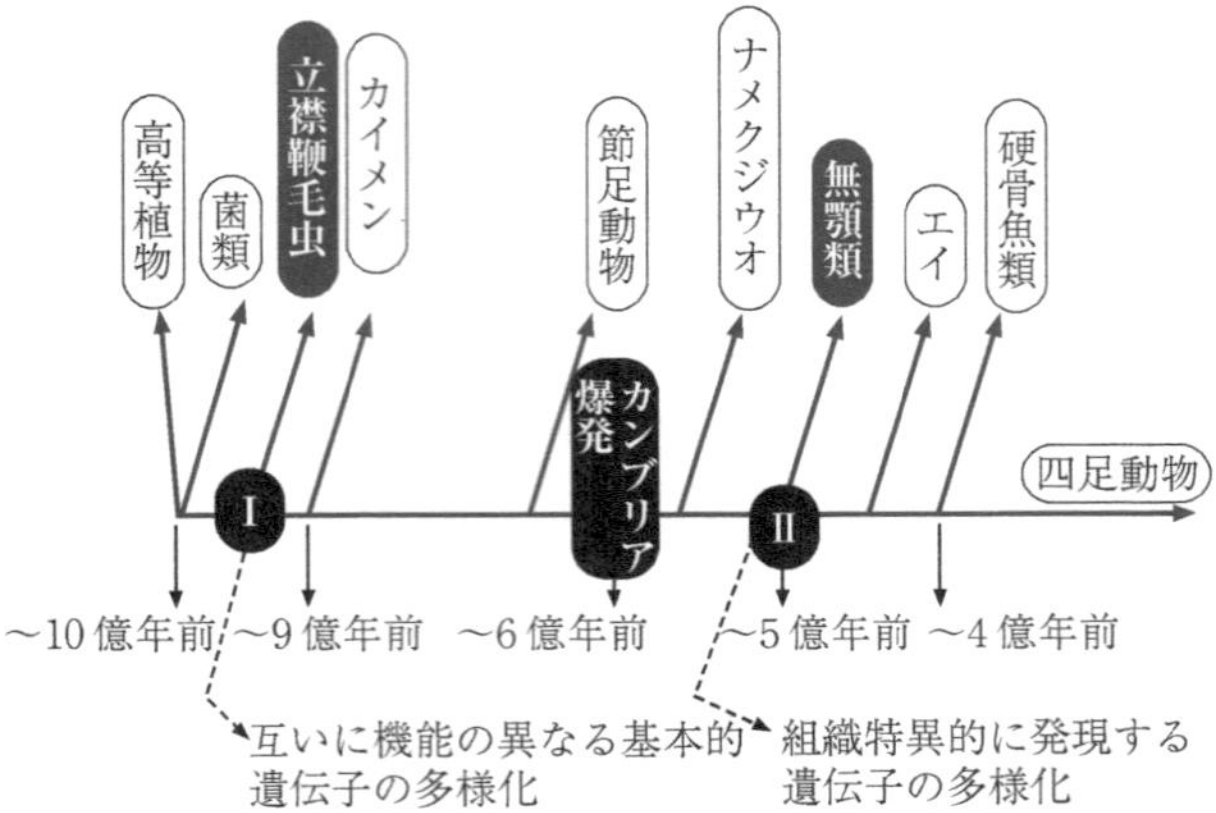

四足動物へ至る系統を中心にした系統樹。左へいくにしたがって時間がさかのぼる

図13－９　カンブリア爆発と遺伝子多様化の時期

る時期、すなわちカンブリア爆発には遺伝子多様化はほとんど見られない。遺伝子レベルの多様化と形態レベルの多様化の時期は明らかに重ならない（図13－９）。

この遺伝子多様化パターンが示唆する最も重要な点は、遺伝子の多様化はカンブリア爆発の直接の引き金ではなかったということである。カンブリア爆発と遺伝子爆発の時間的ずれは、カンブリア爆発の分子機構を考える上で、新しい遺伝子を作るという「ハード」の視点ではなく、すでにある遺伝子をいかに利用してカンブリア爆発を達成したかという「ソフト」の視点が重要であることを物語る。

遺伝システムの柔軟性とソフトモデル

［柔軟な遺伝子の機能］　ところで、冒頭で

のべた、ヒトの全遺伝子数は約三万七〇〇〇で高々ショウジョウバエの二倍ほどでしかない、という事実に対する報道関係者の驚きに戻ろう。確かに脳をはじめとして、両者の形態的複雑さの違いからみて、二倍という数字はいかにも少な過ぎるように思われる。しかし、生物多様性の問題は遺伝子を作るという「ハード」の視点ではなく、既存の遺伝子をどう利用するかという「ソフト」の視点で理解すべきであるという立場に立つと、二倍という数字にはそれほど違和感がない。

すでにのべたように、*Pax6*遺伝子は、眼の形態形成遺伝子として有名だが、哺乳類では、発生の初期には神経管の形成に関与する。さらに発生が進むと、眼だけでなく、顔面の形成にも関与する。さらに、膵臓にあるランゲルハンス島の形成や、ランゲルハンス島β細胞からインスリンの分泌の誘導にも関与している。このように一つの遺伝子が発生の過程でさまざまな用途に利用されるならば、数少ない遺伝子数で十分形態的複雑さが達成できる。遺伝子や遺伝子システムは機能・構造的にかなり柔軟で、一つの機能には一つの遺伝子という融通の利かないものではなさそうだ。

融通の利く遺伝子機能はまた遺伝子の欠失を容易にするであろう。生物は環境に適応し、特殊化していく過程で、多くの遺伝子を失う。生物がもとの環境に戻ったとき、失った遺伝子は戻らないが、よく似た遺伝子で急場をしのぎ、後に失った一部の遺伝子を復活させることができるであろう。この場合、復活といっても失ったものとは配列の上でずいぶん違っているはずだ。

第11章でみてきたように、昼行性から夜行性へと生活を変えた哺乳類が、それに伴って一度長波長の色覚オプシンを失い、霊長類が再び昼行性へと戻ったときに、それを比較的簡単に新たに作り直している。すでに重複した遺伝子がいくつもあると、遺伝子を失うのも簡単だが、新しい似た遺伝子を作るのも簡単だ。重複遺伝子の集団である遺伝子族の存在は、生物の遺伝的システムを柔軟にする。

単細胞生物から多細胞生物へと進化する過程で、細胞間の情報伝達を可能にするしくみを整えることが必要になるが、シグナル伝達系のような複雑なシステムを新たに作り上げることは至難の業のように思われる。しかし、それは生物にとっては案外簡単なことだったのかもしれない。すでにのべたように、イノシトールリン脂質シグナル伝達系に参加する遺伝子によく似た遺伝子が、セットで単細胞の立襟鞭毛虫にも存在しているので、多細胞化した動物の祖先がこのシグナル伝達系が必要になれば、いつでも簡単に組み立てることができたであろう。遺伝子多様化が単細胞時代におきていたので、素材はすべて用意されていて、いわば出番を待っていたにすぎない。

あるいは、この伝達系に属する各要素は、立襟鞭毛虫と動物の間で、ドメイン構成が同じなので、オーソロガスな関係（図13－3と324ページ参照）にある可能性がある。したがって、単細胞の立襟鞭毛虫が外界の情報を細胞内に伝え、細胞の状態を変えるために作り上げたシステムを、多細胞動物になって、単に「外界」を「隣接細胞」に置き換えただけなのかもしれない。置き換えてみたら、うまくいったので、使い続けているだけなのかもしれない。ある機能を遂行するための遺伝子や器官を、まったく別の機能のために利用してみたら、うまくはたらいたので使っているというケースを次章で紹介するが、いまの場合は、分子の集合からなるシステムのケースなのかもしれない。

［ゲノムのゆとりが作る膨大な遺伝子コピーと再利用］　これまでのべてきたように、立襟鞭毛虫と動物が分岐した頃、及び脊椎動物と無脊椎動物が分岐した頃に、大規模なゲノムレベルの重複がおきたと考えられる。大規模なＤＮＡ配列の重複は、さらなる遺伝子重複をおこす要因にもなり、逆に、遺伝子の欠失もおきやすくなるであろう。こうして作られた遺伝子は、作られた瞬間には適応的な意味をもたないことがあっても、その後、こうした遺伝子は再利用されていったことであろう。こうしたことを示唆する間接的な証拠が大域的制約（第12章参照）から得られるであろう。

*Pax6*で明瞭に示されたように（第12章参照）、新たに作られた遺伝子が、その後の進化の過程で、さまざまな目的に繰り返し再利用されると、大域的制約が増大し、その結果、遺伝子進化速度が極端に減少する。さきにのべた細胞間情報伝達や形態形成に関与する遺伝子族が、進化のず

っと後の時代に、進化速度を大きく減少させていることがみられる。このことは、これらの遺伝子が進化の過程で再利用されていることを示唆している。

DNA塩基配列は、それがコードする遺伝子やタンパク質の機能を損なう変化を強く排除する。一方で、機能を保存する変化は許容される。同じように、寄生性でない真核生物、特に多細胞生物においては、隣接する遺伝子間や長いイントロンのような、わずかな配列を除くと、そのほとんどが無駄と思われる配列が取り除かれることなく、長い進化の過程で介在し続けている。こうした無駄な配列を除去しようとする淘汰圧がはたらいていないか、あるいはきわめて弱くはたらいているようである。こうしたゲノムの長さに対する「ゆとり」のある環境下では、偽遺伝子も含めて、適応的な意味をもたない膨大な数の重複遺伝子が、数の変動はあるものの、かなり長い間存続し続けることが可能であるようにみえる。

哺乳類の抗体V領域遺伝子群は、個体にとってすべてが現時点で必要なものばかりではない。その中のあるものが、偶然抗原を認識できたために役に立つことができる。将来現れる可能性がある抗原を認識するために、ゲノムがあらかじめそのV領域配列を残しているわけではない。長いゲノムに対して、淘汰圧が極めて微弱にしかはたらいていないために、現時点で役に立たなくとも、除去されずに残り得るわけである。後に偶然、認識可能な抗原に出会って役に立つようになるのだ。免疫系は、無駄を許すゲノムの「ゆとり」の産物と見ることが可能かもしれない。

細胞間情報伝達や形態形成に関与する多細胞動物に特有の遺伝子族が、立襟鞭毛虫と動物が分岐した頃、おそらく単細胞の時代に、いっせいに作られ、後に新しい目的に再利用されること、すなわち「ソフト」を許したのは、ゲノムがもつ長さに対する「ゆとり」によるのであろう。

動物進化の初期にすでに獲得していた遺伝的多様性は、その後の環境への適応と特殊化によって、多くの遺伝子が削り取られ、ゲノムのシェイプアップが進んだ。一方で、脊椎動物へ至る系統では、ゲノムの重複などでゲノムのサイズが回復している。

カイメンのゲノムサイズはヒトのおよそ四分の一だが、脊椎動物のゲノムはその進化の初期に四倍化したので、両者のゲノムサイズの違いは十分理解できる。しかし、ショウジョウバエのゲノムサイズはヒトの二〇分の一と極端に小さく、カイメンと比べても五分の一しかない。線虫もヒトの三〇分の一なので、脱皮動物のごく初期の段階か、あるいはそれぞれの系統で、かなりの数の遺伝子が欠失したと推測される。それでも何とかやり繰りしているのは遺伝システムの柔軟性によるのであろう。

動物の種によっては、進化の過程で環境にますます適応し、特殊化していくものもある。他の生物への寄生はその典型で、安定した細胞内環境に適応した寄生性動物は多くの組織を失い、それに伴って遺伝子の欠失をおこす。それはゲノムサイズの縮小をもたらし、結果として子孫を増やすことに寄与する。次の章で詳しくのべるが、ある特定の機能をもつ遺伝子は、まったく異な通じ得るからだ。

遺伝子が失われても、その機能を別の遺伝子で肩代わりできる可能性があることを意味している。こうした遺伝子機能の柔軟性は必要以上にゲノムを短縮することを可能にするであろう。それは子孫の一層の増殖をもたらす適応的な変化に

第19章で詳しく説明するが、魚や環形動物に寄生するミクソゾアは、単細胞の原生生物に分類されてしまうほど、退化が極度に進んだ多細胞動物である。これまで単細胞原生生物として分類されていたが、最近の分子系統学的解析によって多細胞性が明らかになった。この動物では、いかなる遺伝子が削り取られ、いかなる遺伝子がそれらを代用しているのか。とりあえずは、全DNA塩基配列の情報は興味深い。

ゲノムの「ゆとり」は多くの遺伝子を生み出し、長期にわたって維持し続けることを可能にする。そこから、後に有用な遺伝子や形態の機能を生み出すことになるであろう。これは、より複雑で高度の形態をもつ生物へと進化することを可能にするであろう。「ゆとり」は生物の「質の戦略」を可能にするといえなくもない。一方、遺伝子の欠損を他の遺伝子で補完することを可能にする遺伝子の柔軟性は、極端にゲノムのサイズを縮小することで、小型で大量の子孫を残す、すなわち、「量の戦略」をとる生物を生み出すことになるだろう。

では、何が生物の遺伝子機能の柔軟性を生み出す基盤になっているのか。生物は、新しい形質

やシステムを作るに際し、一から作り替えて完全なものに仕上げることをしない。そうではなく、前のものより、ほんのわずか修正を加え、その結果、それが生存と生殖にわずかでも有利に働けば、自然選択によって採用される。これが、生物が生き残るために採用してきた基本的戦略である。この便宜主義的戦略は、いわばその場しのぎの「近視眼的戦略」で、そのため、後の時代になって、まったく不合理な形質を残す結果となることがしばしばある。

しかし、この近視眼的な戦略が、いま現在、身の回りにある「余りもの遺伝子」を利用して、これまでのものよりほんのわずかよいものを作ることで、生物が生き残ってきたのである。余りもの遺伝子のほとんどは、かつて遠い昔に中立な変異が集団に固定した結果、ゲノムに蓄積されたものがほとんどである。かつて、ゲノムに蓄積された中立な変異や遺伝子コピーが、ずっと後の時代に、それを利用してみることで、生存・生殖の上で有利な形質の変化を生じ、その「利用」が集団に広まることになるのだろう。これがソフトモデルの本質である。したがって、ソフトモデルは、分子レベルの中立進化と表現形レベルの適応的な進化を結ぶ架け橋の一つかもしれない。

この章では、遺伝子の多様化とカンブリア爆発の時期的ずれから、ソフトモデルを提唱するに至った。次の章で、既存の遺伝子を、あるいは何かに使っている遺伝子を、別の目的に利用している例をいくつか紹介し、「ソフトモデル」の視点で眺めてみる。

第14章　器官と分子の起源

室町時代の風呂は蒸し風呂で、蒸気が逃げないように、風呂の底に布を敷いていたらしい。一説によると、これが風呂敷の語源のようだ。江戸時代になると銭湯が庶民の間に流行し、風呂に入るために必要な持ち物を風呂敷に包んで銭湯に出かけたらしい。これが今流の風呂敷の使い方の原点で、以後、さまざまな物を包む、日本文化に独特な道具として進化したらしい。日本の歴史のなかで、風呂敷は、風呂の蒸気を閉じ込める機能から、物を包む機能に役割を変えたわけである。

こうした機能のシフトは生物の進化の過程でよく見られる現象である。遺伝子重複にも一脈通じるところがあるが、同じタンパク質が二つの異なる機能をもったり、進化の過程で役割を変えることがある。

前章で、多細胞動物特有の、細胞間情報伝達や形態形成に関与する遺伝子は、単細胞の時代に、遅くとも現生動物最古の分岐であるカイメンとその他の動物が分かれる前に、遺伝子重複と遺伝子混成の機構で多様化していたことをのべた。この遺伝子の爆発的創成のずっと後に、新規の遺伝子を創ることなく、すでに創ってあった遺伝子を「利用」して、カンブリア爆発を達成したのではないかという「ソフトモデル」を前章で提唱した。この章では、すでに使われている遺伝子あるいは器官を別の目的に利用することで進化を達成した顕著な例を形態レベルと分子レベルに分けて示してみたい。そうすることで、「ソフトモデル」がより一般性のあるモデルになることを期待している。

I．形態レベルでの前適応

鳥の羽——保温用から飛行用へ

雛の羽を見るまでもなく、体の大きさに比べて羽が小さければ、体を宙に浮かせて飛揚するだけの十分な揚力が得られないことは理解できる。鳥はワニや恐竜の仲間から進化したので、祖先は羽をもっていなかったと考えられる。飛揚可能なサイズの羽になって初めて、羽に自然選択が働くようになるので、鳥の祖先がいかにして羽を獲得したのか、自然選択で理解することがむずかしい。すなわち、自然選択で羽の起源が理解できない。これが、セント・ジョージ・マイヴァートによってダーウィンに突きつけられた自然選択説への重大な疑問である。

マイヴァートの疑問はもっともである。一方、それに対するダーウィンの答えは明解の一語に尽きる。すなわち、「器官の機能は進化の過程で変わり得る」というものであった。ダーウィンの頭の柔らかさをつくづく感じる考えである。鳥の祖先は羽を保温用に使っていた。より大きな羽はより大きな保温効果をもっていた。保温効果に対して自然選択がはたらくので、羽が徐々に大きくなっていった。羽のサイズが大きくなるにつれて、保温効果が増大していったが、あるサイズになったところで、今度は飛揚力が生じたというのである。その後は、羽がもつ飛揚力に自然選択が働くようになって、現在の鳥の羽へと進化したというわけである（図14－1）。この考えは、現在では「前適応」という名で呼ばれている。こうして器官の起源に関しても自然選択説の枠内で理解可能となった。

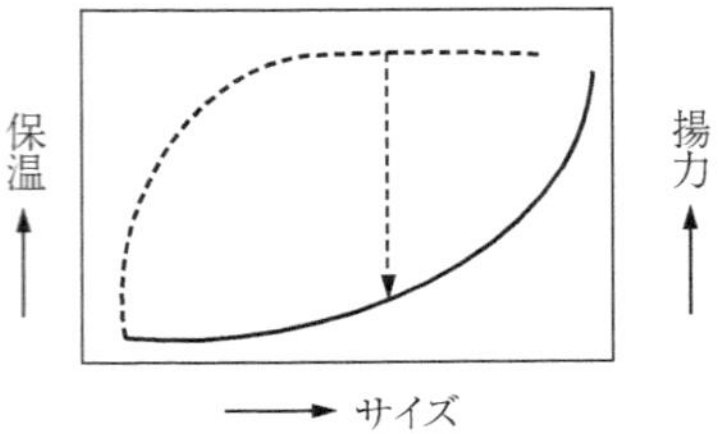

図14－1　羽のサイズと保温力と揚力の関係

ダーウィンは自然選択説の提唱者として有名だが、第1章でのべたように、エルンスト・マイヤーによれば、ダーウィンの進化論は、共通起源説、種の増殖説、漸進説、進化説そのものからなる複合理論である。前適応もこれらの説の一つに加えてもおかしくない重要な考えである。

キリンの首はなぜ長いのか

もう一つ、前適応の話をしよう。ここでもダーウィン対マイヴァート論争がみられる。キリンの首の進化について、「キリンの長い首は背の高い木の葉が食べられるように進化した」という話が、自然選択説の説明によく使われ、高等学校の教科書にも出てくるほどよく知られた話である。ラマルク説との対比でよく使われている。

創造論者が指摘する問題点は、首を長くすると、体のいろいろな器官にも変更が必要になるということである。第一に、長い首を支える骨や筋肉などのさまざまな支持構造を変更する必要がある。第二に、心臓から高い位置にある脳まで血液を送るための高い血圧が必要になる。これらを同時に変えるのは自然選択では困難である、というのが創造論者の攻撃理由である。

ダーウィンはこれに対して次のように答えている。ある個体に首だけを少しだけ長くする変異がおき、別の個体には血圧を少しだけ上げる変異がおこれば、それぞれの変異をもつ個体同士が交配することで、首が長く、かつ血圧の高い個体が現れる。この個体はそれぞれの変異だけをもつ個体よりも少しだけ生き残りやすくなり、自然選択によって広まっていく。確かに、血圧だけはこれで片付くが、骨格や筋肉などの支持構造を含めなければならず、これで創造論者が納得したかどうか、疑問である。

もう一つ問題がある。キリンの首が長くなった要因は必ずしも一つではない可能性がある。スティーヴン・J・グールドによると、キリンが長い首をもつことの利点は、一つだけではなく、少なくとも四つあると主張している。

①背の高いアカシアの木の葉を食べることができる。
②敵やそのほかの危険を見張る監視塔の役割をもつ。
③冷却装置の機能をもつ。すなわち、首が長くなると体表面が増大し、体熱の発散につながる。このことのために、キリンはアフリカに住む他の哺乳類と異なり、日陰を探す必要がない。
④メスの獲得を巡って、オス同士が首をぶつけあうネッキングには遠心力を稼げるので、長い首が有利となる。

グールドは①から④のどれもが長い首の進化の要因になりうるとしている。さて、①〜③は、ある程度首が長くなったところで機能し始めるように思われる。キリンの祖先であるパレオツラグスの復元図をみると、首の長さは現在の馬程度で、決して長いとはいえない。したがって初期の機能としては、④のネッキングの可能性が高いと思われる。相手のキリンの首を強く打ちつけるには、長い首が有利なので、自然選択が働いて長くなっていったと考えられる。ネッキングには強い骨格や筋肉が要求されるであろうから、これらの形質にも自然選択が働いたであろう。ある程度首が長くなると、①~③が機能し始め、急速に長い首へと進化したと思われる。初期には一つの機能だけをもっていた器官が、後に多機能性の器官へと進化したというのが、グールドのキリンの長い首のストーリーの改訂版である。

肺から浮き袋——器官の重複による新機能

前適応の例は枚挙にいとまがない。第10章でのべた分子レベルの多様化機構である遺伝子重複とよく似た多様化機構が形態レベルにもある。保守的体制下で、いかにして器官の機能の変更(シフト)が可能であったかを示している例を紹介しておこう。動物の細胞は代謝のために絶えず酸素を必要とし、また、酸素の消費にともなって生じる炭酸ガスを体外に放出する必要がある。こうしたガス交換は、水生の小型無脊椎動物では体の全表面を使って行っている。この方法は、体のサイズの大型化に伴って、早晩行き詰まる。すなわち、体の長さLの増加とともに、体積はLの三乗に比例して大きくなるが、表面積はLの二乗でしか大きくなれないので、結局酸素不足となり、何か別の方法が必要となる。脊椎動物は咽頭由来の鰓という器官を発明することでこの問題を解決した。無顎類のヤツメウナギやメクラウナギにも鰓が認められるので、鰓の起源は相当古く、脊椎動物の祖先の時代までさかのぼる。

時代が下がってデボン紀の初期になると、地球が乾燥し古代魚たちが住んでいた川や海が乾きはじめ、水がよどんで鰓呼吸に必要な酸素が不足し始めた。こうした時期に鰓と同じ咽頭由来の器官である肺が硬骨魚類の祖先に導入された。鰓と肺は構造的には非常に違っているが、機能的にはよく似ており、由来も同じ咽頭なので、ガス交換用の器官が重複したとみなせるであろう。肺の獲得は初期デボン紀の硬骨魚たちが乾季を生き抜くための適応であった、とアルフレッド・ローマーは述べている。

ローマーによると、初期の硬骨魚類は、腎臓の機能からみて、淡水中に生きていたようである。後にその一部の条鰭(じょうき)類のグループが海へと進出していったと考えられている。そこでは海水中に十分な酸素が存在するので、鰓だけで必要量の酸素が獲得でき、結局肺が無用となった。この不必要になった肺が鰾に進化したわけである。ダーウィンは逆に鰾から肺が進化したと考えたが、この考えは現在では一般に支持されていない。

なぜ鰾という新しい器官が進化できたのかという起源の問題は、自然選択説の困難な問題としてダーウィンの時代からあった。批判の急先鋒はセント・ジョージ・マイヴァートであった。マイヴァート流に鰾の起源に関する批判をしてみよう。いったん鰾が進化してしまえば、より精巧な器官へと進化することは自然選択説で理解できる。しかし、現在の鰾の一％程度の機能しかもたない、出来たての不完全な鰾はそもそも鰾としての役に立つのか。鰾として役に立たないものがどうやって自然選択で進化できるのか。そんなものには自然選択ははたらかないはずである。もっともな批判である。ダーウィンは『種の起源』の改訂版で、器官の起源に関するマイヴァートやその他の人々の批判に答えて論じている。ダーウィンのエレガントな解答は、「機能の変化を伴う形質の漸進的推移」であった。鰾は昔から鰾であったのではなく、別の器官から機能を変えたというのだ。

地球の乾燥で鰓呼吸だけでは必要な酸素が補充できないデボン紀初期の魚たちにとって、たとえ現在の肺の一％だけのガス交換の能力しかもたない不完全な肺であっても、その肺を獲得できた魚は生存上有利であったに違いない。自然選択のはたらきで大きくなった肺が海に進出した段階で不要になり、鰾へと機能を変えることができたというわけである。鰓と肺という類似の機能をもった器官が重複していたことが肺から鰾という機能シフトに有効だったことが理解できよう。

肺・鰾システムは遺伝子重複の機構によって生成された重複遺伝子システムと似ている。いずれの場合もスタートは器官／遺伝子の重複である。また、どちらも一方の器官／遺伝子に強い機能的制約から緩和される時期があり、その緩和を通じて新しい機能をもつ器官／遺伝子へと機能シフトが可能になる。制約が緩和している期間は無駄を抱えることになるので、その期間が長いと無駄な器官/遺伝子はどちらのシステムでも欠失していくことになる。異なる点は、余分な器官/遺伝子が作られるメカニズムの違いであろう。遺伝子の重複は中立な変異に違いないが、鰾の祖先器官を作った変異は、その器官がたとえ不完全であっても、自然選択によって集団に広まった適応的変異であったであろう。それは形態と分子レベルではたらく進化機構の違いを表現している。

手足から鰭へ

機能シフトには形態レベル並びに分子レベルのいずれにおいても機能的制約の緩和が必須なのかもしれない。器官/遺伝子の重複は制約の緩和を容易にしているようにみえる。重複という道筋を辿らずに同じ器官/遺伝子が進化の過程で機能を変えることがあるだろうか。形態レベルでは、たとえば、クジラ類、海牛類、水生食肉類などの水生の哺乳類はいずれも前肢を胸鰭に変えている。陸上で生活していたこれらの水生哺乳類の祖先はときどき四肢で不器用に泳いでいたのであろうが、水中への進出に伴って歩行と体重を支えるための機能的制約から徐々に緩和され、水かきをもった鰭へと変化していったのであろう。分子レベルについては、後で実例をあげて議論する。

後肢については興味ある変化がみられる。水生哺乳類では後肢か尾のいずれかを変化させて水中での推進力を作り出す器官を発達させた。アザラシ類、セイウチ類、アシカ類の水生食肉類（鰭脚類(ききやく)）では、陸生の祖先が弱々しい尾しかもっていなかったため、後肢に水かきをつけ、それを後方に折り曲げて推進力を得た。一方クジラ類と海牛類では、尾の先端に水平な尾鰭をもつ独特の構造を進化させた。不要になった後肢は痕跡程度に退化している。

四肢の形成には形態形成に関与する、転写制御因子ホックス（Hox）遺伝子が関与するが、Hoxはこれ以外に背骨や生殖器の形成にも関与することが知られている。そのため、後肢は不要になったが、この遺伝子を偽遺伝子化して除去することができない。クジラでは、発生の過程で後肢が不完全な形で形成され、後にアポトーシス（自殺的細胞死）の機構で痕跡程度に小さくしてしまうらしい。これは、形態的には機能的制約がなくなっても、遺伝子レベルでの制約が残っていると、形態が完全に退化することができない例かもしれない。

右でのべた第一の例は、羽のもともとの機能である保温に、後に偶然に飛揚という機能が付け加わったケースである。第二の例は、もともとの機能は捨てて、別の機能に転用した場合である。以下で、変わった前適応の例を見てみよう。

胃袋がゆりかごに

胃袋を子育て用のゆりかごとして利用している変わったカエルがいる。イブクロコソダテガエルというカエルで、オーストラリアのクイーンズランド州で発見された。このカエルのメスは二〇個ほどの卵を産み、すべて胃袋に飲み込む。胃のなかで卵から幼生に育ち、七〜八週間で子ガエルが飛び出してくる。親ガエルの胃の中では卵も幼生も子ガエルも消化されてしまいそうだが、彼らはプロスタグランジンE_2という胃酸の分泌を抑制するホルモンを出して、消化を抑制してしまう。こうして母ガエルの胃の中は快適なゆりかごに変わる。胃という生存に不可欠な器官さえ、一定期間だけという条件付きで、機能を変える例である。残念ながら、このカエルは一九八一年に絶滅してしまった。

コノハムシの擬態

不思議満載の生物世界にあって擬態ほど不思議なものはない。他の生物に捕獲されることから身を守るために何かの姿に似せたり、逆に他の生物を攻撃するために周りにわが身を溶け込ませて身を潜めるなど、さまざまな理由で生物は擬態する。

コノハムシは広葉樹の葉に擬態し、鳥による捕獲から身を守る。コノハムシは、グアバの葉に似せるために飛揚能力と引き換えに、体も前肢さえも平たくしてしまった。翅脈（しみゃく）が葉脈にみえるように、葉の裏側に背を下にしてとまるといった徹底ぶりである。これでは鳥どころかわれわれの目にも区別がつき難い。ここまで徹底した擬態はコノハムシの場合メスだけで、オスは葉に似ていない。その代わり、広い範囲に生息するメスと交配するために、メスが失った飛揚能力は保持し続けている。もっとも、コノハムシはメスだけで卵を産むことができるらしい。

一般に、まねをするものを擬態者といい、まねされるものをモデルという。論理的にモデルがいないとまねができないので、モデルが先に存在していたことになる。ところでジュラ紀後期の地層に葉に似た昆虫の化石が見つかっている。それはそれで不思議でも何でもないのだが、その頃にはまだ広葉樹が進化していなかった。このことは右の論理と矛盾する。すなわち、モデルが実在しないのに擬態者が先行して存在していたことになる。そしてこのことがコノハムシの擬態の起源に対するダーウィン流の答えを用意することになる。つまり、当初擬態とは異なる、別の理由で葉に似た形態をしていたコノハムシの祖先が、広葉樹の出現した後に、たまたまその葉にとまったところ、鳥に見つかり難くなり、捕獲から免れて生き延びることができたというわけである。これがコノハムシの擬態の起源となったと考えることができる。その後は、グアバの葉に似た形態に自然選択が働き、現在のみごとな擬態へと進化したのである。

とても不思議な現象だと思えた擬態が、形質の現行の機能は起源のそれとは違うという考え方に立つと不思議ではなくなってくる。不思議でなくなるということは、ともかく科学的な説明ができるようになるということだ。不思議だと思っていたことに合理的な説明を加えることができることこそ科学の醍醐味なのである。

生物は、新しい形質を作るに際して、一から作っていくのではなく、すでにあるものにはたらきかけ、そのすべてあるいは一部を利用することで便宜主義的に作っていく。これは、表現形レベルでの形質の起源を考える上で非常に重要な考えである。しかし、前適応という考え方は、表現形レベルに限って成り立つわけではなく、分子レベルでも成り立つ、より一般的な適用範囲をもっているようだ。

Ⅱ. 分子レベルでの前適応

レンズクリスタリンの起源は酵素

タンパク質には、髪や筋肉など、組織の構造体の構成物質である構造タンパク質と、生体内の化学反応を触媒する酵素や反応を制御する因子などがある。動物の眼のレンズはクリスタリンと呼ばれる構造タンパク質で作られている。クリスタリンはいくつかの成分から構成されている。

すべての脊椎動物は、α－、β－、γ－クリスタリンと呼ばれる三つのクリスタリンをもつ。これらの主要成分の他に種が独自にもつ種特異的なクリスタリンがある。たとえば、鳥類と爬虫類だけで知られているδ－クリスタリン、ワニと多くの鳥類がもつε－クリスタリン、ある種の魚類、爬虫類、鳥類、及びヤツメウナギのτ－クリスタリンなどがある。こうした種特有のクリスタリンは、知られるかぎりすべて酵素から遺伝子重複によって進化したか、あるものでは酵素そのものらしい。

たとえば、多くの鳥類がもっているε－クリスタリンは、アヒルでは乳酸デヒドロゲナーゼ（ＬＤＨ－Ｂ）という酵素の活性をもっていて、両者のアミノ酸配列は同じである。このことはアヒルのε－クリスタリンが乳酸脱水素酵素からごく最近遺伝子重複で進化したか、あるいは両者はまったく同一のタンパク質で、あるときはクリスタリンとして、あるときは酵素として使われていることになる。どうやらアヒルではＬＤＨ－Ｂを酵素とクリスタリンの両方に兼用しているらしい。ニワトリでもＬＤＨ－Ｂを兼用していると思われる。なぜなら、ニワトリの全ＤＮＡ塩基配列が決定しているが、重複したと思われる配列が見つからないからである。

興味あることに、アヒルとニワトリでは、δ－クリスタリンはアルギニノコハク酸リアーゼという酵素をコードしている遺伝子の遺伝子重複で作られたようである。いずれの種も配列がよく似た二つの遺伝子δ1とδ2をもっている。二つの遺伝子は、ニワトリでは完全に分業されてい

クリスタリン	所持する生物グループ	酵素
ε	鳥類、ワニ	乳酸デヒドロゲナーゼ
	カエル (Rana)	プロスタグランジンF合成酵素
δ	鳥類、爬虫類	アルギニノコハク酸リアーゼ
ζ	モルモット、デグ、ラクダ、ラマ	NADPHキノンオキシドレダクターゼ
η	ハジネズミ	アルデヒドデヒドロゲナーゼ
λ	ウサギ、ノウサギ	ヒドロキシアシルCoAデヒドロゲナーゼ
μ	カンガルー	オルニチンシクロデアミナーゼ
ρ	カエル (Rana)	NADPH依存レダクターゼ
τ	カメ	α－エノラーゼ

図14－2　酵素から転用された脊椎動物のレンズクリスタリン

るようで、δ1はレンズで、δ2はその他の全組織で働いているようである。つまり前者がδ－クリスタリンで、後者は酵素ということになる。

アヒルでは少し様子が違っている。δ1はニワトリと同様に、レンズだけで発現しているが、δ2はその他の全組織で発現している点ではニワトリと同じだが、レンズでも発現している。アヒルではまだ分業が完全には進んでいないということのようである。他のクリスタリンでも同様のことが報告されている(図14－2)。

こうした酵素の利用パターンはクリスタリンの進化のメカニズムを示唆する。まず、細胞内に存在する酵素を一つずつクリスタリンとして利用してみる。そのなかでレンズの性能をわずかでも向上させる酵素があれば、その酵素が選択される。その酵素遺伝子の遺伝子重複を待ち、重複遺伝子の発現パターンを変えて、独立したクリスタリン遺伝子へと進化する。

同じタンパク質が一方では酵素として、他方では構造タンパク質として機能しているという事実はいったい何を意味するのであろうか。脊椎動物の眼のレンズは一度作られると、新しいものと入れかわることなく、一生使われる。それには構造上安定であることが要求される。さらにレンズの透明度のためにはある種の構造が要求されよう。種によって要求される眼の機能が微妙に違う。こうした条件にかなうタンパク質を既存のタンパク質に求めた結果、いくつかの酵素が選ばれたということなのであろう。レンズとして完全なものを求めたというよりも、機能的に少しでもましなレンズで我慢した妥協の産物なのであろう。どの種もすべての細胞で発現している酵素を利用しているということは、そうした酵素が利用しやすいからで、手当たり次第利用してみてうまくいけば採用するというトライアル・アンド・エラーの結果であろう。重要なことは、新たにクリスタリンという分子を作ることをせずに、本来別の目的に使われていた既存の酵素を再利用したということである。前適応の分子版である。しかも、クリスタリンの場合では酵素から構造タンパク質といった極端に違うものに仕立てられている。

クリスタリンが教えてくれる興味ある点は、分子にはさまざまな用途に応じて利用しうる多機能性が潜在的に秘められているということである。無脊椎動物にもレンズをもつ生物がいるが、彼らのクリスタリンも酵素から、それも脊椎動物とはまったく別の酵素から作られている。例えば、頭足類ではグルタチオン-S-トランスフェラーゼという酵素由来のタンパク質をクリスタリンとして利用している。

酵素から構造タンパク質

酵素を構造タンパク質として再利用しているのは脊椎動物のレンズに限ったことではない。ポリペプチド鎖伸長因子EF-1αは本来の機能のほかに、細胞性粘菌、真正粘菌、テトラヒメナといった単細胞原生生物では、アクチンや微小管を束ねる機能も兼ねている。また、ウニでは、微小管の重合中心としての機能ももっている。さらに、テトラヒメナでは、ミトコンドリアで働くクエン酸合成酵素は細胞質で細胞骨格として機能している一四nm繊維タンパク質でもある。こうした例は三〇を超えるようである。ほとんどの場合、どの細胞にも存在する、酵素のようなハウスキーピング分子が別の機能を果たすためにリクルートされている。こうしたオリジナルな機能（ほとんどが酵素）に加えて付加的な機能を獲得した分子を「内職するタンパク質」(Moonlighting Proteins) と呼んでいる。

一九八八年、ジョラム・ピアティゴルフスキーとグレーム・ウィストウは、クリスタリンの研究から酵素が「内職する」ことを最初に発見した。その後、多くの酵素が、本来の機能の他に、付加的な機能をもっていることが示されている。ピアティゴルフスキーは、ほとんどのタンパク質は、多かれ少なかれ、付加的機能をもっていると主張している。

ヘモグロビンの起源

他の目的にリクルートされるのは酵素ばかりではない。分子進化の創成期に活躍したヘモグロビンについて、一節をもうけて機能的変更について簡単に紹介してみたい。ヒトの血液中に存在するヘモグロビンは、ヒトからバクテリアまで広範囲の生物に存在する。脊椎動物のヘモグロビンは、大気中や水中から酸素を吸着し、体の隅々に運搬して、組織で貯蔵する役割を担う。こうした積極的な働きとは反対に、生物進化の初期の段階では、バクテリアの細胞内に存在する一酸化窒素、硫化水素、酸素などの有害な分子をトラップして細胞外に排出するという防御的役割をもっていた。すなわち、低分子の吸着という機能は同じだが、役割が全く逆になっている。この点に関して、ゴカイやミミズといった環形動物の仲間に入るハオリムシのヘモグロビンは興味深い。

ハオリムシは硫化水素を含んだ熱水が噴き出す海底熱水孔の近くに生息している。彼らの栄養分は胴体部に共生する硫黄酸化細菌から得ていて、このバクテリアのエネルギー源が硫化水素なのである。共生細菌に栄養分を依存してしまったため、成体では口も腸も退化してしまっている。ハオリムシのヘモグロビンは非常に大きく、二四個や一四四個のグロビンが結合した巨大な多量体として存在している。ハオリムシのヘモグロビンは、脊椎動物のヘモグロビンと同様に、酸素と結合するが、同時に個々のグロビンがもっている自由になっているシステインアミノ酸残基に硫化水素を結合して共生細菌に受け渡す。こうしてハオリムシのヘモグロビンは違う役割を獲得している。

遺伝子の再利用と表現形進化「ソフトモデル」

第13章で、多細胞の動物に特有の遺伝子、たとえば、細胞間情報伝達や形態形成に関与する遺伝子などが、多細胞動物が急速に多様化した「カンブリア爆発」がおきた時期よりはるか以前に、おそらく約九億年前の単細胞の時代に、急速に作られていたことをのべた。この事実は、カンブリア爆発が、その目的にあった遺伝子を新たに作る（ハード）のではなく、九億年前に既に作られていた遺伝子を利用（ソフト）して達成されたと考えることを可能にする。このように、新しい遺伝子を作るのではなく、既にある遺伝子を再利用して達成される進化を「ソフトモデル」と呼んだ。

この章では、既存の遺伝子のなかには、自身がもつ固有の機能の他に、付加的な機能をもっているものがあることをのべた。こうした遺伝子の付加的機能は、新しい遺伝子を作ることによって得られるわけではないので、一般化された「ソフト」に分類できるであろう。

この節では、これまでの章で見てきた例を使って、「ソフトモデル」の適応範囲を広げることを考えてみたい。さらに、「ソフトモデル」を基礎に、分子進化と表現形進化の関連に関する一つの可能性について考えてみたい。すなわち、一度集団に広まった変異、特に中立変異、あるいは遺伝子が、後の進化の過程で再利用されることで新たな進化、特に表現形進化に寄与する可能性について、第11章から第14章でみてきた例を使って考察してみたい。


［表現形進化の便宜主義が生み出す分子の多彩な付加的機能］　この章でみてきたように、脊椎動物の眼のレンズクリスタリンには酵素が転用されている。しかも、系統ごとに異なる酵素が使われている。そのほかにも酵素は、本来の機能の他にさまざまな構造タンパク質として再利用されている。本来の目的以外の目的に利用されるのは酵素に限ったことではない。ヘモグロビンは酸素の運搬だけでなく、系統によっては酸素と同時に硫化水素も結合し、それによって共生を可能にすることで生存力を高めることに役立っている。

このような本来の機能の他に付加的な機能をあわせもっている分子がどのぐらい存在しているか、今のところ明らかではないが、こうした「内職」を可能にしているのは、表現形進化の「便宜主義」によるものと考えられる。すなわち、生物は、新しい形質を作るに先立って、完全なものを求めることをせず、少しでも役に立てば、すなわち、少しでも生存力が上がるなら、それを利用していく。この完全なものを追求しない「便宜主義」こそが、分子に「内職」を可能にし、われわれの想像を遥かに超えた付加的機能をもたせることを可能にしているのであろう。

本来の機能のほかに、付加的機能があると考えると、理解しやすいことがいくつかある。そのうちの一つが第13章でのべたキネシンやrab遺伝子族にみられる。ランブル鞭毛虫では、細胞内小器官を失ってしまっているのに、いぜんとしてミトコンドリアに局在するキネシン遺伝子が残っている。逆に、出芽酵母では、ミトコンドリアが存在するのに、小胞やミトコンドリアの輸送に関与するキネシン遺伝子を欠失している。

前者では、別の用途に利用されているため、欠失ができなくなっている可能性がある。もっとも、第17章でのべるが、ランブル鞭毛虫では、ミトコンドリアの機能が完全に失われているわけではない。逆に後者では、キネシン遺伝子の機能を別の遺伝子が代用している可能性が考えられる。この場合、本来の遺伝子に加え、別の遺伝子が同時に類似の機能的役割を果たしている必要がある。そうでないと欠失が不可能である。

われわれの想像を遥かに超えた多数の分子が、本来の機能の他に、付加的機能をもっていて、細胞内の必要な機能が、一つの分子だけで果たされているのではなく、他の分子の「内職」を通じて、何重にもバックアップされているのかもしれない。だからこそ、遺伝子の欠失も可能であり、また本来の機能を変えてしまうことも可能なのであろう。便宜主義の世界だからこそ可能な体制といえよう。

新たに付け加わった機能も、遺伝子を新たに「作った」のではないということが重要である。既存の遺伝子を「使って」みたら、偶然新しい機能が発現したというのである。まさに「ソフトモデル」である。

【表現形進化の素材としての中立進化】　さきにのべた通り、キリンの長い首は簡単には進化できない。首が長くなるには高い血圧が要求されるからだ。この困難に対するダーウィンが出した答えは、少しだけ首の長い個体と血圧の高い別の個体が交配することで回避できるというものであった。

似たようなことが分子の進化にもみられる。一つ一つの変異は中立であっても、複数の中立な変異が同時に発現すると、適応的になる可能性がある。第11章でのべたように、マーモセットの色覚は短波長の青色オプシンと長波長のオプシンから構成されている。長波長のオプシン遺伝子座には吸収波長が多少異なる赤色、緑色、黄色からなる多型が存在する。この座位がホモ接合型のときは、短波長と長波長の二色の色覚だが、たとえば、赤色と緑色の遺伝子がヘテロ接合型で存在していると、赤のオプシンをもつ視細胞と緑の視細胞が対等に混在し、青色を含めて三原色の色覚になる。これは、森で暮らすサルにとって、緑色の葉を背景に赤い実をはっきり知覚できるので、生活を夜行性から昼行性に変えた段階で、明らかに生存に有利になる。

マーモセットの色覚の例では、新たに変異を「作る」のではなく、過去に作られ、DNAに蓄積されていた変異を「使って」、新しい変異の組み合わせから、三原色の色覚という新しい適応的な表現形が創造されたのである。DNAには集団中に固定した中立な変異が多数存在するので、交配による新たな中立遺伝子の組み合わせから、まだ知られていない多くの表現形質の適応的進化がおきている可能性があると期待される。

［分子系の一部を変えて新しい形質に再利用する］　イノシトールリン脂質シグナル伝達系（第13章参照）でみたように、単細胞生物では、外界の情報を細胞内に伝達するために、複数の遺伝子で構成されている情報伝達系が進化したと思われる。後に多細胞動物は、この情報伝達系の最初の受容体分子だけを変えて、多細胞生物に必須な、細胞と細胞の間で情報を交換する情報伝達系として再利用した可能性がある。

これなども便宜主義の典型的な例であろう。今まで類似の情報処理系に使っていたものを、そのほんの一部だけを取り替えて、後はそのまま再利用するわけである。その結果、少しだけ淘汰に有利になっていれば、そうして作った小手先の改良型でも役に立つというわけである。

［表現形レベルの進化と分子レベルの進化の橋渡し］　分子の種間比較からわかったことは、DNAに刻まれた変異の大部分は、生存に良くも悪くもない、中立な変異が偶然に集団に広まるこ

とによっておきた中立進化の結果だということである。一方、目で見てそれとわかる表現形レベルの進化は、生存に有利な変異が自然選択によっておこる。では、自然選択による表現形レベルの進化はDNAにどのように痕跡として残されているのか。中立説の提唱者である木村資生博士ものべているように、二つのレベルでの進化の関連を理解することは、今後に残された重要な課題なのだ。

一般に、表現形質には多数の遺伝子が関与していて、それらの遺伝子を特定することは、特殊なものを除いて、現時点では困難である。そのため、自然選択を遺伝子との関連で理解することはむずかしい。特に、体重や身長などの連続変異する量的形質ではほとんど不可能に近い。また、同じ変異でも環境によって適応度が変わるので、内的要因だけでは判断できない。そうした事情もあって、分子レベルの変異が原因でおきた表現形レベルの進化をはっきり理解できた例は極めて少ない。

ここでは、表現形進化と分子進化を繋ぐ一つの考え方として、「ソフトモデル」を考えてみた。それは、生物が採用してきた進化戦略、すなわち、ほんのわずかでも生存に有利になるものであれば、完全なものでなくとも採用するという、便宜主義が、既にある変異、遺伝子あるいは遺伝子システムを使って、必要とあれば若干の修正と組み合わせから、新しい表現形の進化を可能にしたのかもしれない、という考えである。この考えがどこまで一般性のある考えであるか、今後さまざまなデータで検証されることが必要であろう。

第15章　分子系統進化学とは何だろう
——分子がかなえたダーウィンの夢——

ダーウィンの夢

第1章でのべたように、チャールズ・ダーウィンはガラパゴス諸島の四つの島、サンクリストバル島、サンタマリア島、イサベラ島、サンサルバドル島に上陸し、マネシツグミを採取している。帰国後、そのうちの三つの島のマネシツグミがそれぞれ固有種であるというジョン・グールドからの指摘と、大陸の種とも似ていることから、ダーウィンは、「枝分かれ」による種の生成機構を発見する。同時に、南米の種は、ガラパゴス諸島の三種の共通の祖先であることを理解する。こうしてダーウィンは、共通の祖先と子孫種の因果関係を正しく理解するとともに、種の増殖と多様化のメカニズムを発見したのである。彼は、生物の多様化は「樹」で表現できることをノートに記している。「生物系統学」の始まりである（図1－4参照）。

さらにダーウィンは、生物の分類における系統学の重要性を指摘している。形質の類似が分類におけるグループを作るのではなく、系統的な近縁性の印として形質の類似が生み出されることを強調している。ダーウィン以前の分類では、生理学的に重要な器官を基準にしていたが、それを改め、真の類似性を表していると見える形質は、共通の祖先から伝えられたものであるから、分類は系統学的であるべきだとのべている。

このことからダーウィンは、痕跡器官のような生理学的に重要でない形質が、生物の真の類似性を教えてくれるはずだと考えた。生理的に重要でない形質の変化は大部分中立的なので、異なる生物の間でこうした形質がよく似ているということは、共通の祖先から枝分かれして間もないことを意味するからである。中立的な形質で生物を比較すると、類似の程度は系統間の近縁性を正しく表すことができ、すなわち、系統樹を正しく再現することができ、その系統樹に基づいて生物を分類すれば、真の自然分類になっていると、ダーウィンは考えた。

ダーウィンのこの夢は一世紀後に計らずも実現することになる。第14章までで詳しくのべたように、分子レベルの進化は大部分中立的におきている。したがって、遺伝子上に蓄積された変異（主にアミノ酸や塩基置換）を異なる種間で比較することで、生物の系統樹をダーウィンの理想に近い形で推定できることになる。

エミール・ズッカーカンドルとライナス・ポーリングが発見した「分子時計」は、初期の頃は分子進化学のあらゆる分野に影響を与えた。進化の過程で、時間の経過とともに一定の割合でアミノ酸の置換を蓄積する、というタンパク質（遺伝子）がもつ特徴は、系統樹を推定する上で進化の研究者にこの上ない道具に映ったに違いない。

分子系統学者たちは、ウォルター・フィッチとエマニュエル・マルゴリアシュの研究から、置換数が時間とともに厳密に「直線的」に増加しなくとも、時間の経過とともに、多少の増減はあるにせよ、多くの系統で増加の傾向にあるなら、「分子進化速度の一定性」すなわち、「分子時計」を仮定せずに、ほぼ正しく生物の系統樹を復元できることを学んだ。こうしてダーウィンの夢は大きく前進した。

「単純から複雑へ」と分子系統樹

一九八〇年代後半以降、分子で系統樹を推定する方法の発達と、それを取り巻く環境の整備によって、分子系統樹が急速に普及した。特に、大きな分類群の間の系統関係や太古の時代の生物進化への応用が盛んに行われるようになった。こうした生物の大進化に対して、形態進化の一般的な概念として、「単純から複雑へ」という考え方がある。単純で小さな単細胞生物から複雑で大きな多細胞生物への進化がその一例である。

しかし、生物はいつもこのルールで進化しているとは限らない。典型的な例が「退化現象」である。生物は、他の生物への寄生性を獲得すると、しばしば不要になった器官や組織を捨て去って、より単純化した構造へと進化していく。その結果、より多くの子孫を残すことができるようになる。すなわち、この場合、退化は適応的である。こうした現象は、多細胞動物に特有の現象ではなく、単細胞の生物にも見られる一般的な現象なのである。こうした単純化した生物に対して、われわれは「単純から複雑へ」のルールにしたがって、系統樹の根元から分岐した古いグループに位置づけてしまうという誤りを犯すおそれがある。

こうした誤りをなくすためにも、われわれはダーウィンに帰らねばならない。形質よりも先に系統を見るべきなのだ。退化の結果、単純な形態を獲得した場合は、系統樹の上では複雑な形態をもつグループに含まれるはずである。分子の中立進化をベースにした分子系統樹が研究作業に先行すべきなのであって、形態上のルールである「単純から複雑へ」をアプリオリに応用すべきではないのだ。

その点、分子系統樹は信頼が置けるかというと、必ずしもそうとはいえないのである。同じ寄生に基づく形態の単純化が、今度は形を変えて、分子系統樹でも同じ過ちを犯す結果になることもあるのだ。

分子系統樹において、分岐点から分岐点まで、あるいは分岐点から現時点までの枝の長さは、その間に蓄積した塩基（またはアミノ酸）置換数に比例するように決める。したがって、一般に、最近分岐した枝は短く、古い時期に分岐した枝は長い。ところで、詳しくは第16章でのべるが、系統樹の最も古い「根元」（ルート）を決めるために、通常、今系統関係を知りたい生物のグループのどれよりも古い時期に分岐したことが分かっている生物をあらかじめ比較に入れておく。この系統のことを「外群（アウトグループ）」という。この系統が最も古い時期に枝分かれしたように系統樹の根元を決めるわけである。

さて、系統樹推定法の一般的特性として、推定される系統樹において、長い枝同士をペアーとして組ませてしまうという病的な傾向がある。このことをＬＢＡ（Long Branch Attraction Artifacts）という。もし、ある生物が分岐以降、非常に速い速度で塩基（あるいはアミノ酸）の置換を蓄積したなら、すなわち、分子進化速度が他の系統に比べて著しく速ければ、その系統の枝の長さは、他の枝に比べて極端に長くなり、ＬＢＡによって、外群とペアーを組んでしまうことがある。もし、この系統が最近他の系統から枝分かれしたのだとすると、これは誤った推定になる。

どのような場合が想定されるか。ある生物が寄生性を獲得した結果、形態が単純化し、増殖が著しく増大した場合である。第8章で詳しく論じたように、「オス駆動進化説」が広い範囲の系統に属する生物で成り立つことから、ＤＮＡ複製エラーが突然変異の主要因だと考えてほぼ間違いないであろう。もしそうなら、増殖率の増大はＤＮＡ複製エラーの増大をもたらし、突然変異率の増加という結果になる。それは、中立説によって、進化速度の増加につながる。

こうして、寄生性の生物は、分子系統学的には、誤って古い時期の分岐と推定され、かつ、形態的には単純化しているため、「単純から複雑へ」という形態進化のルールからも「原始的生物」と誤って判断されてしまう危険性がある。最近、大進化の重要な部分で、こうした誤りがいくつかなされていたことが明らかになった。ここからは、分子で生物の進化を辿りながら、過去の誤りもあわせて見ていこう。

分子系統樹法

信頼性が高く、現在よく使われている分子系統樹推定法に、最尤系統樹推定法、略して最尤法がある。この方法は、統計学で開発された最尤法を系統樹推定法に応用したもので、ジョセフ・フェルゼンシュタインが一九八一年に開発した。最尤法では、塩基あるいはアミノ酸の置換パターンから、可能な樹形ごとにアライメント配列データが実現する尤度を求め、尤度が最大になる樹形を選択する。

この方法は、比較的早い時期に開発されていたが、膨大な計算量になるため、なかなか実用化しなかった。一九九〇年代後半になってようやく、コンピュータの高速化や系統樹推定法のコンピュータソフトウエアの普及などの環境が整備されたことによって利用者が増えた。

まだ最尤法の利用者が少ない時期から、長谷川政美博士はこの方法で系統樹推定を行ってい

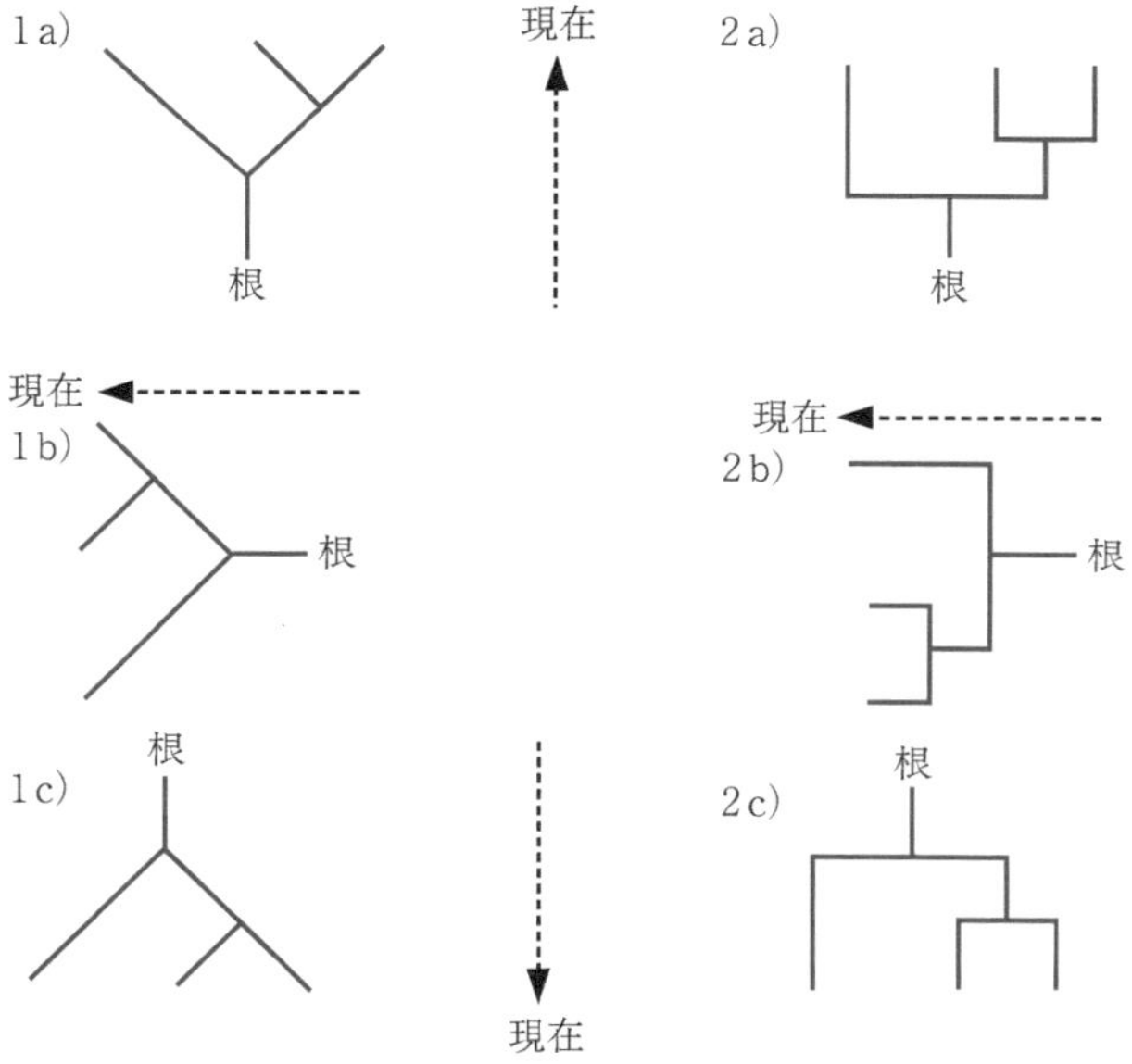

図15－1　さまざまな分子系統樹の表現法

た。特に彼は、推定された系統樹の信頼性に関する統計的検定法を開発し、最尤法の信頼性を高める上で大いに貢献した。

その他、簡便のためによく使われた方法として、ウォルター・フィッチによる最節約法や根井正利博士と斎藤成也博士による近隣結合法など、いくつかの方法がある。岡田典弘博士は、適用範囲に制約はあるものの、DNAに散在する繰り返し配列を利用して系統樹を推定するユニークな方法を考案し、クジラとカバが近縁であることを示した。

分子系統樹の表記の仕方はさま

ざまで、決まった形式があるわけではない。しかし、比較的よく利用されている形を図15－1に示した。時間的には、常に「樹」の根元が祖先を表し、枝葉の部分が子孫に対応する。したがって、時間は根元から枝葉へと流れる（図中で矢印の方向）。樹形は、枝の分岐点を一点で表わしたり（図15－1で1a～1c）、枝と垂直な直線で表す（図15－1で2a～2c）こともある。分岐点と分岐点あるいは現時点との間に蓄積された置換数の推定値は、通常枝ごとに数字で表記されるか、置換数に比例して枝の長さを変えて表される。

データベースの公開

マーガレット・デイホフは、分子進化学がスタートして間もない時期に、当時論文として報告されていたタンパク質のアミノ酸配列を一冊の本に収集し、データベース化している。おそらくこれが最初の配列データベースと思われる。このデータベースは、初期の分子進化学の研究に大いに役立った。

一九七〇年代後半になると、タンパク質のアミノ酸配列に代わって、遺伝子の塩基配列が報告されるようになり、一九八〇年代に入って配列数が急激に増加した。一九八一年、米国ロスアラモス研究所にいた研究グループがＤＮＡデータベースである GenBank を創設した。金久實博士はそのメンバーの一人である。後に彼は、世界的によく利用されているＫＥＧＧと呼ばれるデータベースも作っている。

GenBank に続いて、ヨーロッパではEMBLデータベースがスタートし、その後、日本でもDDBJと呼ばれるDNAデータバンクが創設された。宮澤三造博士はDDBJの立ち上げに貢献し、その後五條堀孝博士に引き継がれ、DDBJの発展に大きく貢献した。

こうした配列データをはじめとして、さまざまな配列解析用ソフトに加えて、分子系統樹推定用のソフトなどが、誰にでも簡単に利用できるような環境が整備されたことによって、分子に基づく生物の系統解析が急速に進んだ。まさに、ダーウィンの夢が現実のものとなる環境が整った。

第16章　生物最古の枝分かれ
——最大の分類単位はいかにして発見されたか——

今から三五億年前には、現在の細胞の体制をもった、単細胞の生物がこの地球上にすでに生存していたと考えられている。最初の生物の誕生以降、億単位の多様な生物種が誕生している。では、生物最古の多様化である、最初の枝分かれはどのような生物を生みだしたのか、分子でたどってみよう。

化石が語る三五億年前の生物

今からおよそ四六億年前、地球は太陽系の惑星の一員として誕生した。そのほとんどの歴史を通じて、地球は生命をはぐくみ、支えてきた。地球と生命の歴史は岩に刻まれている。地質学者や古生物学者は、岩石の組成、地層の構造、及びそこに含まれている生物の化石などから、この惑星とそこに生活してきた生物の歴史を明らかにしてきた（図16-1）。

最古の生物の化石は今から約三五億年前のもので、現在シアノバクテリアと呼ばれているバク

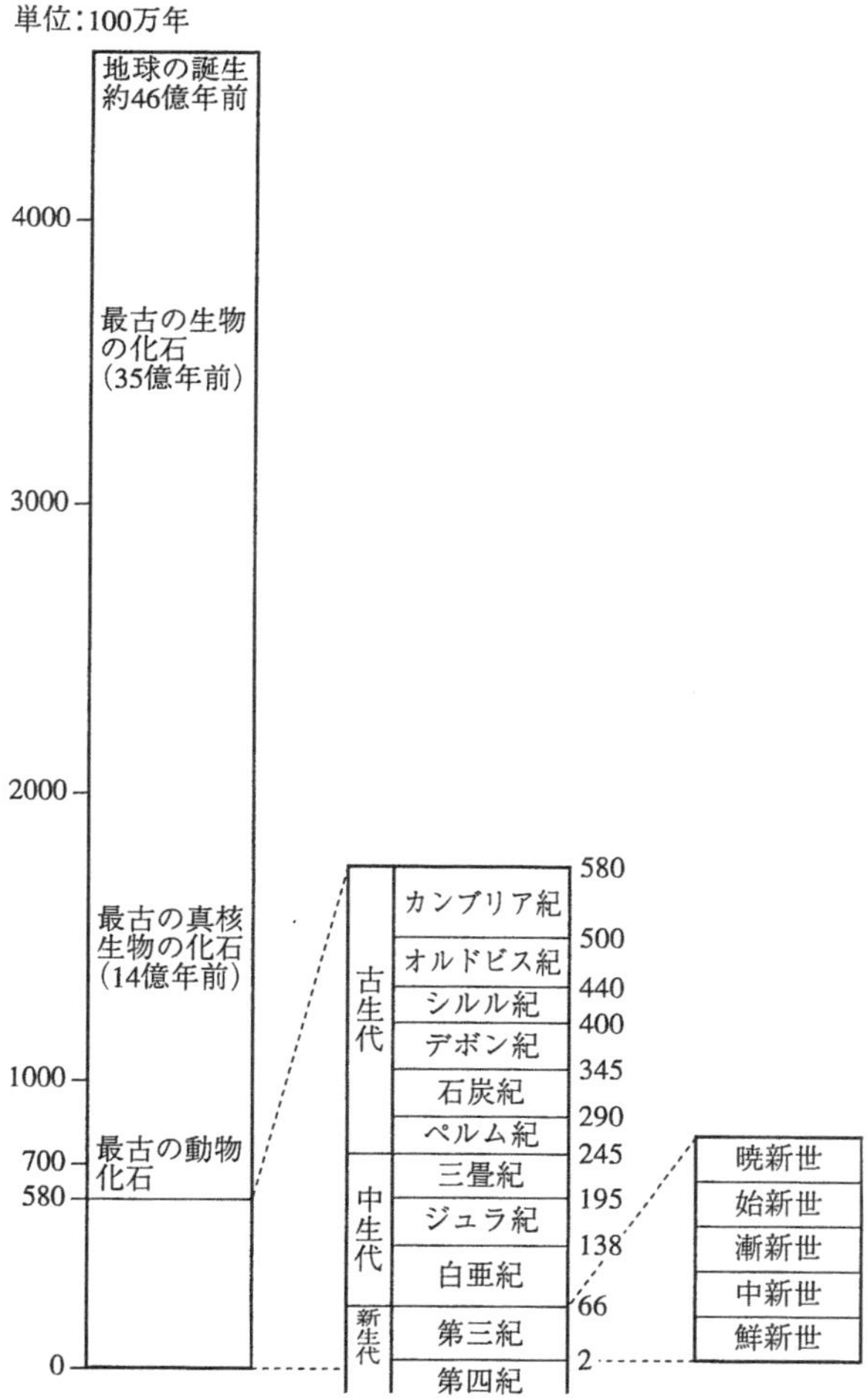
単位：100万年
地球の誕生
約46億年前
4000
最古の生物
の化石
（35億年前）
3000
2000
最古の真核
生物の化石
（14億年前）
1000
最古の動物
化石
700
580
0
古生代
中生代
新生代
カンブリア紀
オルドビス紀
シルル紀
デボン紀
石炭紀
ペルム紀
三畳紀
ジュラ紀
白亜紀
第三紀
第四紀
580
500
440
400
345
290
245
195
138
66
2
暁新世
始新世
漸新世
中新世
鮮新世

図16－１　地質年代

テリアの一種によく似ている。このことは、すでに三五億年前には現在の細胞の体制ができあがっていたことを物語る。したがって最初の生命は、地球誕生後、少なくとも数億年後には出現していたことになる。

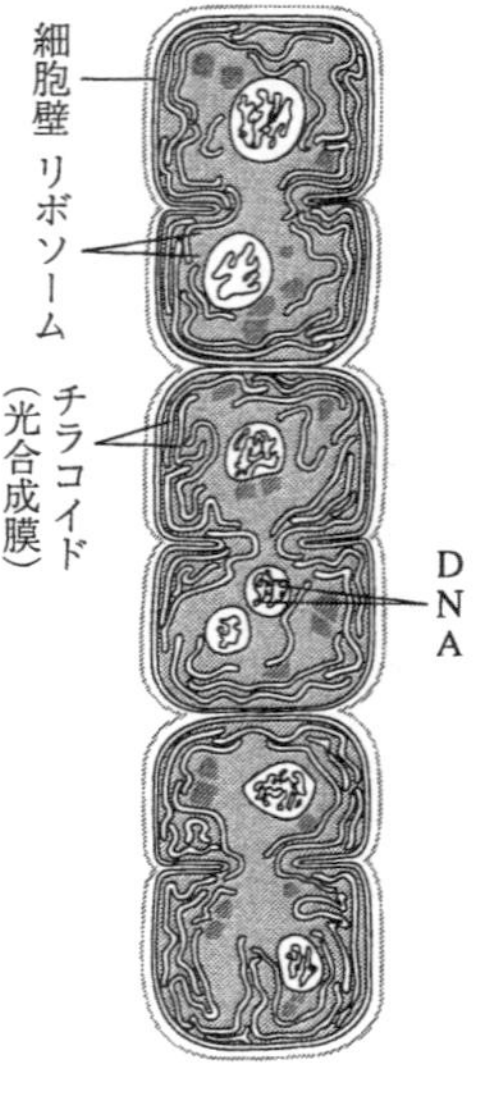

図16－2　シアノバクテリア

単細胞のバクテリアは三五億年の壮大な歴史をもっている。最初の二〇億年の間は、バクテリアが全地球に君臨していたことを、化石の証拠が物語っている。特に、シアノバクテリアは、現在でも多様な種が存在していて、過去には地球に広くはびこっていた。今から約二五億年前から、多細胞動物が支配的になった六億年前までの長い間、シアノバクテリアの全盛期が続いた。ストロマトライトと呼ばれる、シアノバクテリアの群集と石灰の付着物からできた堆積物が世界中に散在することから、このバクテリアの支配をうかがい知ることができる（図16－2）。

シアノバクテリアは光合成によって、太陽の光を食物や酸素に転換する。シアノバクテリアの繁栄に伴って、地球上の遊離酸素の量が増加していった。今でこそ、われわれ動物は酸素無しでは生きられないが、シアノバクテリアが出現したころは、ほとんどのバクテリアにとって、酸素は有毒であった。彼らは無酸素の状態で進化してきたからである。シアノバクテリアの繁栄は世界的規模での酸素汚染を引きおこし、他の多くのバクテリアを絶滅へと追いやった。人間の大気汚染行為がとかく取りざたされる昨今だが、はるか数十億年前に、同じことをやったバクテリアがいたわけだ。

化石は生物の進化を物語る直接証拠だが、時代がさかのぼると、得られる化石の種類が急速に少なくなる。現在の体制をもったバクテリアが三五億年前には地球上に広まっていたことまでは教えてくれるが、地球上最古の生物がいつ頃現れ、多様化していったか、という疑問に答えることができる化石証拠は今のところない。しかし、分子進化学は、地球上に生存する全生物の祖先たちの最古の進化を理解することを可能にした。以下で、その問題を詳しく論じてみよう。

測定手段とともに変わる生物の分類

右にのべたように、生物の歴史はかなり古く、約三五億年前に生存していたと思われる生物の痕跡が知られている。その間、多様な生物が進化してきた。現在生存している生物種の数は、一億種にもなる。分類は生物多様性の理解にとって基本だが、研究機器の発明・開発に伴う生物の認識の変化によって、分類体系がずいぶん変化してきたのは、当然といえば当然のことだが、なかなか興味深い。

最初は目で見てそれとわかる形質に着目して分類していた。諸学の祖、アリストテレスは、生物の世界を大きく動物と植物に分類した。これはずいぶん視覚的な分け方で、動く生物と動かない生物という分け方である。二〇世紀に入っても、多くの生物学者はこの分類に満足していたようである。いまだに研究領域の分け方には動物と植物という分類が根強く残っている。

生物を系統立てて、近代的な形に分類した最初の人はカール・フォン・リンネであった。リンネは、肉眼でみえる生物の外部形態を分類の基準にして、階層構造をもつ生物の分類体系を確立した。

二〇世紀に入ると、遺伝学、発生学、生化学、進化学が発展し、新しい視点から生物の分類が行われた。さらに、光学顕微鏡や電子顕微鏡などの観察手段が著しく進歩し、小さな生物や大型生物の個々の細胞内構造を詳細に研究することが可能になってきた。一九三七年、エドアール・シャトンは細胞内構造の特徴から、全生物は、核をもたない細胞からなる原核生物と核をもつ真核生物とに分類でき、両者の違いは今日の地球に認められる唯一最大の進化的不連続であることを指摘した。

二〇世紀後半になると、細胞下の研究が進み、生物をより詳細に分類することが可能になった。その結果、生物の世界は多数の生物界からなるという風潮が現れ、その中から、一九五九年、ロバート・ホイタッカーは五界説を提唱した。五界説によると、全生物は、モネラ界（バクテリア)、原生生物界(原生生物、藻類などの単細胞生物)、菌界(きのこ、かび、地衣植物など)、植物界(コケ類、シダ類、被子および裸子植物など)、および動物界(脊椎動物及びさまざまな無脊椎動物を含む多細胞動物)の五つのグループに分類される。モネラ界を除く四つの生物界はシャトンのいう真核生物に対応している。この分類法は、現在では生物学者の間では広く受け入れられている。

一九六〇年代の初期に分子進化学がスタートしたが、まもなく分子進化学者は、DNAやタンパク質の比較解析から、生物が過去に辿った進化の道筋を再現できることを知った。分子系統進化学の始まりである。

一九七七年、カール・ウースらは、タンパク質の合成の場であるリボソームのRNA成分の一つ、16SリボソームRNAを使って分子系統進化学的にバクテリアの分類を試みた。その結果、高温、高塩、強酸、といった極限環境で生息しているバクテリアのグループが、通常の環境で生息しているバクテリアと、系統樹の上で明らかに区別できることを発見した。生息している環境が原始地球の環境に似ていることから、ウースらは、最古の生物の姿を止めた、「生きた化石」という意味をこめて、前者のグループを古細菌(アーケア)と名づけ、後者のグループを真正細菌(バクテリア)とした。

ウースらは、これら二つに真核生物を加えて、地球上の全生物は、真正細菌、古細菌、真核生

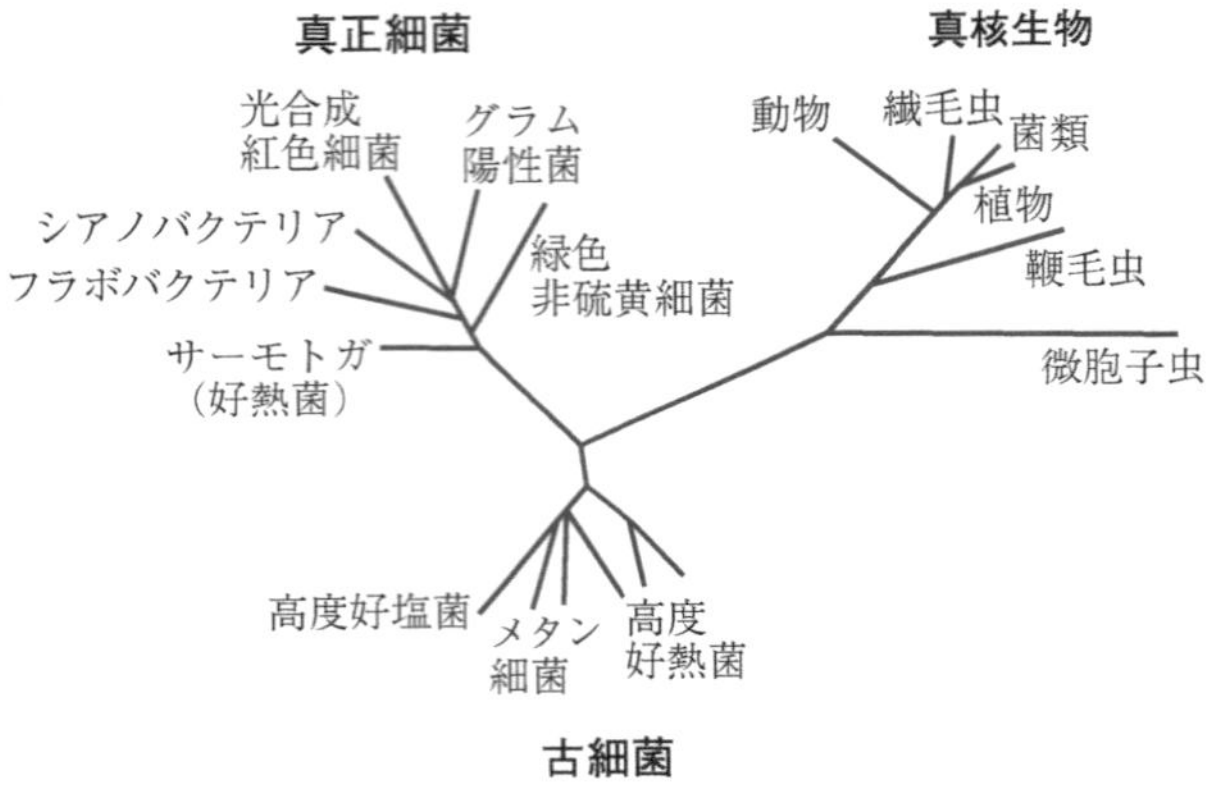

図16－３　超生物界の無根系統樹

物の三つの超生物界から構成されるという分類体系を提唱した。従来の分類での最上位の分類階級である界のさらに上位の分類階級という意味で、「超生物界」という名前がつけられた。ウースらは最大の分類単位を発見したことになる（図16－3）。

測定手段が、肉眼から顕微鏡、電子顕微鏡、配列比較と進歩するにつれ、研究対象も生物の外部形態、細胞、細胞内構造、分子へと変わり、それにつれて生物の分類体系が変わってきた。分類体系は時代を映す鏡のようだ。

生物最初の分岐に関する論争：何が問題だったのか

ウースは最初、古細菌、真正細菌、真核生物の三つの超生物界がほとんど同時に枝分かれしたような系統樹を考えた。しかし、それは使ったデータの質の悪さのため、最も古い分岐を決定するだけの分解能がなかったことに起因することに、彼は気がつき、後に撤回した。その後、大澤省三博士のグループは、リボソームRNAの小さな成分、5SRNAを使って三つの超生物界の系統樹を作り、古細菌は真核生物に近縁であり、真正細菌とはむしろ遠い関係にあると主張した。ジェームス・レイクはウースと同じ16SリボソームRNAを使い、独自の方法で系統樹を推定した。その結果、古細菌の一部の系統は、大澤グループの結果と一致して真核生物に近縁となったが、ほかの系統は真正細菌に近縁となった。レイクの系統樹が正しいとすると、古細菌は系統樹の上で一つの独立した〝かたまり〟になっていないので、古細菌を一つのまとまった分類単位にするのは説得力がないことになる。こうして三超生物界の系統関係に関する論争が一〇年以上にもわたって続いたが、結論は得られなかった。

なぜこうした混乱が生じたのか。何事も最初の一歩はそれに続くいくつかのステップに比べて特異的である。ゼロを1にする研究には独創性が要求されるが、1を2にしたり、いわんや10を11にするのは、概念がすでにでき上がっているので、比較的楽に研究を進めることができる。生物最初の枝分かれに関する問題は系統樹推定に関する特異点で、推定の基本に関わる深刻な問題があった。

その点を理解するために、分子から生物の系統樹をどう推定するかを簡単な例で説明してみよう。いま、ヒト、チンパンジー、ゴリラの間の系統関係を適当な分子を使って推定するとしよう。三つの生物から同じ分子（RNAかタンパク質）を選んで、塩基配列かアミノ酸配列の比較から相互の置換数（進化距離）を求める。生物間での進化距離が分かれば、系統樹を作ることができる。ただし、特別な付加的情報がない限り、このままでは「根」（ルート）のない系統樹、すなわち、無根系統樹しか推定できない。無根系統樹からは問題にしている生物間の関係はわかるが、どのような順番で枝分かれしてきたか、についての情報が得られない。これは系統樹から得られる情報のうちで最も重要な情報である。つまり、推定した系統樹にいかにして時間軸を設定するかという問題である。

通常行われる方法では、問題にしている生物（いまの場合、ヒト、チンパンジー、ゴリラ）のほかに、これらのどの生物よりも明らかに遠い時期に枝分かれしたことがはっきりしている生物Xをあらかじめ比較に加えておく。この生物Xのことを外群（アウトグループ）という。ここでは生物Xとして日本ザルを考えておこう。ヒト、チンパンジー、ゴリラは、ヒトを含めた類人猿のグループ（正しくはヒト科）に属し、このアフリカトリオはせいぜい一〇〇〇万年以内に枝分かれしている。日本ザルは真猿類に属し、類人猿とはおよそ三〇〇〇万年前に分岐したと考えられている。したがって日本ザルはアフリカトリオのアウトグループになる資格がある。

とりあえずこの四種で無根系統樹を作っておき（図16－4の左図）、次に、日本ザルの分岐が最初になるように、矢印の位置で〃枝〃を折り曲げると、図16－4の右の図のような根のある系

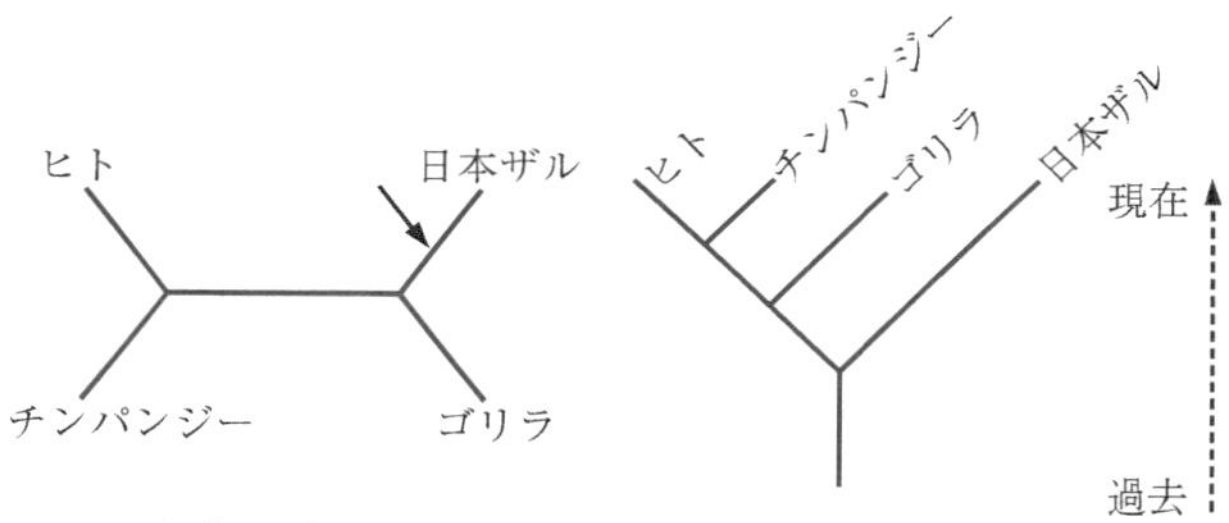

1）無根系統樹　　2）有根系統樹

図16－4　ヒト、チンパンジー、ゴリラの間の系統関係
1）無根系統樹の矢印の位置で枝を折り曲げて、2）有根系統樹を作る

統樹、有根系統樹が作れることになる。後は問題にしているアフリカトリオの枝分かれの順が自動的に決まる。

元の問題に戻ろう。それにはアフリカトリオを超生物界トリオに置き換えるだけでよい。そしてこのトリオ同士の分岐より明らかに古い時期に分岐したことがはっきりしている生物Xをアウトグループとして選べばよい。

ところが、この問題に関する限りそうはいかないのである。なぜなら、現在地球上に生存している全ての生物は古細菌、真正細菌、真核生物のいずれかに属する。したがって、それよりも古い時期に分岐し、かつ別のグループに属する生物Xはこの地球上のどこを探しても存在しない。もし存在していたら、全生物を三つの超生物界に分類したことが間違っていたことになる。これでは有根系統樹が作れないことになる。十年も続いた論争の深刻さがここにあったことが理解できよう。

レイクの系統樹は、正しくは無根系統樹として表現さ

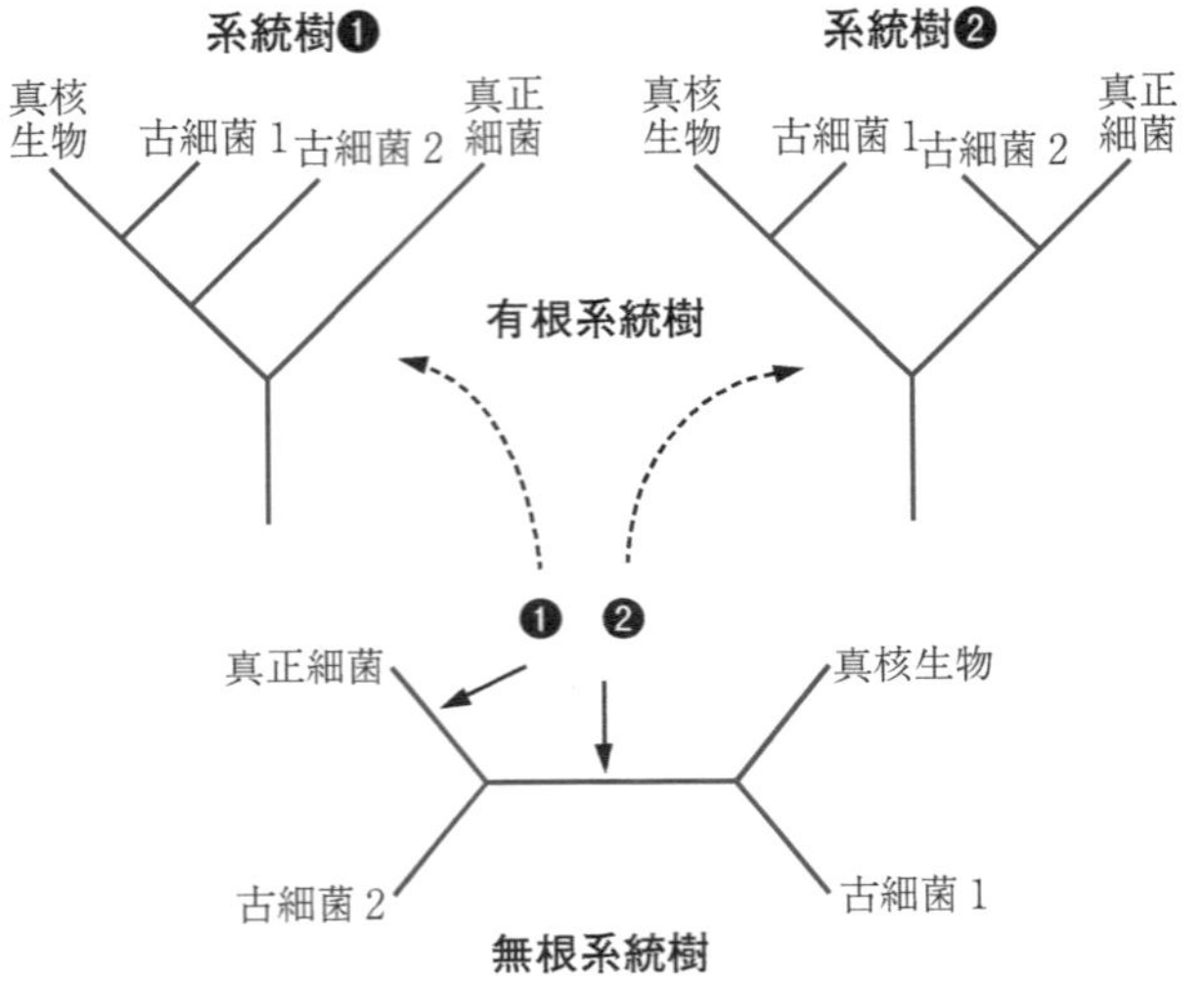

図16－5　2つの位置①と②に根を選ぶことで、無根系統樹から2つの異なる系統樹ができる

れるべきだったのだ（図16－5の下段の無根系統樹）。レイクは、この無根系統樹の②の位置に〝根があると仮定して〟、図16－5上段右図のような有根系統樹を得た。もし、無根系統樹の①の位置に〝根があると仮定すれば〟、大澤グループが主張していた系統樹と同等の系統樹が得られる（図16－5上段左図）。両者の対立は〝根の位置に関する仮定〟の違いだけであったのだ。

問題の解決：古細菌は真核生物に近縁

生物X探しは絶望的となると、三つの超生物界の系統樹はあきらめねばならないのであろうか。そう悲観することはない。頭を切りかえて、「生物」を探すかわりに「遺伝子」を探せばよいのだ。生物の系統樹を作る際、アウトグループは「生物」というのが慣習になっているので、その固定観念から抜け出ることが意外と難しかったようである。問題解決に至った経緯を簡単に紹介してみよう。

第10章でのべたように、分子の世界では、新しい機能をもった遺伝子の進化に先立って、ほとんどの場合遺伝子重複がおこる。遺伝子重複は多様な遺伝子を生み出す基本的なメカニズムだが、生物は非常に古い時代からこの方法を採用してきた。たとえば、タンパク質は多数のアミノ酸が直鎖状につながった鎖だが、一つ一つアミノ酸をつないで鎖をのばすはたらきをもつ酵素、ポリペプチド伸長因子（EF－1α/Tu）が存在する。この酵素にアミノ酸配列がよく似た、明らかに遺伝子重複で作られたもう一つの酵素（EF－2/G）が存在する。二つのポリペプチド伸長因子はGTP結合領域をもち、遺伝子重複を繰り返して多様化したGTP結合タンパク質ファミリー（遺伝子族という）のメンバーである。

筆者の研究グループは、超生物界の系統関係に関する論争が華やかだった頃はまだ直接この問題に関与していなかった。もちろん、ウースの発見や論争については論文や学会発表を通して知ってはいたが。筆者のグループは、当時GTP結合タンパク質ファミリーをはじめ、いくつかの遺伝子族がいつ頃遺伝子重複を繰り返して多様化したのか、分子系統樹を使って研究していた。

この遺伝子族の系統樹で、一対の重複遺伝子EF－1α/TuとEF－2/Gの部分を見てはっとした。どう見ても遺伝子重複の位置が三超生物界の分岐以前にあり、それぞれの遺伝子から三超生物界の系統関係、最古の枝分かれの問題が解けることを悟った。さっそく岩部直之博士を中心に筆者のグループは問題を下記のように整理し、解析を進めた。

すべての生物は一対の重複遺伝子EF－1α/TuとEF－2/Gをもっている。すべての生物がこの一対の酵素をもっているということは、この一対の遺伝子を作った遺伝子重複は三つの超生物界が枝分かれする前におきたことになる。たしかにGTP結合タンパク質ファミリーの系統樹はそのことを再現している。このことを利用すると超生物界の有根系統樹が作れる。

まず、三つの超生物界それぞれからEF－1α/TuとEF－2/Gを取り出し、これらのアミノ酸配列の比較から無根系統樹を作る。そしてEF－1α/TuとEF－2/Gが遺伝子重複によって枝分かれした時期が、三つの超生物界が枝分かれする以前になるように系統樹の根を決める。

このアイディアで、筆者のグループははじめて三つの超生物界の系統樹を作ることに成功した。この系統樹は二つの遺伝子それぞれから推定された系統樹を同時に含んでいるので、「複合系統樹」と呼ばれる。この複合系統樹は、EF－1α/TuとEF－2/Gのいずれにおいても、古細菌は真核生物に近縁な関係にあり、真正細菌とは遠縁になることを示している（図16－6）。こうして生物の最古の進化でおきた分岐の順序が決定できた。

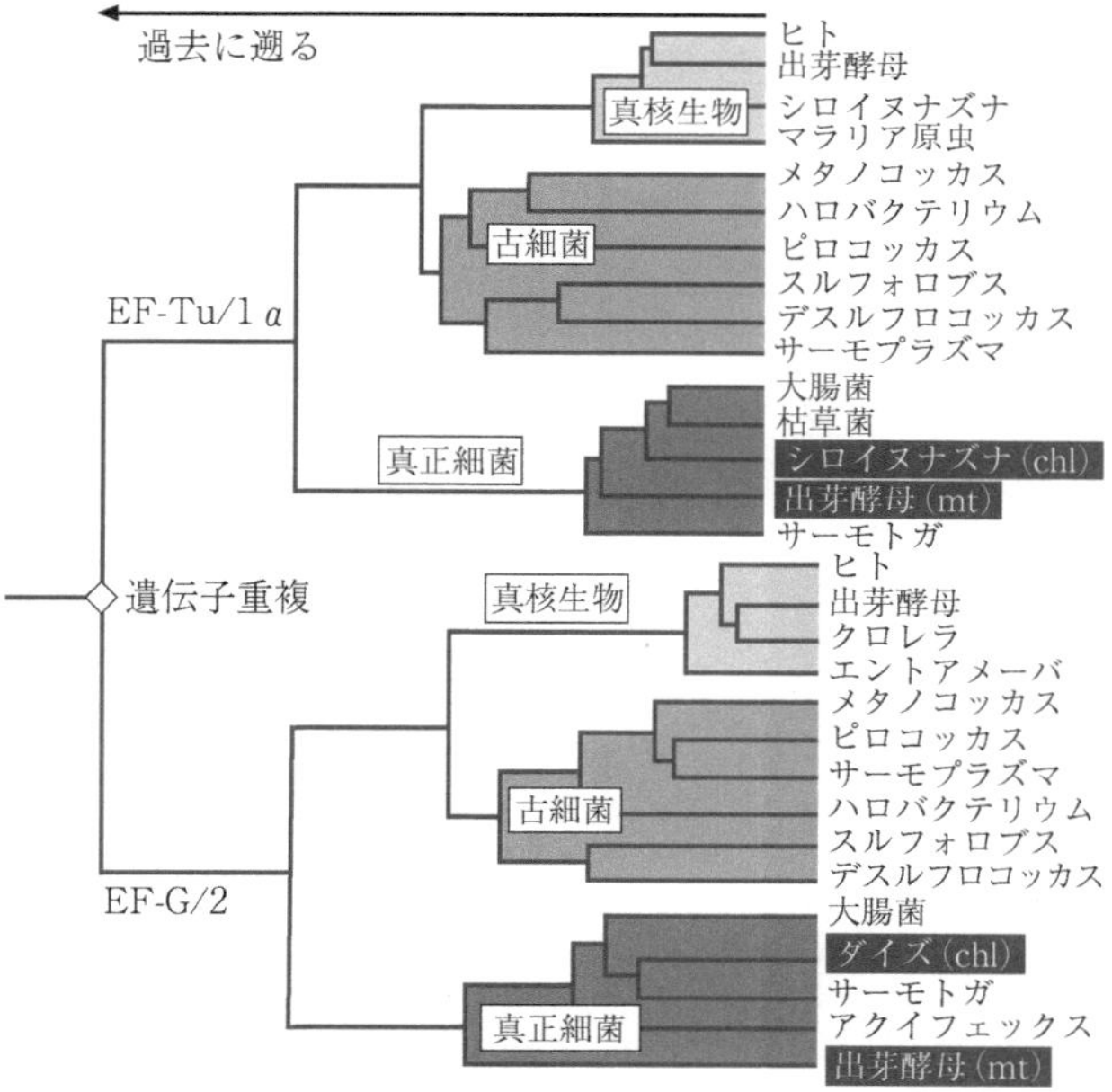

真核生物のミトコンドリア（mt）とクロロプラスト（chl）はいずれも真正細菌の系統に含まれていることに注意。これは両者とも真正細菌起源であることの分子からの証拠である

図16－6　重複遺伝子EF-Tu/1αとEF-G/2に基づく超生物界の系統樹

第10章でも紹介したが、科学者には、一定の発想、前提、枠組み、ルールなど、既存の枠内で問題の解決をはかる傾向があり、この枠内での問題解決が行き詰まることがある。それを突破するのは外部あるいは若手研究者である、とトーマス・クーンは主張する。他の問題を研究していた筆者のグループは外部研究者

にあたり、その点、固定観念から自由であった。

生物最古の時代に頻繁におきた遺伝子水平移動

筆者のグループは当初、ポリペプチド伸長因子の重複遺伝子のほかに、ATPアーゼの重複遺伝子の解析結果も同時に発表した。後にこの重複遺伝子は複雑な進化をたどったことがわかり、正しい結果を得るにはより多くの遺伝子を含めた解析が必要ということになった。ピーター・ゴガーテンのグループも同時に重複遺伝子による解決法を思いついたが、彼らはATPアーゼの重複遺伝子だけを使って三つの超生物界の複合系統樹を示したのみであったため、気の毒なことに、彼らの論文が引用されることは比較的少ない。以下でのべるように、ポリペプチド伸長因子の重複遺伝子による系統樹が重要であった。

いったん問題の解決法が示されると、いろいろな研究グループがさまざまな重複遺伝子を使って古細菌－真核生物近縁関係を確認することになった。ところが、その過程で使う遺伝子によっては異なる系統関係が得られることがわかってきた。しかし、遺伝子の転写や翻訳に関わる分子は常に同じ関係、すなわち古細菌－真核生物近縁関係を示していた。

こうして、超生物界の系統関係はポリペプチド伸長因子をはじめとした転写・翻訳系の遺伝子が示すとおり、古細菌と真核生物が近縁であり、真正細菌は両者に遠縁であるという結論に落ち着いた。それ以外の多くの遺伝子は、少なくとも生物進化のごく初期の段階では、超生物界間を「水平的」に移動していたという結論になった。遺伝子は通常、親から子へと「垂直的」に伝達されるが、ここで示された結果は、驚くことに、多くの遺伝子が異なる系統間を水平的に移動していたというものであった。

遺伝子水平移動が頻繁におこると、生物の系統関係はもはや「樹」で表現することができなくなり、「ネットワーク」で表さざるを得なくなる。幸いなことに、転写・翻訳系の遺伝子は常に同じ系統関係を示すことから、こうした遺伝子で形成される「ゲノム」がほかの遺伝子の水平的移動の受け皿になったと考えることが合理的であろう。したがって、生物の系統関係は母体となったゲノムの系統関係ということになる。

真核生物の起源

超生物界の間の系統関係が決まると、以後の進化は、外群が決まるので通常の方法で理解できることになる。何はともあれ、誰しもが真っ先に知りたい問題は真核生物の起源の問題であろう。真核生物は古細菌とは独立した系統から進化したのか？　あるいは古細菌の一部の系統から進化したのか（側系統という）？　そうだとしたら、その系統は古細菌のどの系統か？　こうした興味ある問題に対して、確定的な答えは今後の研究を待たねばならないが、これまでのデータ

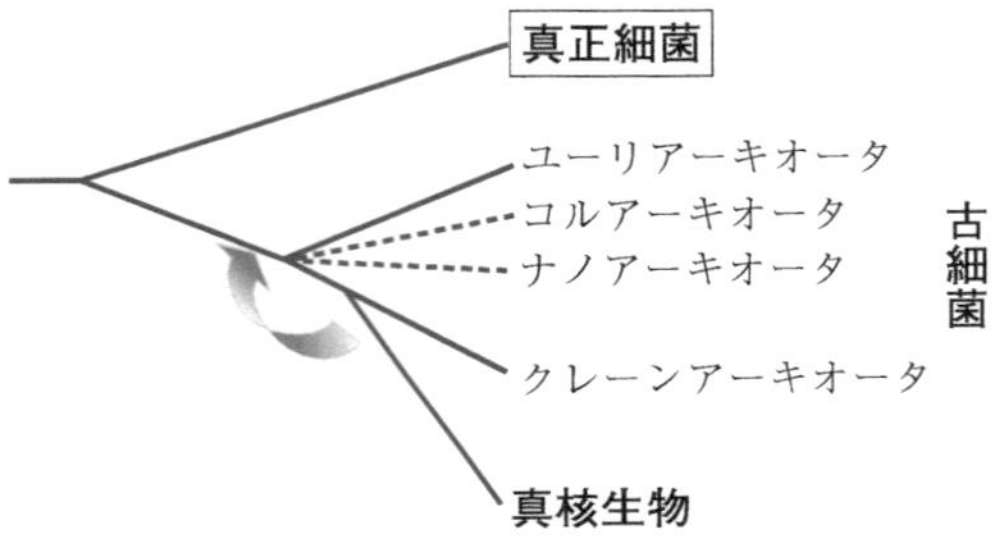

真核生物の起源

古細菌の一系統から枝分かれしたのか?
古細菌－真核生物の共通の祖先から枝分かれしたのか？

図16－7　多数のリボソームタンパク質によるユニバーサルツリーの推定
加藤和貴博士（2003）より

からこの興味深い問題について考えてみよう。

古細菌は、ユーリアーキオータ、クレンアーキオータ、ナノアーキオータ、コルアーキオータの四つに分類されている（NCBI：National Center for Biotechnology Informationによる）。しかしこの分類は一時的なもので、決して確定的ではない。すでに全ゲノムが決定されている超好熱菌を含むナノアーキオータは独自の界を作っているという説があるが、ユーリアーキオータに含まれるというデータもある。現時点では古細菌をユーリアーキオータとクレンアーキオータに分類しておくことには問題なさそうである。

加藤和貴博士らは、多数のリボソームタンパク質から全生物の系統樹（ユニバーサルツリー）を推定しているが、その系統樹によると、真核生物は古細菌と独立したグループを構成していない。真核生物は古細菌のうちのクレンアーキオータに近縁であり、ユーリアーキオータは両者の外群になっている。この系統関係は、統計的に十分信頼のおける結果になっているが、解析に含まれている系統の数は必ずしも十分ではないので、まだ検討の余地を残している。

この結果を信用すると、真核生物は古細菌の一部、すなわち、クレンアーキオータから派生したことになる（図16－7）。クレンアーキオータから枝分かれした真核生物の祖先細胞は、真正細菌、古細菌のさまざまな系統から遺伝子を水平的に取り込み、真核生物へと進化したのであろう。真核細胞内にみられるさまざまな細胞内小器官と遺伝子水平移動との関連は今後明らかにされるべき重要な問題であろう。

第17章　真核生物誕生の謎

最近、ミトコンドリアの共生に関する新しい仮説、水素仮説が提唱され、話題になっている。さらに、ミトコンドリアをもたない、現存する最古の真核生物と考えられているランブル鞭毛虫にミトコンドリアの相同小器官、ミトソームが発見された。こうした発見によって、真核生物の初期進化の理解がいま大いに深まっている。

真核生物の複雑な細胞内構造

よく知られているように、真核生物の細胞は真正細菌や古細菌の細胞に比べて複雑な構造をしている。細胞内には発達した内膜系があり、核をはじめとしてさまざまな小器官が存在している。とりわけ核の存在は特徴的で、エドアール・シャトンが指摘しているように、核をもたない原核細胞と核をもつ真核細胞の違いは誰もが認める進化的不連続になっている。こうした複雑な真核細胞はどのように進化したのかということについては、現在のところほとんど理解されてい

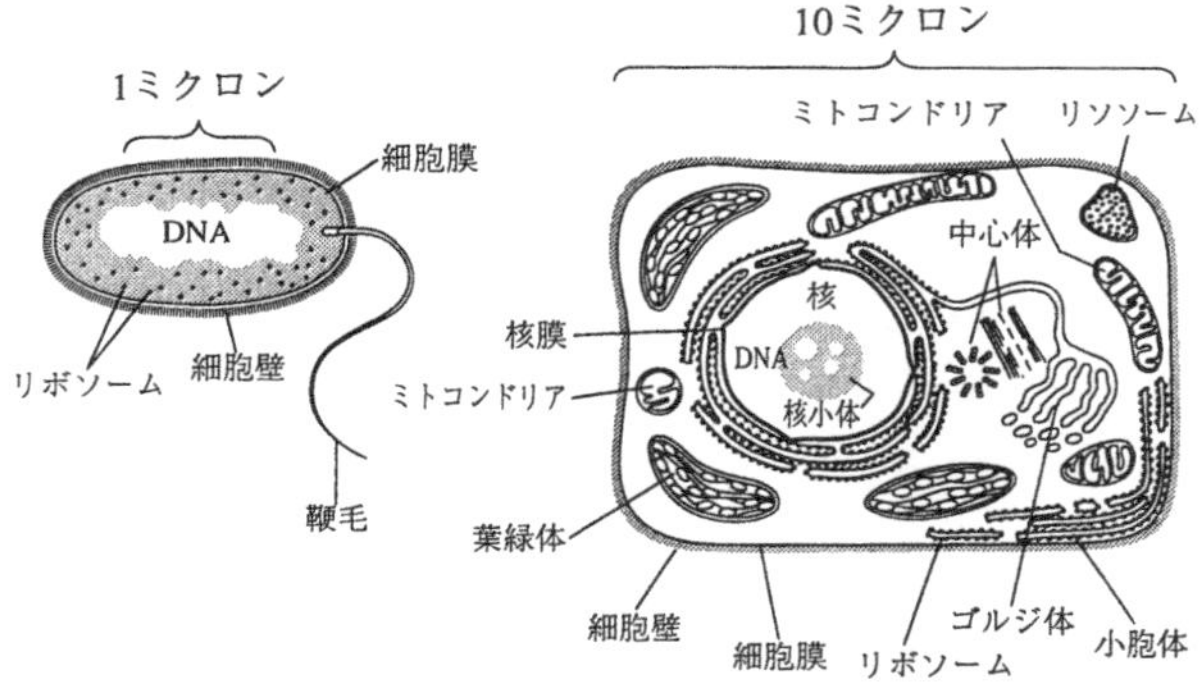

図17－1　原核細胞と真核細胞の比較

ない。

ノーベル医学・生理学賞受賞者クリスチャン・ド・デューブは、こうした複雑な構造をもつ真核細胞への進化にとって細胞壁の消失が重要なイベントであったと指摘している。原核生物の多くは細胞壁をもっていて、それは構造の支持と傷害の保護に重要な役割を果たしている。真核生物の祖先は進化の過程でその細胞壁を捨てたのだが、その理由はいくつか考えられる。真核生物の祖先が生きていた太古の時代には、まだ死骸を分解するバクテリアが生存していなかったので、生物の増殖に伴って、特定の有機物が減少していくことが考えられる。たまたま真核生物の祖先が利用していた有機物の量が、彼らが生存していた場所で著しく減少したため、効率よく有機物を細胞内に取り込むために細胞壁を失ったのではないかというのがその理由の一つである（図17－1）。

細胞壁を失った真核生物の祖先は、細胞壁からの制約が消えたため、細胞を大きくすることが可能になった。効率よく有機物を摂取するために細胞表面の細胞膜はひだ状に折れて表面積を増やしていった。さらに、ひだ状の膜から、外界の物質や細菌を取り囲んで細胞内に取り込む機能が生じた。また、DNAを囲んだ細胞膜はちぎれて核を形成し、複雑な内膜系を発達させた。これらに並行して、真核生物の祖先はアクチンやチューブリンといった細胞骨格系の分子を新たに発明して、運動に伴う細胞の変形に対して復元力をもたせた。こうして真核細胞の祖先は捕食性（従属栄養）の食細胞へと進化していった。以上が、ド・デューブが描く真核生物誕生の物語である。現在の白血球が原核細胞を捉える様子がモデルにあったようで、真核細胞の祖先は周囲の細菌を捕食し、餌としていたのではないかというのが彼の考えである。

現在の可能な知識を駆使して真核細胞の進化のストーリーを語ることは可能だが、現状ではまだ十分説得力のある説にはなっていない。ただ一つ、細胞内にあってエネルギー代謝に関わるミトコンドリアと葉緑体の成立に関しては、独立して生活していた真正細菌のグループが進化の過程で水平的に真核細胞に取り込まれ、小器官化したとする「細胞内共生説」が一般に支持されている。

細胞内共生による進化

遺伝情報は親から子へと伝達されるので、進化の原動力になる突然変異も親から子へと垂直的に受け渡される。そのため進化は祖先から子孫へ向かって展開する。生物の進化を樹にたとえて系統樹で表現すると分かりやすいのはこの理由による。全生物が共通にもつ転写や翻訳に関わる遺伝子の多くは、地球上の全生物の祖先の時代から一貫して祖先から子孫へと垂直的に受け渡されてきた。一方、第16章でのべたように、非常に古い時代には、代謝に関わる多くの遺伝子は、異なる系統間を、異なる超生物界の間でさえも、かなりな頻度で水平的に移動していたことが明らかになっている。

しかし、細胞内共生説では、個々の遺伝子ではなく、生物丸ごとの水平移動がおきていたことを主張する。こうなると生物の進化的系統関係はもはや樹で表現することが不可能になり、ネットワークで表現せざるを得なくなる。細胞内共生説の提唱者、リン・マーギュリスは、進化の過程で複数の原核生物の系統が融合して新しい系統、真核生物が誕生したと考えた。垂直的な進化しか知らなかった一九六七年当時、マーギュリスの考えはあまりにも突飛であったため、この年に彼女は論文を発表しているのだが、一四の学術雑誌で論文の掲載を拒否されているらしい。

しかしながらこの突飛なアイディアはマーギュリスが最初ではなかった。すでに一九世紀後半には、葉緑体が周囲の細胞とは独立に分裂することを顕微鏡で観察し、共生的な考えが打ち出されていた、とマーギュリス自身による本『細胞の共生進化』に記載されている。彼女によると、おそらく最初の共生説の提唱者はドイツの植物学者A・F・W・シンパーで、一八八三年のことのようである。シンパーの考えを受けて一九〇五年、コンスタンティン・セルゲーヴィッチ・メレシコフスキーはオルガネラの共生的起源の考えを強力に推し進めた。残念ながらこうした水平遺伝をベースにしたオルガネラの細胞内共生説は一般に受け入れられることなく、異端の説として葬り去られた。

シンパーとメレシコフスキーの説が主に顕微鏡的観察に基づくものであったのに比べ、およそ六〇年後に発表されたマーギュリスの説では電子顕微鏡による詳細な細胞内構造をはじめとして、いくつかの重要な知見が利用可能な状況にあった。それにもかかわらず、一四回の論文掲載拒否に象徴されるように、この考えは一九六〇年代後半においても、いぜん異端の考えであった。ましてやシンパーとメレシコフスキーの時代では論外であったろう。

こうしたことは共生説に限ったことではない。発表後五〇年経って再発見されたメンデル遺伝学をはじめとして、例を探すのにそれほど苦労はしない。分子進化学の分野で探せば、一九〇一年のジョージ・ナトールによる分子系統学の創始が好例であろう（第22章参照）。他分野で有名なものとしては、一九一二年に発表された、アルフレッド・ウェゲナーの大陸移動説があげられる。この説も認められるまでに五〇年あまりの歳月が必要であった。

ミトコンドリアの由来

古代の日本には中国や朝鮮から専門職をもった多くの帰化人が渡来し、日本の各地に住み着いた。いまでもその子孫は日本人として日本の各地に暮らしているが、彼らが帰化人の子孫であるかどうかは一見しただけでは分からないであろう。しかし、たんねんに系図を辿ってゆけば、どの国から渡来した人の子孫であるかはわかるに違いない。

ミトコンドリアや葉緑体は今では真核細胞内の重要な細胞内小器官と化しているが、もともとは由来の異なる真正細菌が真核生物の祖先細胞に共生したことで進化したというなら、帰化人の由来を尋ねる場合と基本的に同じ手法で、彼らの由来がわかるに違いない。ミトコンドリアや葉緑体には、核のＤＮＡとは独立に自前のＤＮＡがあるが、共生後、それらのＤＮＡ上の遺伝子の多くは核のＤＮＡへ移ったか、あるいは失われてしまっている。そのため、動物のミトコンドリアに象徴されるように、そのＤＮＡは極端に小さくなっている。

ミトコンドリアや葉緑体の遺伝子のもともとの由来が真正細菌なら、現在ミトコンドリアや葉緑体のＤＮＡに残っている遺伝子であれ、核のＤＮＡへ移ってしまった遺伝子であれ、これらの遺伝子と同じ遺伝子を真正細菌、古細菌、真核生物の核ＤＮＡから取り出し、系統樹を作って過去にさかのぼっていくと、どの真正細菌のグループから由来したかがわかるはずである。最近の分子系統解析によると、ミトコンドリアはプロテオバクテリアのグループに、葉緑体はシアノバクテリアのグループにそれぞれ由来することがはっきりしている。一九七〇年代にはマーガレット・デイホフはこうした分子系統解析を精力的に行い、リン・マーギュリスの細胞内共生説を支持する証拠を得ることに成功している。

細胞内共生はどのようにして生じたか

細胞内共生がおきたしくみについては、今のところ大きく分けて二つの考え方がある。一つはリン・マーギュリスによる伝統的な考えで、サイズが大きくなって食細胞化した真核生物の祖先細胞がプロテオバクテリアを飲み込んで共生が成立したとする、いわゆる「弱肉強食」的考えである。もう一つは、ウィリアム・マーティンとミクロス・ミュラーが一九九八年に提唱した考えで、「水素仮説」と呼ばれている考えである。これは、古細菌の一つ、メタン菌と真正細菌であるプロテオバクテリアの「対等合併」が基礎になって成立した共生である。

捕食性（従属栄養）の食細胞へと進化した真核細胞の祖先は、現在の白血球が原核細胞を捉えるように、周囲の細菌を捕食し、餌としていた。その過程でたまたまプロテオバクテリアやシアノバクテリアを飲み込み、彼らがそのまま細胞内に居座ってミトコンドリアや葉緑体になったというのが前者の考えだ。ミトコンドリアも葉緑体もそれぞれ独自の原核生物のものによく似たD

NAをもち、二重の膜に覆われている。内側の膜は共生体自身の膜で、外側の膜は、白血球が原核細胞を飲み込むように、真核細胞が外の原核生物を膜で包んで細胞内に取り込んだもので、宿主細胞の外側の膜に相当する。共生体がもつ独自のDNAと二重膜は共生説の強い証拠になっている。

共生がおきた当時の環境は、餌となる有機物の減少と、シアノバクテリアの繁栄に伴う大気中の高い酸素濃度の状態になっていたと考えられている。こうした環境変化に対応を迫られていた嫌気的環境で生きていた真核生物の祖先にとって、酸素を使ってエネルギー源となるATPを合成する好気性細菌との共生は一挙両得であった。しかし、飲み込まれた側からみると、自分が必要とする以上にエネルギーを合成し、かつ、それを宿主のために外へ出さねばならないのだ。これは、彼らにとって何の役にも立たないどころか、隷属に等しい。こうした立場にいかなる選択的適応があるというのか？　この批判はもっともである。

マーティンとミュラーの水素仮説では、合併するメタン菌とプロテオバクテリアの双方に合併が互恵的にはたらく点に特徴がある。メタン菌は水素と二酸化炭素を燃料とし、有機分子を生成して細胞外に廃棄物として放出する。一方プロテオバクテリアは、酸素の存在下では好気的呼吸ができるが、酸素が乏しい環境では発酵によって生き続け、水素と二酸化炭素と酢酸塩を細胞外に放出する。メタン菌の排出する有機分子は燃料としてプロテオバクテリアに取り込まれ、プロ

共生がメタン菌とプロテオバクテリアの双方に互恵的に働く。プロテオバクテリアは、酸素が乏しい環境では発酵によって生き続け、水素と二酸化炭素と酢酸塩を細胞外に放出する。メタン菌は水素と二酸化炭素を燃料とし、有機分子を生成して細胞外に廃棄物として放出する

図17－2　マーティンとミュラーの水素仮説

テオバクテリアが排出する水素と二酸化炭素はメタン菌の燃料となる。すなわち、それぞれの廃棄物が他者の燃料となる。共生関係は両者にとって生存に有利な条件となる（図17－2）。

大気中の水素の濃度が低下すると、メタン菌はますますプロテオバクテリアへの依存度を強め、効率よくプロテオバクテリアから水素を得るために細胞壁を失い、ついにはプロテオバクテリアを細胞内に取り込んでいく。その後は細胞骨格のタンパク質を発明して細胞を支えるというド・デューブの進化のストーリーがあてはまる。すなわち、水素仮説では共生は古い時代に成立し、その後真核細胞が進化することになる。この説のもう一つの強みは、メタン菌とプロテオバクテリアの共生が現時点でも見られるということにあろう。

この説にも問題がないわけではない。転写・翻訳系に関与する遺伝子の多くは全ての生物に共通に存在するが、こ

うした遺伝子から推定された全生物の系統樹は、真核生物にもっとも近縁な古細菌はメタン菌が属するユーリアーキオータのグループではなく、クレンアーキオータのグループであることを示唆している（第16章参照）。この点に関して、今後検討を加える必要があろう。

ランブル鞭毛虫は細胞内共生以前の生きた化石か？

一九九〇年代の一時期に、ランブル鞭毛虫と呼ばれる単細胞の真核生物が進化学者の間で大いに話題になった。そのわけは、この生物はミトコンドリア、葉緑体、ペルオキシソームなど細胞内共生で獲得したと考えられている典型的な細胞内小器官がなく、細胞内の輸送や分泌に関与するゴルジ体などは痕跡程度に存在するだけで、いたってシンプルな細胞内構造をもっているからである。その上、ミッチェル・ソジンらが分子系統樹から、現在知られている真核生物の中でももっとも古い時期にその他の真核生物から枝分かれした生物だったことを示したからである。つまり、ランブル鞭毛虫は細胞内共生がおこる以前から生存し続けている原始真核生物（こうした生物のことをトーマス・カバリエ－スミスは「アーケゾア」と呼んだ）の生きた化石ではないか？というのである。

この魅力的な仮説に対して、身も蓋もない対立仮説がある。ランブル鞭毛虫は脊椎動物の消化管のような酸素の乏しい環境で増殖する寄生性の生物で、生存に必要なものの多くは宿主の細胞から手に入るため、無駄を省いた単純な形態へと適応的に変化したのだという考えである。すなわち、もともと存在していたミトコンドリアなどの細胞内小器官が寄生の結果消失したという考えである。

アーケゾア説（前説）が正しいか、それとも二次的欠失説（後説）が正しいのか？　一般にミトコンドリアのＤＮＡは、遺伝子の欠失とともに、遺伝子を核のＤＮＡに移すことによって極端に小型化している。したがって、ある遺伝子から作られるタンパク質が現在もミトコンドリアで何らかの目的で利用されているなら、その遺伝子は核のＤＮＡに存在しているに違いない。そういう遺伝子の例として、シャペロンの一種cpn60やバリンｔＲＮＡ合成酵素（バリンＲＳ）が知られている。これらの分子はミトコンドリアではたらくので、ランブル鞭毛虫にも同じ遺伝子があれば、二次的欠失説の可能性が大きくなる。

フォード・ドリトルらはランブル鞭毛虫にcpn60遺伝子の存在を確認した。また、長谷川政美博士のグループもバリンＲＳの存在を確認している。二つのグループはそれぞれの遺伝子に、ミトコンドリアをもつ生物から取られた同じ遺伝子を比較し、これらの生物の系統樹を推定した。その結果、ランブル鞭毛虫は真核生物の系統中、最古の時代に枝分かれした系統で、かつ真正細菌のプロテオバクテリアのグループに由来することが明らかになった。つまり、ランブル鞭毛虫のcpn60やバリンＲＳ遺伝子はミトコンドリア由来であることが分かった。このことから、ランブル鞭毛虫はアーケゾアではなく、もともとミトコンドリアをもっていたが、後に進化の過程で失ったということが示唆される。

ランブル鞭毛虫に見つかったミトコンドリアの相同小器官：ミトソーム

ところでミトコンドリアのないランブル鞭毛虫が核ＤＮＡに移したミトコンドリア用の遺伝子、シャペロンcpn60遺伝子やバリンｔＲＮＡ合成酵素（バリンＲＳ）遺伝子をなぜ失わずに保存しているのか？　もともと核ＤＮＡに存在していたバリンＲＳはミトコンドリアの共生後失われ、代わってミトコンドリアＤＮＡから移ってきたバリンＲＳを細胞質とミトコンドリアの両方で兼用することになった。すなわち、細胞質タイプのバリンＲＳ遺伝子はミトコンドリアタイプの遺伝子で乗っ取られてしまったことになる。そのためミトコンドリアそのものがなくなってもミトコンドリア由来のバリンＲＳ遺伝子が存続し続けているのは納得できる。

ではシャペロンcpn60遺伝子はどうだろうか？　ミトコンドリアで使うタンパク質は、もともとは自前のＤＮＡにコードされていた遺伝子で作られていたのだが、細胞内共生が成立した後、多くの遺伝子は宿主の核ＤＮＡに移動してしまったため、ミトコンドリアで必要なタンパク質はまず細胞質で作られ、その後ミトコンドリアに運ばれる必要が生じてきた。その際、ミトコンドリアの膜を通して分子を運ぶ、シャペロンというエスコート役のタンパク質の介在が不可欠となる。cpn60遺伝子はそうしたエスコート役のタンパク質なのだ。その遺伝子がミトコンドリアをもたないランブル鞭毛虫に存在するということは、ミトコンドリアそのものではないにせよ、ミトコンドリアの一部を残した小器官がランブル鞭毛虫にあるのかもしれない。確かに古くからランブル鞭毛虫はミトコンドリアをはじめとして典型的な細胞内小器官がないといわれてきたが、完全に消失したわけではなく、部分的に機能を残した残存小器官の存在が示唆されていた。

事実、二〇〇三年ジョージ・トバーらは、ランブル鞭毛虫がミトコンドリアの相同小器官と考えられるミトソームをもっていることを明らかにした。生物のエネルギー源であるＡＴＰは電子伝達系を介してミトコンドリアで生産されるが、鉄－硫黄クラスターと呼ばれる補助因子が電子伝達機能の活性中心である。鉄－硫黄クラスターの合成は常にミトコンドリアで始まる。ところでランブル鞭毛虫にはミトコンドリアがないのに、鉄－硫黄クラスターが存在することが知られていた。では鉄－硫黄クラスターはどこで生成されているのであろうか？　これがトバーらの疑問であった。

鉄－硫黄クラスターの生合成に関与する、ミトコンドリアではたらく遺伝子IscSとIscUがランブル鞭毛虫に存在することがすでに知られていたが、これらの遺伝子産物の特異的抗体から、彼らはランブル鞭毛虫に二重膜をもつミトコンドリア残存小器官ミトソームを発見した。通常の真核生物のミトコンドリアとは違ってランブル鞭毛虫のミトソームはＡＴＰを合成しない。むしろランブル鞭毛虫ではミトソームは鉄－硫黄クラスターの組立工場としてはたらく。そこで作られた鉄－硫黄クラスターを使って細胞質でATPを合成するのである。

ミトソームの進化的位置を考える上で重要な情報がミトコンドリアの遺伝子IscUを使った系統樹から得られる。すなわち、ランブル鞭毛虫のミトソームと他の生物のミトコンドリアはプロテオバクテリアに起源をもつ共通の祖先から枝分かれしたことがわかる。ランブル鞭毛虫はミトコンドリアを失ったのではなく、ミトコンドリアの相同小器官をもっていたのだ。ただそれは、おそらく寄生の結果、自身のDNAすら失って、ミトソームという残存小器官にまで変化してしまっていたのだ。

ランブル鞭毛虫のミトソームと関連して寄生性の原生生物トリコモナスは興味深い。この単細胞真核生物も嫌気性で、ミトコンドリアの代わりにヒドロゲノソームという、嫌気的条件下でATPの合成を行う別の細胞内小器官をもっている。ヒドロゲノソームにはミトソームと同様に、自身のDNAがない。興味深いことに、トリコモナスにはミトコンドリアがないのに、ミトコンドリアの起源となったプロテオバクテリアに由来すると思われる遺伝子が見つかっており、それらから作られるタンパク質はヒドロゲノソームではたらく。これは、ミトコンドリアとヒドロゲノソームが同一起源に由来する細胞内小器官であることを示唆する。ヒドロゲノソームの発見者ミクロス・ミュラーは大胆にも、ヒドロゲノソームもミトコンドリアのように共生によって進化したエネルギー生成小器官ではないかと予想した。

ミトコンドリアファミリー

ここまでくると、ミトソーム、ヒドロゲノソーム、ミトコンドリアの間の関係が知りたくなるのは当然である。二〇〇一年にミュラーらによって予備的研究がなされている。彼らは、前出の鉄‐硫黄クラスターの生合成に関与する遺伝子IscSを三者から単離することに成功した。さらにこの分子から三者の系統関係を推定したところ、三者はプロテオバクテリア起源の共通の祖先から枝分かれしたことが分かった。つまり三者は、系統ごとに形態的変化やDNAの消失を伴いながら多様化したミトコンドリアの相同小器官である可能性があるということである。

この結果を受けて、パベル・ドレザールらは二〇〇五年に、鉄‐硫黄クラスターの生合成に関与するいくつかのタンパク質がどのようにそれぞれの小器官に輸送されるのかを調べた。一般に細胞質からミトコンドリアへタンパク質を輸送するには、シグナルペプチドと呼ばれる特別なアミノ酸の配列からなるペプチドが要求される。彼らはランブル鞭毛虫のIscSタンパク質にミトソームへの局在を可能にしている配列を見つけた。さらにランブル鞭毛虫の遺伝子をトリコモナスに導入したところ、ヒドロゲノソームに局在し、ランブル鞭毛虫で見つけたシグナル配列がヒドロゲノソームへの局在の鍵になっていることをつかんだ。こうしてミトソーム、ヒドロゲノソーム、ミトコンドリアの三者はタンパク質輸送のための同じシステムを保有していることが明らかになり、先の系統解析も含めると、三者は同じ祖先に由来する相同の小器官であることがますます確からしくなってきた。

細胞の構造が単純であるからといって、いつも原始的であるということを意味しない。ランブル鞭毛虫のような寄生性の生物にとっては、生きていく上で必要な食物は宿主から十分に与えられるので、最低限の生存装置を残して、それ以外の装置を欠失させることで身軽になり、余分になったエネルギーを子孫を増やすことに割り当てて、単純な形態へと変貌していったのであろう。この戦略は、必然的にＤＮＡの複製回数の増大、すなわち突然変異率の大幅な上昇へと導く。分子レベルで見ると分子進化速度が極端に高くなることを意味する。

一部の系統の分子進化速度が極端に高くなっている場合は、分子で生物の系統樹を推定する際に致命的な問題を引きおこす可能性がある。すなわち、その系統を実際よりも古い時期に分岐したように推定してしまう傾向がある（ＬＢＡ、第15章参照）。ランブル鞭毛虫が他の真核生物の系統からもっとも古い時期に枝分かれしたというソジン以来の伝統的推定は、いまだに人為的エラーである可能性を完全に否定できていない。それにしても、ソジン、カバリエースミスに始まるアーケゾア探しのロマンは完全に振り出しに戻ってしまった。

第18章　見直される真核生物の系統樹
――「単純から複雑へ」はいつも正しいか――

分類の上でも、系統の上でも、混沌としていた真核生物超生物界のなかの単細胞のグループ、すなわち、原生生物界が、系統樹推定法の改良と配列データの増大によって、少しずつ理解がすすむようになってきた。

原生生物界

原生生物とは、大雑把には、単細胞の真核生物と考えて差し支えないのだが、なかには生活環に多細胞状態を含むものもあり、厳密な定義が難しい。リン・マーギュリスとカーリーン・シュヴァルツの名著、『五つの王国』には、原生生物とは、動物でもなく、植物でもない、さりとて菌類でもない、しかも原核生物でない生物、とある。こういってしまうとわけの分からない生物が一緒くたにかき集められた、いわばごみの捨て場の生物界といった感じになるが、実際は多様で厳密な定義が難しいということなのであろう。

原生生物の形態はさまざまで、正確な種の数は定かでないが、ジョージ・メリンフェルドによれば、六万五〇〇〇種以上にものぼる。ジョン・コーリスの推定では二五万種にもなると『五つの王国』に書かれている。この多様な原生生物界もいくつかの門に分類されている。たとえば、『五つの王国』によると、三二の門から構成されている。実のところ、原生生物については、分類に関しても、系統に関しても、いまだにいろいろと議論の多い生物界である。

原生生物の中で分子生物学的研究が進んでいるグループは、睡眠病やマラリア原虫など、病原性のある生物や寄生性の生物で、医学的興味から研究が進んでいる例外的な原生生物で、これほど多様な生物界にしては分子レベルの研究が進んでいるグループがあまりにも少ない。分子レベルの研究が遅れている理由として、マーギュリスとシュヴァルツは、原生生物のほとんどが食物にならず、直接経済的な重要性ももっていないので、この分野の研究に経済的な投資がされてこなかったからだとのべている。

分子系統樹の訓練課題だった動物・菌類・植物の系統関係

花が好きなのは昆虫に限ったことではない。花は嫌いだという人はめったにいないであろう。逆に、風呂場の排水口にこびりついた黒カビが好きだという人もお目にかかったことがない。われわれは花に近いのか、それともカビに近いのか？　と聞いたら、心情的には花といいたいところであろう。真核生物超生物界で原生生物界を除く三つの界は多細胞の形態を取るが、花は植物界に属し、カビは菌界で、われわれはいうまでもなく動物界に属している。したがって上の質問は、系統学的にいい直せば、三つの生物界の系統関係を問うていることになる。

この問題は身近な、誰もが興味をもつ問題である。しかも系統学的にも重要な問題だったために、分子進化学がスタートして間もない一九七〇年代には早くも分子系統学的研究がスタートしている。化石のデータが少ないので、形態レベルでの研究が立ち後れていたこともあって、分子レベルでの研究が乗り出していく良い機会であったのであろう。同時に、系統的に遠い関係にある三生物界の分岐の順序を解明するために、さまざまな系統樹法が開発されていった。

最初にこの問題を手がけた分子進化学者はマーガレット・デイホフであった。彼女はチトクロームcというミトコンドリアではたらくタンパク質を使って、彼女自身が開発した系統樹推定法で解析し、動物と菌類は近縁で、植物は両者に対して遠縁の関係にあることを示した。この系統関係を動物 - 菌類近縁系統樹と呼んでおこう。ちなみに三者の可能な関係には、このほか、動物と植物が近縁で菌類が両者に対して遠縁の関係（動物 - 植物近縁系統樹）と、植物と菌類が近縁で、動物が遠縁の関係（植物 - 菌類近縁系統樹）がある（図18 - 1）。

翌年、ウォルター・フィッチは同じタンパク質を使って、しかし方法は自分自身で開発した方法によって、動物と植物が近縁で、菌類はそれらより遠縁の関係、動物 - 植物近縁系統樹を推定

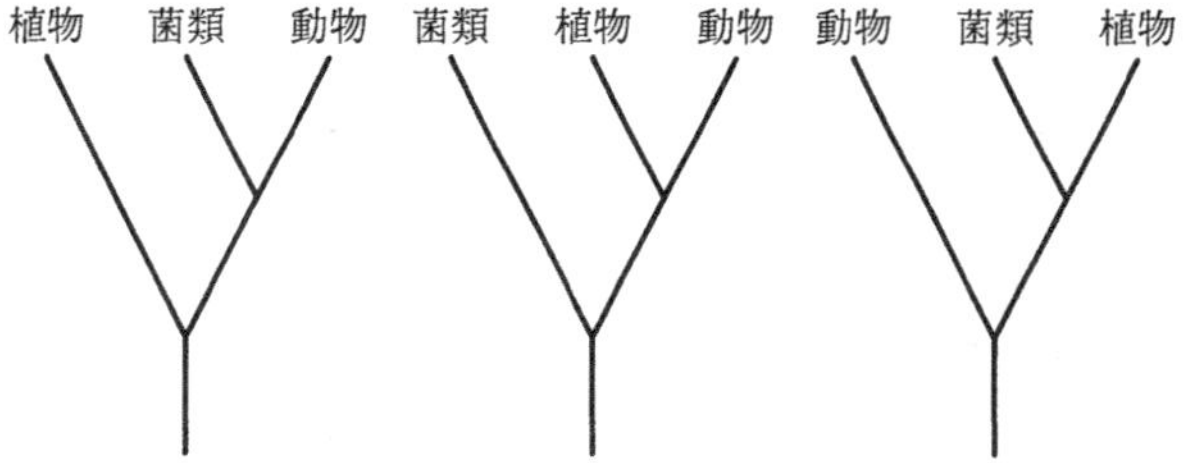

すべての可能な関係がしめされている

図18－1　動物、植物、菌類の系統関係

した。我が国では長谷川政美博士が早くから一貫して精度の高い最尤法でこの問題に取り組んでいる。今では当たり前のようにして利用している最尤法を中心に、長谷川博士は分子系統樹推定法の発展に大きな成果を残している。それ以来一九九五年までに、何人もの研究者によって、異なる分子と方法で解析が行われ、二〇を下らない論文が報告されている。こうした論文では、著者ごとに異なる系統樹が主張されている。

なぜ研究者によって、これほどまでに違う答えが得られるのであろうか？　理由はいくつか考えられる。三つの生物界の分岐は非常に古い時代におきているため、分子によっては、アミノ酸や塩基が変化できる座位は目一杯変わってしまっている（変化が飽和しているという）ため、正しい進化の情報が得られないことが考えられる。あるいは、三つの生物界の分岐時期が比較的接近しているために、小さな分子ではアミノ酸置換数の十分な統計量が得られず、精度よく三つの樹形が分離できなかったことも考えられる。使用する分子や方法によっていくぶん結果が違ってくることは十分予想されることだが、三者の間でおきた分岐の時期があまりにも接近しているので、分子や方法の違いによるバラツキの範囲内に収まってしまっている可能性がある。

多数の分子で生物の系統樹を推定する

こうした困難を克服するために、二河成男博士を中心に筆者のグループは、これまで一種類の遺伝子で推定されていた動物・植物・菌類の系統関係に対して、二三種類の異なるタンパク質を用意し、また系統樹の推定法についても、異なる三つの方法を併用して解析を行った。さらに一つ一つのタンパク質で得られた結果を重ね合わせ、総合的に判断できるような統計処理を施した。一つ一つの分子は小さいため、結果がばらつくが、全部重ねると大きな分子で解析したことと同じことになるので、誤差が小さくなると期待できる。

多数の遺伝子あるいは分子で生物の系統樹を推定する際の注意点を簡単にのべておこう。一般に生物の種の分岐に際し、それぞれの種に同じ遺伝子が受け渡される。別の言い方をすれば、種の分岐と同時に遺伝子も分岐することになる。この場合、種の分岐と遺伝子の分岐は対応すると期待される。分子から生物の系統を推定するときに用いる遺伝子はこのタイプの遺伝子でなければならない。このように、種の分岐と遺伝子の分岐が対応している関係を「オーソロガス」な関

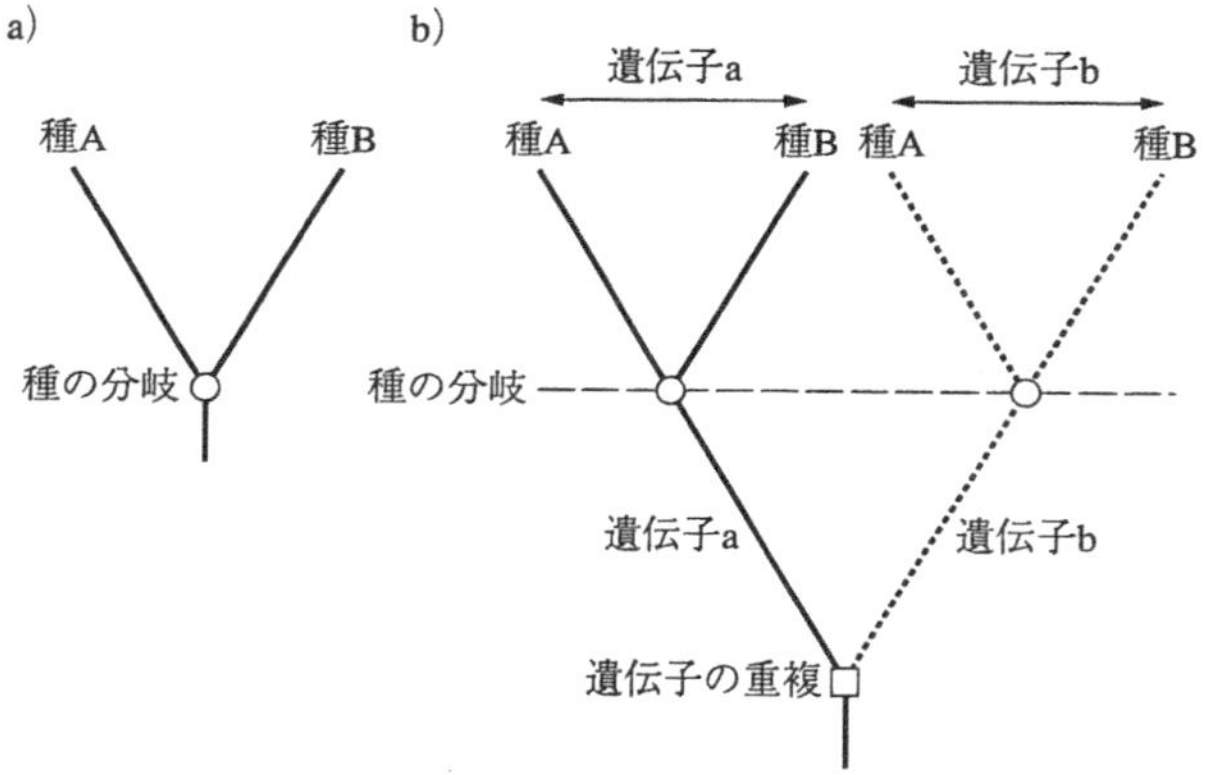

図18－2　種の分岐と遺伝子の分岐

係という。

いま、共通の祖先から二つの種A、Bが分岐したとしよう。この種分岐に先行して遺伝子重複がおきている場合を考えてみよう（図18－2）。遺伝子重複で生じた二つの遺伝子をa、bとしよう。遺伝子重複が種分岐に先行しておきているので、それぞれの種は二つの重複遺伝子a、bをもつ。このとき種Aの遺伝子aと種Bの遺伝子a、あるいは種Aの遺伝子bと種Bの遺伝子bはオーソロガスな関係にあることになり、種の分岐と遺伝子の分岐が対応している。

一方、種Aの遺伝子aと種Bの遺伝子b、あるいは種Aの遺伝子bと種Bの遺伝子aでは、いずれも種の分岐と遺伝子の分岐が対応していない。このような関係のことを「パラロガス」な関係という。パラロガスな関係にある遺伝子あるいはタンパク質を使って系統樹を推定すると、正しい系統関係が得られない。動物・植物・菌類に対して、いずれもオーソロガスな関係にある分子を使った場合と、どれか一つにパラロガスな関係にある分子がまぎれこんだ場合とでは、推定された系統樹が一般に違ってくる。

もう一つの注意点は、遺伝子ごとに進化の速度が異なり、その違いは遺伝子によっては数十倍にもなる。したがって、進化速度の大きな遺伝子を選べば、一つで十分な統計量が得られる。一方で、遠縁な関係の系統樹推定には、進化速度の大きな遺伝子は適さないので、進化速度の小さな遺伝子を多数使用すべきなのである。

進化速度の大きな遺伝子を異なる種間で比較した場合、しばしば「飽和」という現象が観察される。たとえばある遺伝子の塩基配列を比べたとき、四種類の塩基が等含量なら、ある座位の塩基は、両者の間ででたらめな配列でも1／4の確率で一致する。したがって、1－1/4＝3/4の相違度のことを飽和という。一般には塩基が等含量で使われてはいないので、もっと小さな値で飽和する。置換が飽和している場合、十分な置換数が得られていても、その遺伝子での種間比較は進化的な意味をもたない。

多数の遺伝子を使って系統樹を推定する際の問題の一つは、パラロガスな関係にあり、かつ進化速度の大きな遺伝子が一組でも紛れ込んだ場合である。特にそれが飽和している場合はなおさらである。この場合には、実際とは異なる系統樹を推定してしまう危険性が大いにある。

二河博士らは、こうした点を一つ一つ注意しながら、二三種類のタンパク質のデータの組を用意した。それでもパラロガスな関係にあるデータを完全には除外できない可能性はある。パラロガスな関係にある、進化速度の大きなデータをもつ組は、他の組と比べて、著しく違った結果を示すことが期待されるので、そうした組を除外することは可能である。

結果は明瞭であった。動物は菌類に近縁で、植物に遠縁の関係にあることがはっきりと、すなわち、統計的に有意に示された。三つの方法で同じ結果を示すタンパク質に限定すると、いっそう明瞭な結果が得られた。こうして三つの生物界の系統関係に関する混乱が収拾された。一九九〇年代前半のことで、実にスタートから二〇年もかかっている。ここで得られた系統関係は正しいが、もちろん最終版ではない。系統樹推定に用いた系統の数がきわめて少ないし、外群に用いた系統も適切ではない。しかし、多数の分子で系統樹を推定するという考えがその後一般に使われるようになった。

紛らわしい原生生物：細胞性粘菌

この後、同じ手法で分類学的に紛らわしい細胞性粘菌の系統的位置が推定された。細胞性粘菌という原生生物の分類をめぐって、昔から生物学者の間で論争が絶えない。この粘菌は、動き回り、ある時は集まってナメクジのようにもなり、変態までする。またバクテリアを食べて消化することもできる。まるで動物のようである。一方で、この粘菌は、植物のように、まっすぐな体になって実をつけ、胞子を作る。そうかと思えば、湿度の高い土壌や腐敗した植物から栄養を摂取する。また胞子は頑丈な細胞壁をもっている。これらの点では菌類によく似ている。動物学者によっては、「動菌類」と呼ぶ人もいる。動物界にも、植物界にも、菌界にも入れられないので、時々〝がらくた〟生物界として扱われることもある原生生物界に放り込まれたわけである。

形態レベルで見るとそんなに分類が紛らわしいのなら、分子で調べてみる価値がある。隈啓一博士を中心に筆者のグループは、一九種類のタンパク質データで、動物界、植物界、菌界に加え、粘菌の間の系統樹を推定した。その結果、細胞性粘菌は動物と菌類の共通の祖先と枝分かれし、植物とは遠い関係にあることが明らかになった（図18－3）。その後、細胞性粘菌の全ゲノム塩基配列が決定し、多くの遺伝子でこの系統関係が再検討された。その結果、上記の結果が再現された。

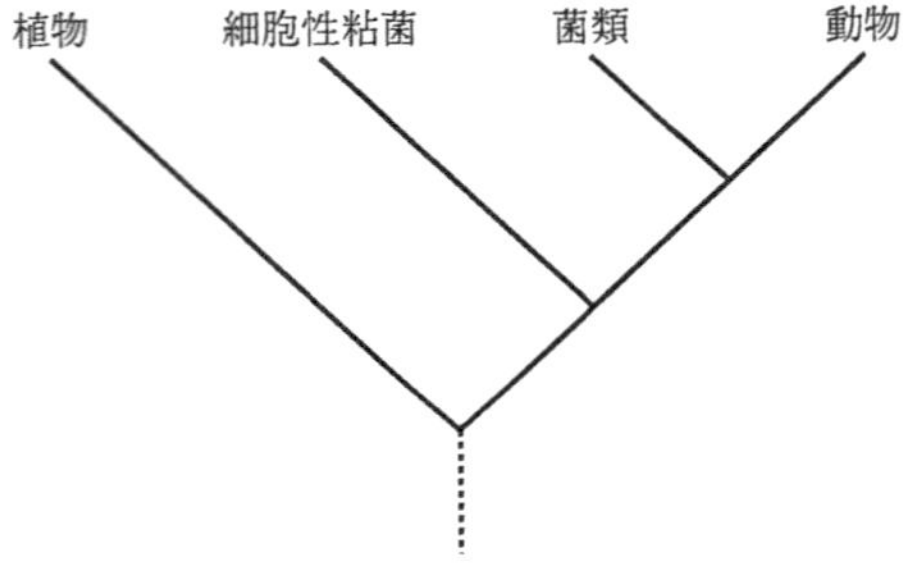

図18－3　細胞性粘菌の系統的位置

陸上植物の起源

こうして、動物界、植物界、菌界の系統関係は分子のデータから理解できた。次の興味の一つはそれぞれの起源に関する問題であろう。動物の起源に関しては、研究がかなり進んでおり、単細胞の原生生物である立襟鞭毛虫が動物に最も近縁であるとされている（第19章参照）。菌界の起源についてはまだはっきりしていない。植物界の起源に関しては、昔から陸上植物は緑藻から生じたということで意見が一致している。緑藻のうち、シャジクモ藻綱が近縁なグループであることまでは分かっていたが、そのうちのどの系統が直接の祖先となったのかは、共通の理解に至っていなかった。

佐々木剛博士を中心とした筆者のグループは、シャジクモ藻綱に属する系統のうち、どの系統が陸上植物の直接の祖先となったのかを理解するために、分子系統解析を開始した。外群を含め、一五の生物種のそれぞれに対して、DNAポリメラーゼとRNAポリメラーゼIIそれぞれの大きな二つのサブユニット（合計四一一五アミノ酸座位）のアミノ酸配列データで系統樹を推定した（図18-4）。

推定された系統樹によると、陸上植物にもっとも近縁なグループは、意外なことに、多細胞のコレオケーテやシャジクモではなく、単細胞の接合藻類であった。この結果は統計的にかなり高

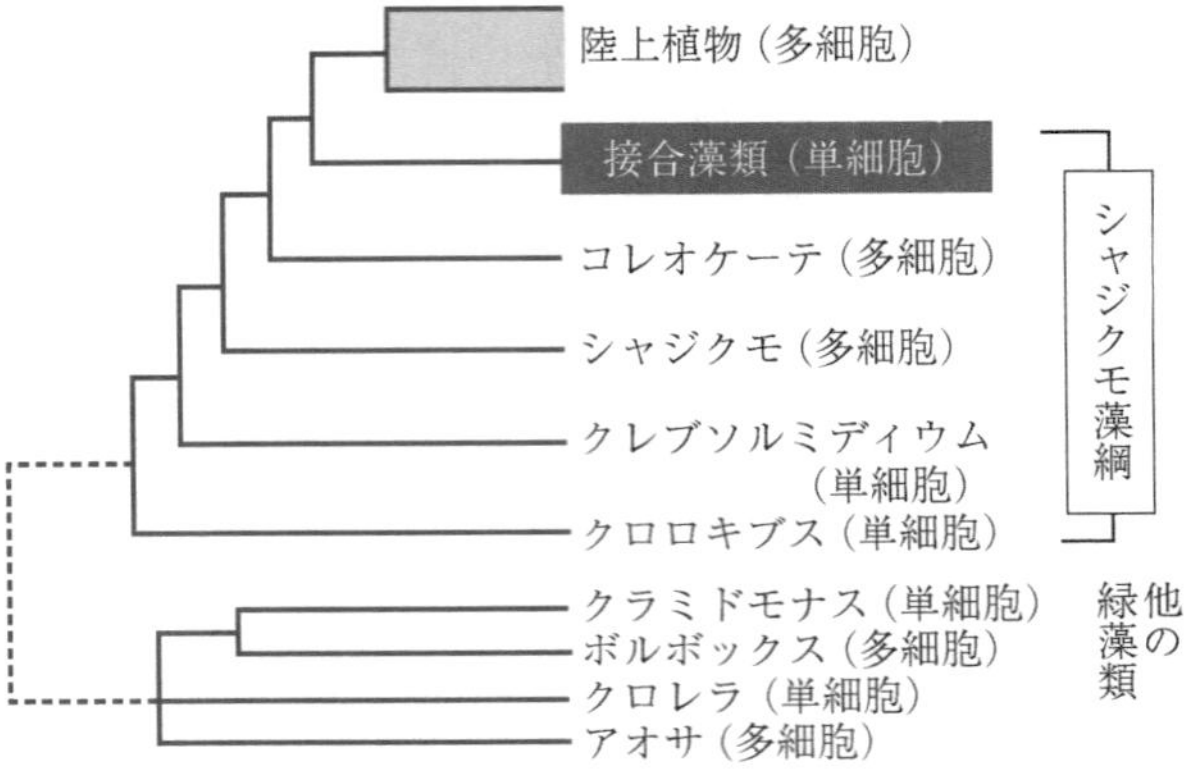

図18－4　陸上植物とそれに近縁なシャジクモの系統関係

い信頼性があるので、この系統関係を基礎に植物の進化を考える必要がある。最大節約的な考えからすると、接合藻類は多細胞性を失って、単細胞に逆戻りした、という可能性が残るが、単細胞から多細胞化することとその逆の過程では、おこりやすさの点で対等ではない。また、シャジクモ藻類より陸上植物に遠縁のグループでは、いくつかの系統で多細胞化しているので、陸上植物、コレオケーテ及びシャジクモの三つの系統で独立に多細胞化したと考えることもできるであろう。

シャジクモ藻類が独立に複数回多細胞化できた遺伝的背景があるのかもしれない。第13章で既に紹介したように、動物の場合のように多くのデータで検証したわけではないが、多細胞に特有の細胞間情報伝達に関与する遺伝子族が単細胞の接合藻類にも多数存在し、陸上植物と接合藻類の分岐あたりで盛んに多様化していた。このことは、陸上植物の祖先の系統も含めて、シャジクモ藻類では多細胞化のための遺伝的準備ができていたことを物語っているのかもしれない。

微胞子虫から学ぶ寄生性原生生物の系統的位置

微胞子虫と呼ばれる寄生性の原生生物がいる。この生物は、寄生の結果生じた細胞構造の単純化と分子進化速度の増大が、その進化的位置に関して、形態レベルと分子レベルの両面から、研究者を同じ誤った結論へと導いた、典型的な例である。

微胞子虫類はマーギュリスとシュヴァルツの『五つの王国』によると、極嚢胞子虫門の微胞子虫綱（ミクロスポラ）に分類される寄生性原生生物である。微胞子虫の仲間にはグルゲアやエンセファリトズーンなどがあり、宿主細胞内で病原体として生きているものが多い。これら微胞子虫の仲間は、典型的なミトコンドリアやペルオキシソームといった細胞小器官をもたない。そのことから、微胞子虫は、ミトコンドリアの共生がおこる以前の真核生物、すなわち、「アーケゾア」ではないか、と騒がれたことがあった（第17章参照）。

一九九〇年代前半には、リボソームRNAやポリペプチド伸長因子による分子系統樹から、微胞子虫は真核生物の中で最も古い時期に分岐したグループであることが示された。すなわち、微胞子虫は、形態的にも、系統的にも、最古の真核生物ではないか、と考えられたのである。

しかし、微胞子虫はミトコンドリアではたらく熱ショックタンパク質HSP70が核のDNAに存在することが明らかになったことから、かつてミトコンドリアをもっていたが、おそらく寄生性の獲得の結果、ミトコンドリアを二次的に失ったのではないかと考えられるようになった。ミトコンドリアが消失する以前にミトコンドリアDNA上の遺伝子の一部を核DNAに移したというわけである。その後、HSP70の抗体を作ることで、微胞子虫がミトコンドリアを完全に消失したのではなく、残存構造が存在することが示された。こうして、微胞子虫の細胞構造に関する研究から、「微胞子虫のアーケゾア仮説」は否定された。

一方、微胞子虫の系統的位置に関する分子レベルの研究も新たな進展を見せた。分子から生物の系統を明らかにしようとする場合、まず配列データが得やすいリボソームRNAで解析を始めるのが通常のパターンである。次いでタンパク質を使った解析へと進めるのだが、この場合も配列データが簡単に得られるポリペプチド伸長因子を使う場合が多い。真核生物の初期進化の研究も例外ではなく、リボソームRNAでスタートし、ついでポリペプチド伸長因子で前者の結果を確認するという手順で研究が進められてきた。

一九九〇年代前半までに、ポリペプチド伸長因子で解析された真核生物の初期進化に関する系統樹の大きな特徴は、寄生性のグループが真核生物の系統樹上非常に古い時期に分岐している点である。これは当初から、系統樹推定にしばしば見られるＬＢＡ（Long Branch Attraction Artifacts）と呼ばれている人為的結果ではないかと指摘されていた。

分子系統樹では、系統樹の枝の長さを、ある生物が他の生物と分岐後現在に至る間に蓄積した塩基あるいはアミノ酸置換の数に比例して表現する慣わしになっている。非常に古い時期に分岐した生物は、分岐後経過した時間が長いので、系統樹では枝の長さが最近分岐した生物に比べて長い。しかし、比較的最近分岐した生物でも、進化の速度が非常に高い場合には置換数が多くなり、枝の長さが長くなる。そのため、進化速度が非常に大きな生物は誤って古い時期に分岐したように推定されてしまう場合がある。さらに、研究の初期にしばしば利用されたリボソームＲＮＡやポリペプチド伸長因子は、進化速度がときどき系統間で大きく変動する場合があることが知られている。こうしたことがＬＢＡを助長した可能性が大いにある。一般に単純な構造をもつ寄生性の生物は増殖率が高く、ＬＢＡの可能性が大きい。

このことを踏まえ、一九九〇年代後半になると、寄生性の原生生物を含む分子系統樹が改良されていった。その結果、ＲＮＡポリメラーゼⅡやいくつかの分子に基づく系統解析は、微胞子虫が驚くことに菌類に近縁であることを明らかにした。こうして、動物、菌類、微胞子虫は系統的に、一つのまとまった大きなグループを形成することが明らかになり、オピストコンタと名づけられた。

分子系統進化の研究者は寄生性生物の系統に関して、微胞子虫から重要なことを学んだ。寄生という生活様式を進化の過程で獲得した微胞子虫は、宿主から十分な栄養を得ることが可能になり、さまざまな細胞内小器官を欠失して小型化への道を歩むことになった。彼らはＤＮＡでさえ極端に縮小化し、ある系統では原核生物の大腸菌より小さなＤＮＡをもつに至っている。こうして寄生性の獲得は極端に単純な形態を進化させた。形態レベルでの進化において、「単純から複雑へ」という進化のルールをアプリオリにあてはめてしまうと、寄生性生物の系統的位置を誤って推定してしまう可能性があることを、われわれは注意しなければならない。

ＤＮＡや細胞内構造の単純化は、同時に細胞分裂の増大を可能にした。それはより多くの子孫を残すことを可能にし、自然選択によって種に広まったと考えられる。増大した細胞分裂数は、第８章で詳しくのべたように、進化に寄与する突然変異率の増大をもたらし、寄生性の系統の高い進化速度に反映する。高い進化速度は、分子系統樹において、この系統の長い枝として反映される。そして、長い枝をもつこの系統は、系統樹上、しばしばＬＢＡによって間違って古い分岐に位置づけられてしまう。

「単純から複雑へ」という形態レベルの進化のルールは常に正しいわけではなく、寄生性の原生生物のいくつかを誤って「アーケゾア」と位置づけてしまったことがあった。それを分子系統樹は、ＬＢＡの結果、誤って支持した経験があったのだ。

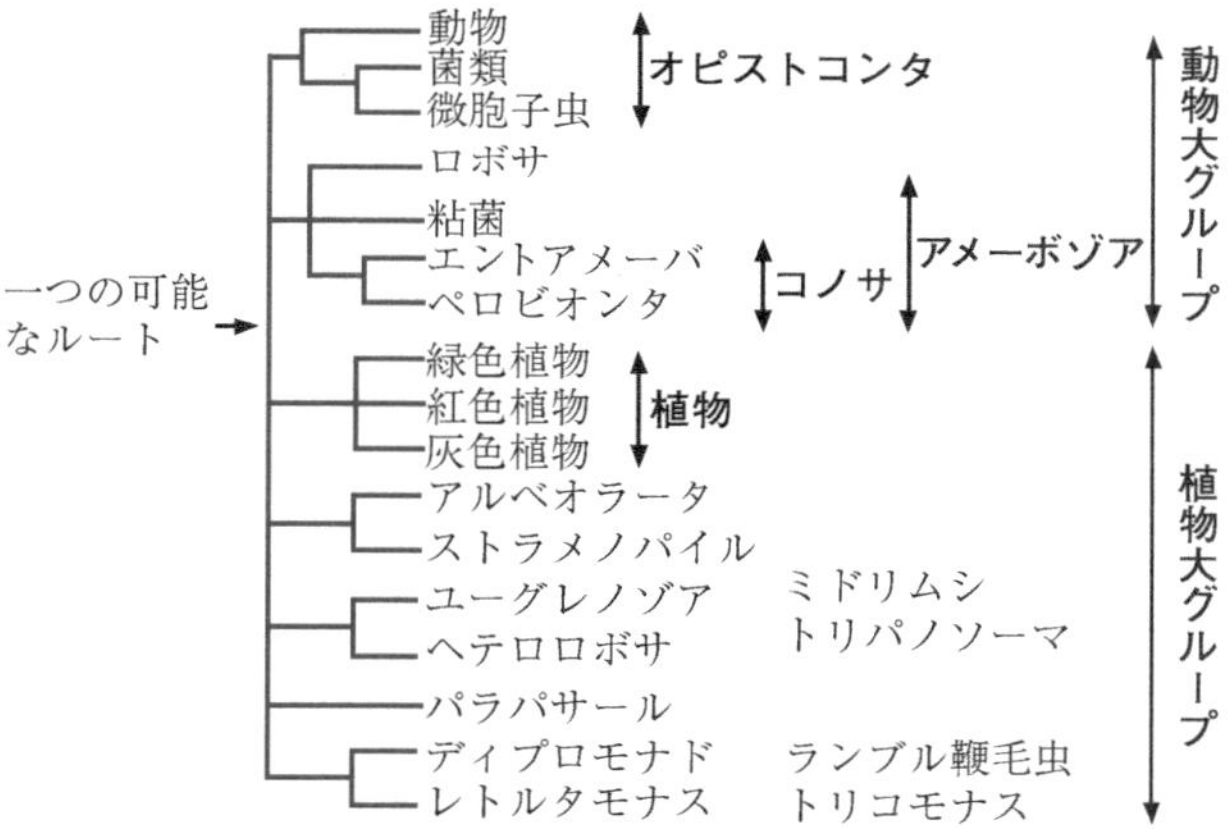

図18－5　分子で推定された真核生物の大きな分類群

こうした経験を踏まえて、より信頼性の高い分子系統樹の推定が行われるようになった。多数の遺伝子を用いた系統解析から、多様なアメーバのグループ、アカントアメーバ（ロボサに分類）、コノサに分類されるエントアメーバ、マスティグアメーバ（ペロビオンタに分類）、及び細胞性粘菌が、一つの大きなグループ、アメーボゾアに分類された。最近では、上記のオピストコンタ、アメーボゾアに加えて、七つから八つの大きな真核生物のグループが確認されている（図18－5）。すなわち、繊毛虫（ゾウリムシ、テトラヒメナなど）、渦鞭毛藻類、アピコンプレックス（マラリア原虫など）から成るアルベオラータは、珪藻類、褐藻類、卵菌類などのストラメノパイルと近縁な関係にあって、一つの大きなグループを作っている。ミドリムシやトリパノソーマを含むユーグレノゾアは、ナエグレリアやアクラシスなどのヘテロロボサと姉妹群である。さらに、ディプロモナド（ランブル鞭毛虫など）とレトルタモナス（トリコモナスなど）は近縁関係にある。

真核生物のルートはどこか？

さて、ここまで話を進めてきたが、最後に重大な問題を考えてみよう。動物、植物、菌類は一つにまとまった単系統群を形成するのであろうか？　これらの系統は全真核生物の系統樹のどこに位置するのであろうか？　全真核生物の系統樹の最も深い根（ルート）は何か？　同じ問いだが、真核生物のなかで最古の分岐は何か？　こうした問いに答える研究は一九九〇年代以降に盛んに行われるようになった。

橋本哲男博士らは、右でのべた真核生物の大きな分類群の間の系統関係を明らかにする目的で、多数の分子を用いて分子系統解析を試みた。しかし、残念ながら統計的に有意な結果は得られなかった。一方で、ステックマンとカバリエ－スミスは異なる視点、すなわち、分子的な共有形質でこの問題の解明を試みている。二つの鞭毛をもつ植物やアルベオラータなどのグループ（バイコンタ）では、デハイドロフォレートレダクターゼ（DHFR）とチミジレートシンターゼ（TS）がゲノムの上で逆向きに融合している。一方、オピストコンタとアメーボゾアでは二つの遺伝子は融合していない。ちなみに二つのグループは一つの鞭毛を持ち、ユニコンタと名づけられている。彼らはさらに、ピリミジン合成系に含まれる三つの遺伝子の遺伝子融合についても調べた。その結果、ユニコンタでは遺伝子融合が見られたが、バイコンタでは見られなかった。これらの結果から彼らは、真核生物の最も深い根は植物へ至るバイコンタのグループとオピストコンタとアメーボゾアを含むユニコンタのグループの間にあることを示唆した。

彼らの結果は真核生物の最も深いルートについての重要な示唆を与えてはいるが、こうした分子的形質の保存性に関する十分なデータの蓄積がないので、信頼性が十分あるとは断言できない。最終結論まではより多くのデータの蓄積が必要であろう。また、遺伝子内の特定のイントロンの有無で同様の解析を行う試みがあるが、この種類の解析は注意深く行うべきである。おそらく寄生性の生物では高速でのゲノム複製の結果、ゲノムサイズが極端に小さくなり、イントロンが選択的に欠落している可能性が十分ある。これはまた、LBAの結果と類似の傾向を示す。

現時点では不十分な証拠ではあるが、全真核生物は、大きくオピストコンタとアメーボゾアからなる大グループ（動物大グループと呼ぶことにする）と、図18-5でオピストコンタとアメーボゾア以外のグループからなる大グループ（植物大グループ）に分けられ、最も深い根が両大グループの間に位置する可能性があるかもしれない（図18-5の矢印の位置）。もし、この系統樹が正しいなら、

①動物・菌類・植物からなるグループは、これまでいわれてきたような、真核生物初期進化の最終段階で出現した単系統群ではなく、真核生物の進化の最初期に分岐したことになる。

②このことはさらに、動物へ至る系統と植物へ至る系統で独立に多細胞化がおきたことを意味する。

③多細胞生物は、真核生物の進化の比較的早い時期に出現した可能性まである。

こうした興味深い問題を含んだ真核生物の系統樹が、おもに多数の遺伝子を使った系統解析によって将来見直されていくことであろう。

第19章　多細胞動物の分類と系統
——体腔という名の理想像への反抗——

多細胞動物の起源

われわれは、動物というと、日常的には、哺乳動物や鳥、あるいは魚など、どちらかというと体の大きな生き物を意味し、アリやハエといった小さな生き物を虫と呼んで区別しているが、生物学でいう動物とは、多細胞動物のことをさす。多細胞動物とは、その名が示す通り、多数の細胞から構成されている動物のことで、別名、後生動物ともいわれている。この中には、脊椎動物や昆虫をはじめとして、タコやイカなどの軟体動物、あるいはクラゲやイソギンチャクなどの刺胞動物も含まれる。分類学的には、多細胞動物は一つの生物界、すなわち動物界を形成していて、その中の最大の分類単位である門でいうと、リン・マーギュリスとカーリーン・シュヴァルツの著書、『五つの王国』に従えば、三二の動物門から構成されている。

多細胞性の生物の起源は非常に古く、二一億年前にさかのぼるという最近の報告がある。動物

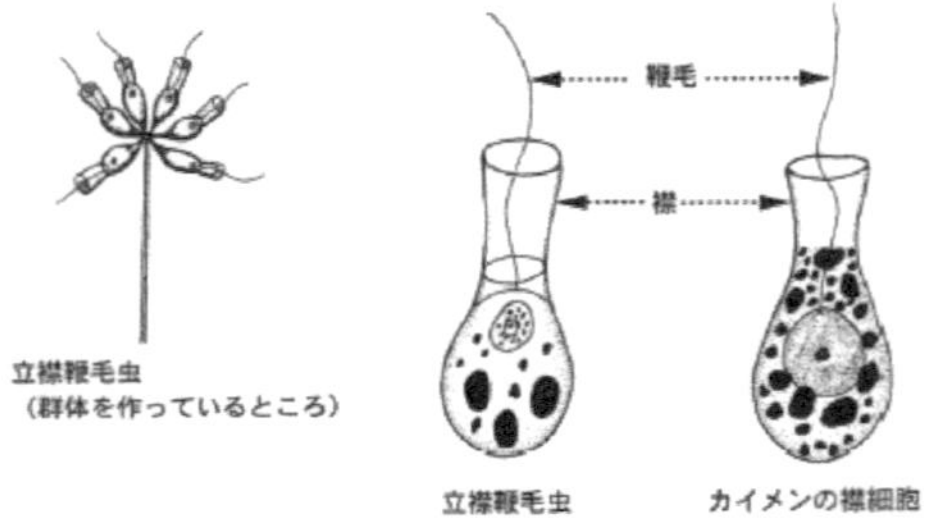

図19－1　立襟鞭毛虫とカイメンの襟細胞の比較

の起源はずっと新しく、およそ一〇億年前に単細胞の原生生物から進化したといわれている。その一億年後の九億年前の地層から多細胞動物と思われる化石が見つかっている。多細胞化は生物進化のなかでも大変大きな進化的でき事で、ジュリアン・ハックスレーは、多細胞化は生物界での生物学的新しさに関する三大革命の一つだといっている。多細胞化によって生物は量の新しさを獲得し、結果として体が大きくなり、さまざまな器官や組織をもつ複雑な生物へと進化することができたというわけである。

多様な動物も起源を辿れば一つの原生生物にたどり着くという点ではだれもが同意するが、ではその起源となった原生生物はどんな生物なのか。立襟鞭毛虫という、カイメンの襟細胞に大変よく似た形をしている、単細胞の原生生物が知られていて、この生物が起源となったのではないか、と昔からいわれてきた（図19－1）。

分子系統樹による研究もすでになされている。分子系統樹から動物の起源を推定したのはミッチェル・ソジンらが最初であった。ソジンらが18SリボソームRNAで推定した系統樹によると、立襟鞭毛虫の系統は菌類と動物の系統の間に入る系統関係になっている。すなわち、立襟鞭毛虫は、カイメンの襟細胞に形態がよく似ていることも含めて、動物の起源となった原生生物である可能性がある。

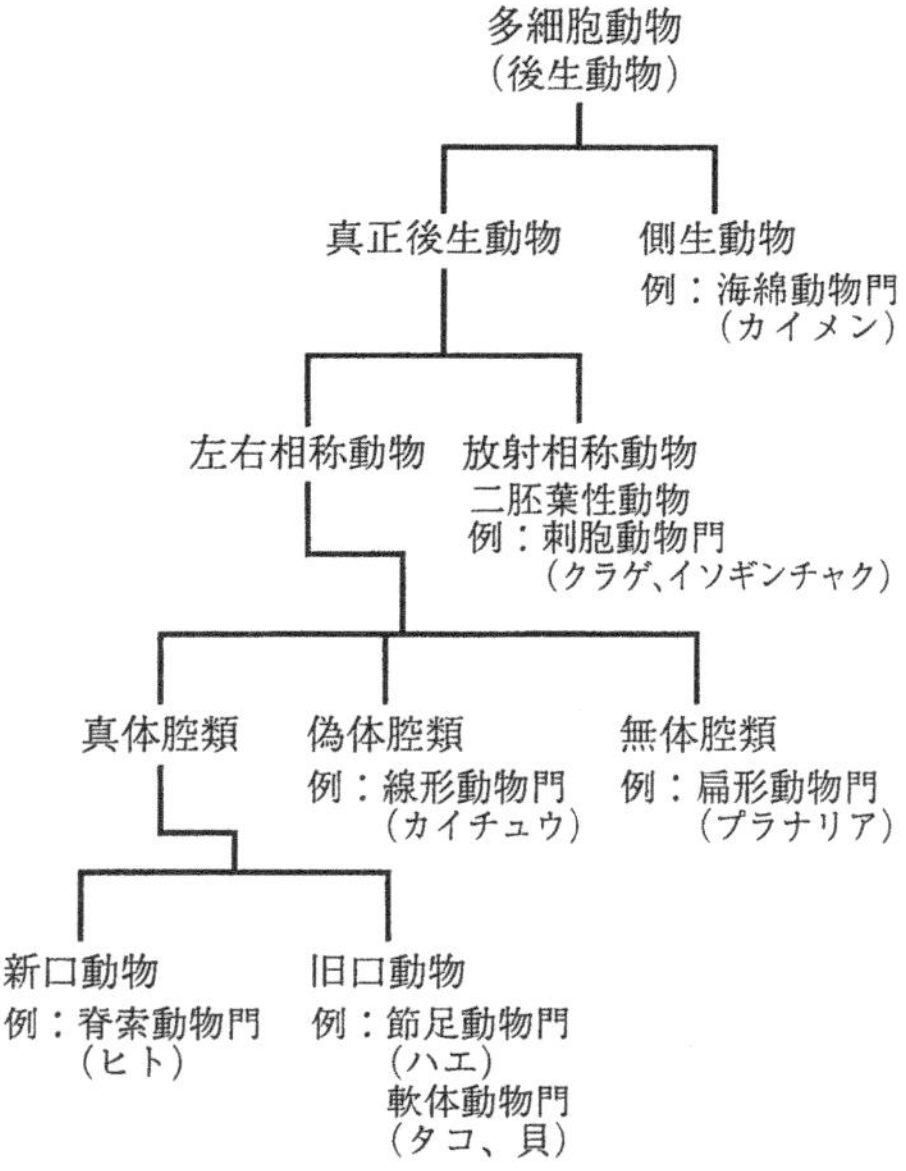

図19－2　多細胞動物の分類

動物の分類

多細胞動物の形や胚発生の違いから、それらを分類する試みが古くからなされている。分類とそれぞれに属する代表的な種名を、あらかじめ図19－2に示しておいた。

よく知られた多細胞動物のうちで、最も単純な形をした動物はカイメンである。この動物には、組織もなければ、器官もなく、左右の区別もない。ただ一種板状動物門に分類されているセンモウヒラムシとともに、海綿動物は原生生物から後生動物に進化する過程で、横道にそれたという意味をこめて、「側生動物」と呼ばれている。それ以外のすべての後生動物が真の意味での後生動物で、「真正後生動物」と呼ばれている。

真正後生動物は体のデザインの違いから、「放射相称動物」と「左右相称動物」に分けられている。放射相称動物はクラゲやイソギンチャクなど、わずかなグループが現存している。放射相称とは、体が放射状に伸びていることからつけられた名称で、ちなみにカイメンのように、対称性のない動物は「無相称動物」と呼ばれる。放射相称動物は、発生学的には二胚葉性の動物で、左右相称動物の三胚葉性とは異なる。

放射相称動物や無相称動物を除くすべての多細胞動物は「左右相称動物」、すなわち三胚葉性多細胞動物に属する。第13章で詳しくのべたように、三胚葉動物は、カンブリア紀と先カンブリア時代の境で爆発的に多様化したことが知られている。左右相称動物は、読んで字のごとく、左右が対称で、前後の区別がはっきりしている。左右相称動物は、体の内部に「体腔」と呼ばれる空洞があるか無いかで、さらに「無体腔類」「偽体腔類」「真体腔類」の三つに分類される（図19-3）。

真体腔類では、「内胚葉」「中胚葉」「外胚葉」と呼ばれる三つの異なる組織層が分化し、これらの三つの胚葉の細胞集団から動物の器官が発生する。普通、内胚葉から腸その他の消化器官が、中胚葉からは筋肉と骨格が、外胚葉からは神経組織と皮膚が発生する。中胚葉性組織が広がって体腔を作り、そこに内臓諸器官が収められる。無体腔類にはこうした体腔がない。偽体腔類では空になっている部分はあるのだが、真の意味での体腔がない。

一つの受精卵は発生が進むにつれて、多数の細胞集団からなる、中空のボールのようなものが形成される。ついで、その一端が陥没する。その陥入口を原口と呼ぶが、この原口の運命によって、真体腔類はさらに二つに分かれる。すなわち、原口が将来の口になるグループを「旧口動物」と呼び、肛門になるグループを「新口動物」と呼んでいる。ちなみに、昆虫は旧口動物に属し、われわれヒトを含む脊椎動物は新口動物に属する。

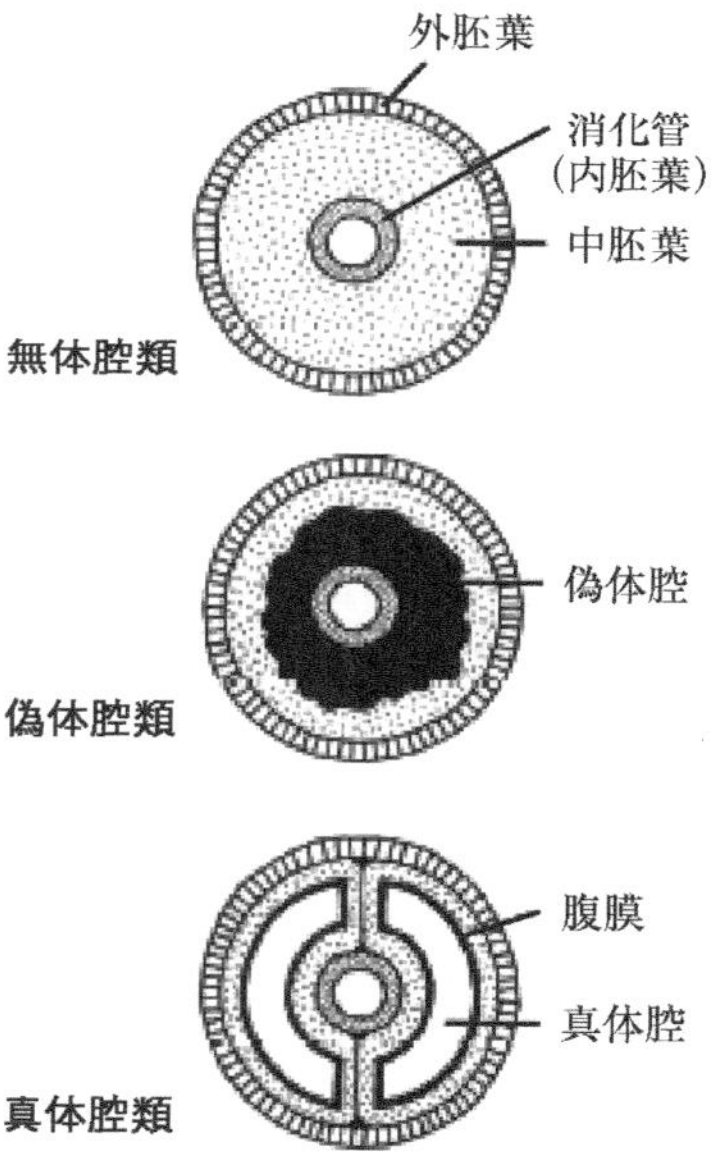

図19－３　動物の体腔

さて、体の複雑さは、一見、右でのべてきた順に、増してきているように見えるが、それははたして進化の順序を示しているのであろうか？　また、カイメンやセンモウヒラムシなどの側生動物を、後生動物の主要な系統からはずしてしまっているが、はたしてそれは正しいのであろうか？　事実、かつては、側生動物と真正後生動物の起源は違うと考えられていた。すなわち、異なる原生生物から別々に進化したという考えが一般的だったようである。

体腔と分子系統樹

以下で、こうした問題を分子で確かめてみることにするが、そのまえに、従来の進化学者は後生動物の系統進化をどのように考えていたかを、まずのべてからにしよう。

たしかに、単細胞の生物から多細胞性を獲得した動物が、右で見てきたような、体の複雑さと大型化を増す方向に枝分かれしながら進化してきたと、一般の教科書には書かれている。この「単純から複雑へ」の進化の傾向は体腔の複雑化の傾向、すなわち無体腔動物→偽体腔動物→真体腔動物の順に一致している。だがむしろ逆で、体腔の複雑化を基準に再構築された動物の系統関係なのである。まさに体腔は無脊椎動物の比較形態学、系統発生学、系統進化学の要と位置づけられてきたのである（図19－4）。

体腔は動物の体のかなり大きな部分を占め、その中を充満した液体が体中を循環する。このことがさまざまな機能を生む結果となる。体腔内の液体は組織に栄養分や呼吸のためのガスを供給し、細胞からの老廃物の捨て場にもなる。また、体腔はホルモンの循環系としても機能する。何よりも体腔は体の大型化をもたらした。さらに体腔はさまざまな器官を作り、体腔内の液は一種の骨格としてはたらくことで、すばやい運動が可能になった。

こうした体腔がもつ重要な機能を考えると、進化が無体腔動物→偽体腔動物→真体腔動物の順

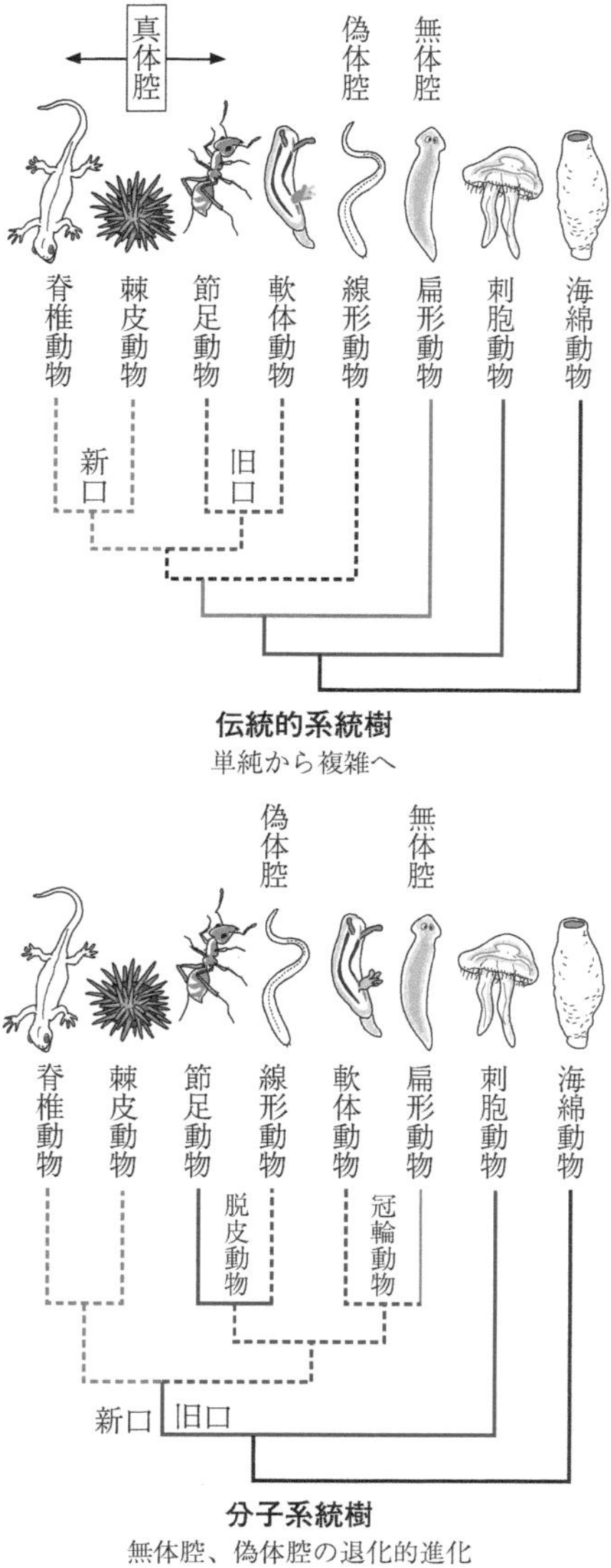

図19－4　後生動物の伝統的系統樹（上）とアグイナルドらの系統樹（下）の比較

におきたと考えることは合理的に思える。しかしこの考えは多数派に支持された考えであって、すべての研究者の考えを代表しているわけではない。すなわち、真体腔の体制は動物進化のかなり初期の段階に現れたと考えている研究者のグループがいる。彼らは、無体腔や偽体腔は生活様式の変化に伴って体が小さくなり、その結果体腔におきた「退化的状態」だと考えている。教科書的記載はその時代の多数派の意見で、進化研究の最前線ではそれに同意しない、別の意見をもった研究者は何人もいるのがむしろ普通である。

こうした比較形態学や系統発生学における体腔をめぐる意見の対立に対して、分子を用いた系統進化学的研究がアグイナルドらによってなされた。その結果は、これまでの伝統的な系統樹と根本的に異なり、むしろ上記の少数派の解釈に近い。

アグイナルドらはすべての生物が共通にもつリボソームRNAの一つである18SrRNAを使って三胚葉性の動物の系統樹を再現した。その際、彼らはあるトリックを行っている。進化の過程でおこる塩基の置き換えのスピード、すなわち進化の速度が何らかの理由で速い生物の系統は、その系統樹上での位置が、これまで繰り返しのべてきた、LBA (Long Branch Attraction Artifacts) と呼ばれている現象で間違って推定されることがしばしばおこりうる。このことを避けるために、アグイナルドらは進化速度の速い生物を解析から除外したのである。こうして推定された三胚葉動物の系統樹が図19－4に示されている。

この系統樹は三つの点で従来の比較形態学や系統発生進化学に基づく伝統的な系統樹と著しく違っている。第一に、新口動物と旧口動物の分岐が三胚葉動物の進化の最初期におきている（図19－4、上では最後）。その後、旧口動物の系統は冠輪動物のグループと脱皮動物のグループに大きく分かれる。これが第二の相違点である。冠輪動物のグループは互いにトロコフォア幼生という共通の形質をもち、脱皮動物では脱皮が共有形質となる。そして冠輪・脱皮動物のそれぞれのグループには無体腔、偽体腔、真体腔の動物が入り混じっている。すなわち体腔の形態が系統を反映していないのである。第三の相違点は、この系統樹から考えられる自然な解釈は、真体腔の獲得は三胚葉動物の初期進化の過程でおきたということである。したがって、無体腔や偽体腔の形態は退化的な形態ということになる。

アグイナルドらの研究は、動物の重要な系統、すなわち動物門の間の系統関係に対して革命的な結果をもたらしたが、18ＳｒＲＮＡのみによる系統樹の推定であり、かつ進化速度の速い系統を意図的に除外した上での解析であるため、必ずしも十分に信頼性のある結果とはいえないかもしれない。そもそも現世の動物門はカンブリア爆発によって短期間に成立したといわれているように、厳密な系統関係の推定は難しいのである。最終結論は今後の研究を待つ必要があるであろうが、多数の遺伝子による、より厳密な系統解析は、いまのところ、アグイナルドらの系統樹を支持しているように思える。これが事実なら、われわれはまたしても、体腔という重要な形質を系統分類に手放しで使うことができなくなったことになる。

「正しい分類は系統にそって行われるべきである」というダーウィンの考えにしたがって、アグイナルドらは、まず三胚葉動物の分子系統樹を推定し、その系統をもとに、分類を試みた。その結果、旧口動物は二つの大きな分類群に分かれ、一つは、互いにトロコフォア幼生という共通の形質をもつ冠輪動物のグループと、脱皮を共有形質とする脱皮動物のグループに分類できることを明らかにした。併せて、体腔は旧口動物の分類に関する共通形質として相応しくないことを示した。ダーウィンの夢は一五〇年後に現実のものとなった。

ミクソゾア：多細胞動物から単細胞生物への退化？

ミクソゾア類は、魚類やミミズやゴカイなどの環形動物に寄生する寄生性の生物で、単細胞の原生生物界の一つの門として分類されている。単細胞の生物としてはいささか奇妙な名前が付いている。ゾア（zoa）とは多細胞動物を意味するのだが、それはこの生き物が多細胞の胞子をもっており、その胞子が刺胞動物（二胚葉性の多細胞動物）の刺胞によく似た極嚢をもっていることに由来する。宿主への感染は胞子を経ておこり、極嚢は宿主に付着する際に用いられる。ミクソゾアの極嚢が刺胞動物の刺胞に似ていることから、ミクソゾアの二胚葉動物由来が強く示唆されていたが、胞胚が無く、決まった組織を作ることも無いので、仕方なしに原生生物界に放り込んだのだ、とリン・マーギュリスとカーリーン・シュヴァルツは『五つの王国』でのべている。

　ミクソゾア門はかつて粘液胞子虫綱と放線胞子虫綱の二つのグループに分類されていた。しかし、粘液胞子虫と放線胞子虫は別々の生物ではなく、同じ一つの生物で世代が違っているだけであることがわかった。今では両者を一つの綱にまとめている。それぞれの世代は異なる生物を宿主としていたので、間違って違う生物だと思ったようである。ともかく一九八四年の二宿主性生活環の発見は常識を覆す発見として世界中から注目されたようである。

　それからちょうど一〇年後の一九九四年に、今度は分子系統学から重要な貢献がなされた。18SrRNAを使ってミクソゾアの系統的位置が解明されたのである。それは、なんと三胚葉動物のグループと近縁という衝撃的な結果であった。極嚢から二胚葉性の刺胞動物との近縁関係が示唆されていたが、より複雑な動物のグループと近縁であった（図19－5a）。これが事実なら、ミクソゾアは三胚葉性の多細胞動物の一系統から、胞子こそ多細胞だが、その細胞は数個しかない単純なもので、むろん神経や消化管など一切ない、単細胞的な生物へと体制を著しく退化させたことになる。驚くべき進化の出来事だ。

　翌年には、ミクソゾアの三胚葉性の多細胞動物説に対して強力な助っ人が現れた。ミクソゾアのDNAに多細胞特有の形態形成遺伝子Hox遺伝子が見つかったという論文が報告されたのである。この生物は紛れもなく三胚葉動物由来に違いない、そう多くの人は考えたに違いない。

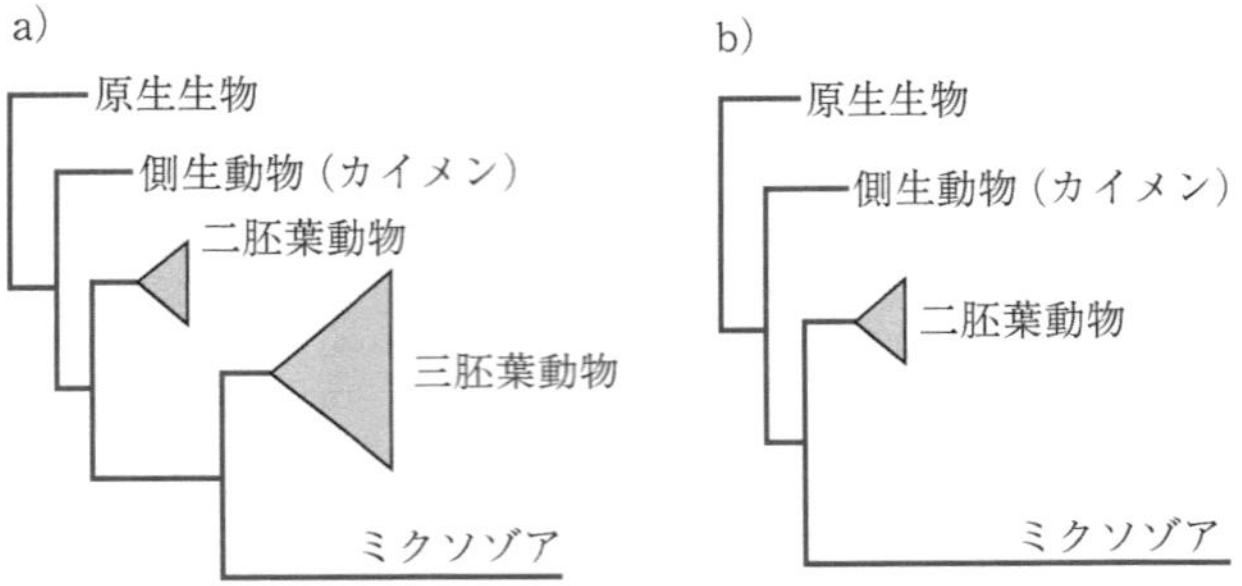

図19－5　ミクソゾアの系統的位置。b）は三胚葉動物を除いて推定したもの

しかしここに大きな問題が残っている。それはミクソゾアが寄生性の生物であることと関係がある。動物に寄生するためには宿主からの免疫や消化酵素の攻撃など、さまざまな障害をクリアしなければならない。しかし、一度でも寄生に成功すれば十分な栄養が宿主から得られるので、生物の究極の目標である子孫を増やすことに専念できる。そのために感覚器官、運動器官、消化器官など、自由生活する動物には必須な器官が退化してしまう。身軽になった体はさらに生殖能力を高め、逆に退化がいっそう進むことになる。産卵数の増加は生殖細胞（卵と精子）の突然変異率を上昇させ、進化のスピードを高める結果となる。

進化速度の上昇は分子に基づく系統樹の推定に厄介な問題を引きおこす。これまで繰り返しのべてきたLBAの問題である。すなわち、寄生性の生物では分子系統樹上の位置を正しく推定することがそもそも難しいのである。

18SrRNAで推定された系統樹（図19－5a）上でのミ

クソゾアの位置は三胚葉性の動物と近縁関係にあるが、二つの枝はいずれも長い。これは右でのべたLBAの可能性がある。つまり、ミクソゾアの系統的位置は正しく推定されていないのかもしれない。

一歩下がって、単細胞のミクソゾアが多細胞動物由来かどうかだけは答えられるかもしれない。それには一方の長い枝の三胚葉動物を除いて推定し直してみるとよい。そうして解析をし直してみると、ミクソゾアは辛うじて二胚葉性の動物に近縁のようである（図19-5b）。したがって、「ミクソゾアは多細胞動物由来で、寄生の結果形態を著しく退化させた」、といった程度の主張なら正しいかもしれない。

では、ミクソゾアからHox遺伝子が見つかっているが、これはどうだろう？　この問題はもう一つの寄生性に起因する困難、すなわち寄生性の生物から遺伝子を取り出す際の難しさと関係がある。つまり、宿主の遺伝子とうまく分離できず、いつも宿主遺伝子の汚染（コンタミネーション）に悩まされる。この場合、多数のHox遺伝子を単離しているが、一つを除いて全て宿主の遺伝子か、むしろ宿主の方により似ている遺伝子であった。残りの一つの遺伝子はHox遺伝子そのものというより、Hox遺伝子のコピーで作られた別の遺伝子である可能性が強い。したがってHox遺伝子に関する実験は宿主遺伝子の汚染の可能性があり、これだけでは信頼性がない。

こうしてミクソゾアの系統的位置に関する問題は、またしても寄生動物ゆえの困難に直面して当初の主張を大きく後退せざるを得なくなった。それでも単細胞に分類されているミクソゾアが多細胞動物由来である可能性は十分残る。理由は不明だが、リボソームＲＮＡで推定された系統樹では三胚葉動物の系統で進化が極端に速くなっているが、ほかの遺伝子ではそれほど極端ではない。ミクソゾアの正確な系統的位置を知るためには多くの遺伝子で解析し直す必要があろう。

旧口動物には寄生生活への道を辿ったグループが多くある。なかには一つの動物門全部が寄生性であることもある。脱皮することによって異なる環境に適応しやすいことと関連があるのかもしれない。寄生性動物を含めて、全ての動物門の系統関係を正確に再現しようとすると、ここで考えた寄生性生物の分子系統樹推定の際におこる二つの困難、すなわち進化速度の上昇に伴う系統樹推定の困難、及び遺伝子単離に際して宿主遺伝子の避け難い汚染の問題は深刻である。この問題の解決は今後の分子系統学に課せられた重要な課題の一つであろう。

第20章　脊椎動物の進化

脊椎動物に近縁な脊索動物は何か

　ホヤと呼ばれる海産性の脊索動物がこの節での主役である。ホヤは、われわれヒトを含む脊椎動物と同じ新口動物に分類される。第19章でみてきたように、三胚葉動物の進化の早い時期に、新口動物は旧口動物と分岐し、その後カンブリア爆発を経て多様化した。新口動物には、脊索動物門以外に、ウニ、ヒトデを含む棘皮動物門とギボシムシを含む半索動物門がある。脊索動物門は、ホヤなどの尾索動物亜門とナメクジウオを含む頭索動物亜門、及び脊椎動物亜門からなる。

　ホヤは外見を見る限り、素人目には、およそ脊椎動物と同じグループの動物とは思えない。種類によっては若干の違いはあるが、外見は海水の詰まった袋で、岩に固着している。驚くことは、内部には腸と生殖器官があるだけだ。まさに、「生存」と「生殖」という生命の基本だけのために存在している動物である。あまたある動物のなかで、よりによってこんなホヤがわれわれ

a) b)

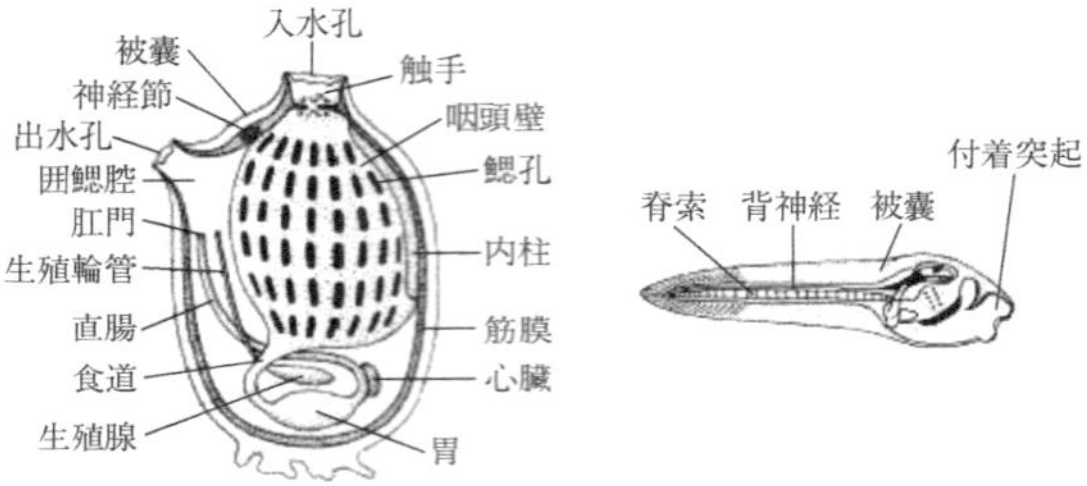

図20－1　ホヤの、a）成体と、b）幼生の略図（無脊椎動物の多様性と系統　白山義久編集、バイオディバーシティ・シリーズ5（2000）を参考にした）

と祖先を共有する動物だとは、直ちには納得できないのは当然である（図20－1）。

事実、ホヤは、第1章でのべたジョルジュ・キヴィエの分類が信じられていた時代には、彼の四つの動物グループのうち、脊椎動物の「型」ではなく、軟体動物の「型」に分類されていたようだ。それを正しく脊椎動物「型」に分類したのは、ダーウィンと同じ時代に生きた博物学者のM・コワレフスキーであった。彼は、成体ではなく、ホヤの「オタマジャクシ型幼生」に注目したのである。

脊索動物には大きな特徴が三つあり、その特徴から容易に他の動物と区別できる。第一の特徴は、背中に脊索と呼ばれる軟骨でできている棒状の構造があることだ。脊椎動物では、発生が進むにつれて、この脊索はなくなり、それに代わって脊椎が形成されるが、他の脊索動物では、生涯にわたって残る。第二の特徴は、鰓をもっていることである。われわれは魚と違って、水中で生活するわけではないので、鰓は必要ないのだが、胚の一時期に鰓が現れる。これはわれわれの祖先が海に棲んでいたことの名残である。第三に、背中に一本の神経索がある。これは哺乳類では、脳と脊髄になっている。

コワレフスキーは、成体ではなく、オタマジャクシ幼生にはこの三つの特徴があることを発見したのである。自由遊泳の成体は、頭を岩に固定し、こうした特徴をほとんど失って、生涯にわたって定着するのである。この発見は当時非常に重要な発見であったに違いない。ホヤを軟体動物「型」に含めたままなら、そこから脊椎動物の特徴が進化したことになる。キヴィエの主張に反して、「型」間が移行可能であることになる。もし、ホヤの分類を脊椎動物「型」に改めるなら、それはわれわれの遠い祖先を発見したことになるからだ。

脊索動物門に属する三つの亜門はこうした特徴を共有することから、互いに進化的に近い関係にあることには異論はない。では、脊椎動物に近縁なのは、ホヤなどの尾索動物か（図20－2b）、あるいはナメクジウオを含む頭索動物か（図20－2a）。この問題に関しては、形態的には、頭索動物－脊椎動物近縁関係（図20－2a）で大筋のところ一致していたようである。「単純から複雑へ」の進化の大原則が何の問題もなく適用できると考えられていたようである。複雑な脊椎動物と祖先を共有するには、ホヤではあまりにも形態が単純すぎるということか。

だいぶ古い時代の解析だが、18ＳｒＲＮＡに基づく脊索動物の分子系統樹によると、脊椎動物

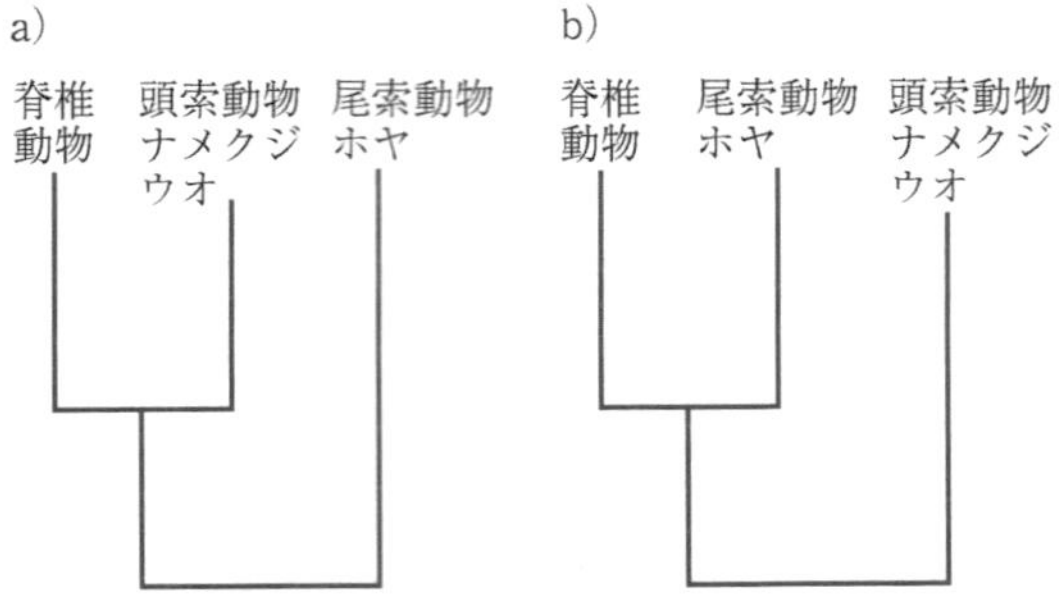

図20－2　脊椎動物に近縁な脊索動物は、a）頭索動物か、b）尾索動物か

は頭索動物に近縁となっている（図20－2a）。この結果は信頼性の高いものではなかったが、形態レベルからの系統関係と一致していたことからであろうか、顧みられることがなかったようである。

二〇〇五年、ジェイム・ブレアとブレア・ヘジェスは、多数のタンパク質データを使って、この問題に挑戦し、これまでの考えと異なる、尾索動物－脊椎動物近縁関係（図20－2b）を明らかにした。彼らは、これまでの分子系統解析による結果は、ホヤの長い枝に由来するLBA（第18章、第19章参照）の結果であることを指摘した。確かに、18SrRNAによる系統樹では、ホヤの枝が長くなっていて、早い時期からLBAの可能性が指摘されていた。比較した遺伝子の数は確かに多いが、解析に含めた生物に数、すなわち、系統の数が少ないため、より詳しい解析が待たれた。

続いて二〇〇六年に、エルベ・フィリップのグループ

コラム

は、ホヤのゲノム（すなわち、全ＤＮＡ）塩基配列を決定し、脊椎動物に近縁な脊索動物を探査した。その結果は、ブレアとヘジェスの結果を再現した。フィリップのグループも非常に多くの遺伝子を使って系統樹を推定している。彼らが推定した系統樹には多くの系統が含まれているが、問題にしている新口動物に対して、脊椎動物と尾索動物についてはブレアとヘジェスの系統樹より確かに多いが、頭索動物についてはー本の系統しか含まれていない。彼らの系統樹の最大の問題点は、脊索動物門に属する頭索動物の系統が、同じ脊索動物門の尾索－脊椎グループと組まずに、棘皮動物門のウニと組んでいることである。しかもこの結果は統計的に高い確率でおきている（すなわち、有意である）。

二つのグループが示した系統樹は、従来の考えと異なる新しい主張をもつ。すなわち、脊椎動物に近縁な脊索動物は、ナメクジウオなどの頭索動物ではなく、ホヤなどの尾索動物である。しかし、この結果は今後詳細な解析で確認される必要があると思われる。もしこの結果が正しければ、われわれは、またしても、「単純から複雑へ」という形態レベルでの進化の基本ルールと、「ＬＢＡ」による間違った系統関係に振り回されたことになる。

最近では統計的に意味のある結果を得るために、非常に多数の異なる遺伝子（タンパク質）を重ねて利用することが一般に行われるようになっている。この方向は一般的には正しいのだが、無条件でよい結果が得られるというわけではない。

1　多数の遺伝子配列を比較するために、どうしても比較に含める系統の数、すなわち、生物種を限定せざるを得なくなる。これは欠点につながる。

2　第18章でものべたように、生物の系統樹を推定する場合、種間比較に利用する遺伝子は、オーソロガスな関係にある遺伝子でなければならない。パラロガスな関係にある遺伝子が少しでも含まれると、当然のことながら、正しい結果が得られない。そのためには、遺伝子（タンパク質）ごとに多くの系統を含む系統樹でチェックする必要がある。

3　遠い関係にある種間で配列を比較する場合、目一杯置換がおきてしまうと、配列間の違いには進化的意味を含まなくなる。このことを「飽和」という。たとえば、四種の塩基をランダムに並べて作った二つの配列を比べると、一つの座位で塩基が一致する確率は1／4であるから、配列間の相違度が3／4（＝0・75）以上になると、ランダムな配列を比べた場合と変わらなくなり（すなわち、飽和し）、したがって、進化的意味をもたなくなる。実際の場合はもっと小さな値で飽和する。こうした遺伝子は解析から除外しなければならない。

ゲノムのデータを利用する場合、その生物種に対しては多くの遺伝子を比較に利用できるが、利用可能な遺伝子数が最小の生物種で遺伝子数が決まるので、ゲノムのデータが利用できても飛躍的に遺伝子数が増える訳ではない。それよりも、一般に、ゲノムの配列データには配列決定の際に生じたエラーを多く含む。遠い系統関係を解析する場合には、進化の過程でおきた置換ができるだけ少ない、保存的な遺伝子を使うが、その場合には配列決定の際に生じるエラーは無視できない。

4

有顎類と無顎類の系統関係

現存する脊椎動物は魚類や四足動物を含む有顎類と、メクラウナギ類とヤツメウナギ類からなる無顎類とに分類される。無顎類の仲間は丸い口をしていることから円口類とも呼ばれている。有顎類は無顎類から進化したといわれているが、有顎類が、メクラウナギ類とヤツメウナギ類の祖先から枝分かれした（円口類単系統説と呼ぶことにする）という考え（図20－3a）と、ヤツメウナギ類と有顎類が近縁の関係にあり、両者の共通の祖先がメクラウナギ類の系統と分岐した（円口類多系統説：図20－3b）という考えがある。

形態レベルでの伝統的解釈は、メクラウナギ類とヤツメウナギ類はさまざまな形質において有

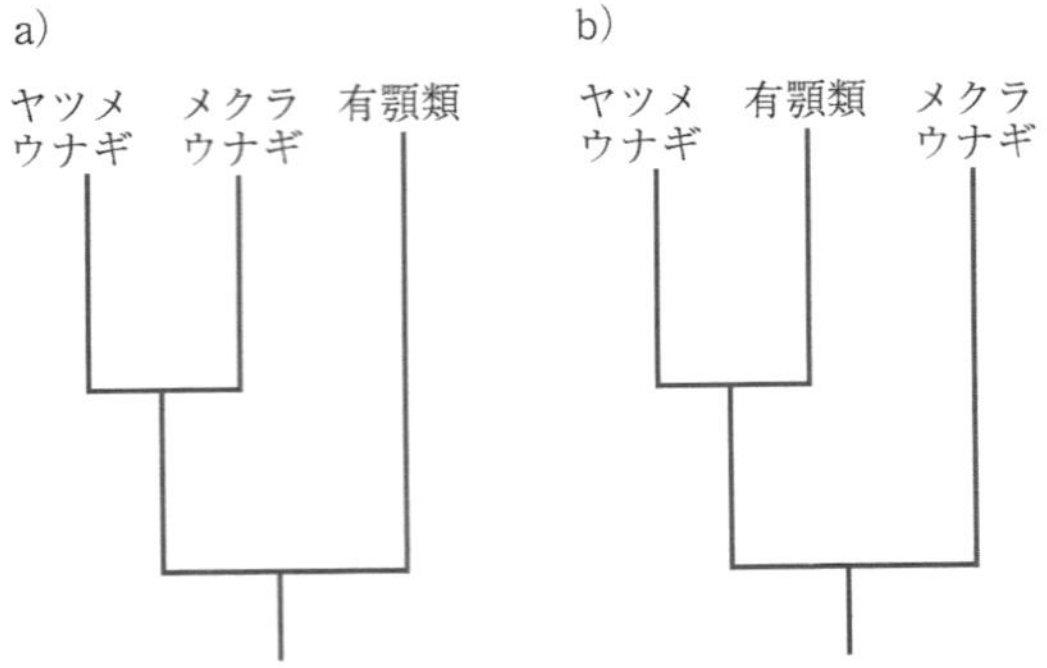

図20－3　無顎類と有顎類の系統関係に関する2つの説　a）円口類単系統説　b）円口類多系統説

顎類より原始的であるということから、（図20－3a）の円口類単系統説が有力であった。その後、ヤツメウナギ類は有顎類と多くの点で形質を共有するという考えが浮上し、円口類多系統説（図20－3b）が有力視されるようになった。

一方、分子レベルでも円口類単系統説vs多系統説論争があった。18S及び28SrRNAによる分子系統樹はいずれも円口類単系統説を支持していたが、ミトコンドリアDNAによる結果は、円口類多系統になった。さらに、グロビンによる系統樹は円口類単系統説を支持し、バソトシンによる系統樹は円口類多系統となって、互いに対立する結果となっていた。

一九九九年、工樂樹洋博士を中心とする筆者のグループは、

①問題にしている時期、すなわち、無顎類と有顎類が分岐した付近で重複をおこしていない遺伝子、

②比較するどの生物にも共通に存在するハウスキーピング遺伝子、
③十分な統計量を得るために、コード領域の長い遺伝子を複数使用する、
という条件で、解析に使う五つの遺伝子を慎重に選んだ。さらに、最も信頼性の高い系統樹推定法を用いて解析した結果、メクラウナギ類とヤツメウナギ類の枝が高い信頼性で結合し、円口類単系統説が支持された。こうして最初に提唱された円口類単系統説が復活することになった。

陸に上がった四足動物の祖先は何か

生命は海で誕生した。以来長い間、生命の営みは海でなされてきた。最初に海を離れ、陸に上がったのは植物であった。植物の上陸は、その後の動物たちの上陸の準備をした。デボン紀には、地球は乾燥し、川がいたるところで干上がった。川で生活していた魚たちは、干上がった川から水を求めて別の川へと移っていった。その過程で、四足動物の祖先は、途中の陸地を這いながら移動することになった。この陸の征服物語は、古生物学の大御所、アルフレッド・ローマーの著書『脊椎動物の歴史』（川島誠一郎訳）に出てくる、ローマー自身の仮説である。祖先が海を離れ、陸へ進出したことは、生物の歴史における一大イベントであったのだが、当初は「陸の征服」という勇敢な話ではなく、住み慣れた川から離れられずに陸に背を向け、向こうの水辺まで、いやいや陸を這い回っているうちに、陸で生活をするようになったという、どちらかという

と消極的な話で、しかし生物進化にはありがちな話である。

では、意図したことはどうあれ、最初に陸に上がったのはどの脊椎動物の系統か。この興味深い問題は、一九三八年に発見された有名な「生きた化石」、シーラカンスが絡んでいる可能性があるということで、いっそう人々の興味をそそってきた。シーラカンスは、デボン紀に出現して以来、ほとんど形態を変えていない。まさに「生きた化石」のなかの「生きた化石」ともいうべき存在なのだ。

これまでの一致した考えによると、四足動物の祖先となった魚は淡水性の肉鰭類である。ちなみに、現生の硬骨魚類の大部分は条鰭類で、残りの僅かなグループが肉鰭類である。肉鰭類には、シーラカンスを唯一含む総鰭類と、肺をもつ魚、肺魚類とがある。どちらが両生類の直接の祖先か？　この問題は、化石や個体発生といった形態レベルで進化を研究している進化学者にも、分子レベルで進化を研究している分子進化学者にも、未だに論争が絶えない。

一時期、化石の証拠から、四足動物のシーラカンス起源（図20－4a）を支持する古生物学者が多かったようだが、肺魚の発生上の特徴から肺魚起源（図20－4b）が今では優勢のようである。

分子レベルからの研究は、一九八〇年代から、核にコードされている遺伝子やミトコンドリア遺伝子などを使って、複数のグループによって行われている。しかし、この問題はなかなか難しく、使う遺伝子や方法によって、シーラカンス起源（図20－4a）を支持したり、肺魚起源（図20

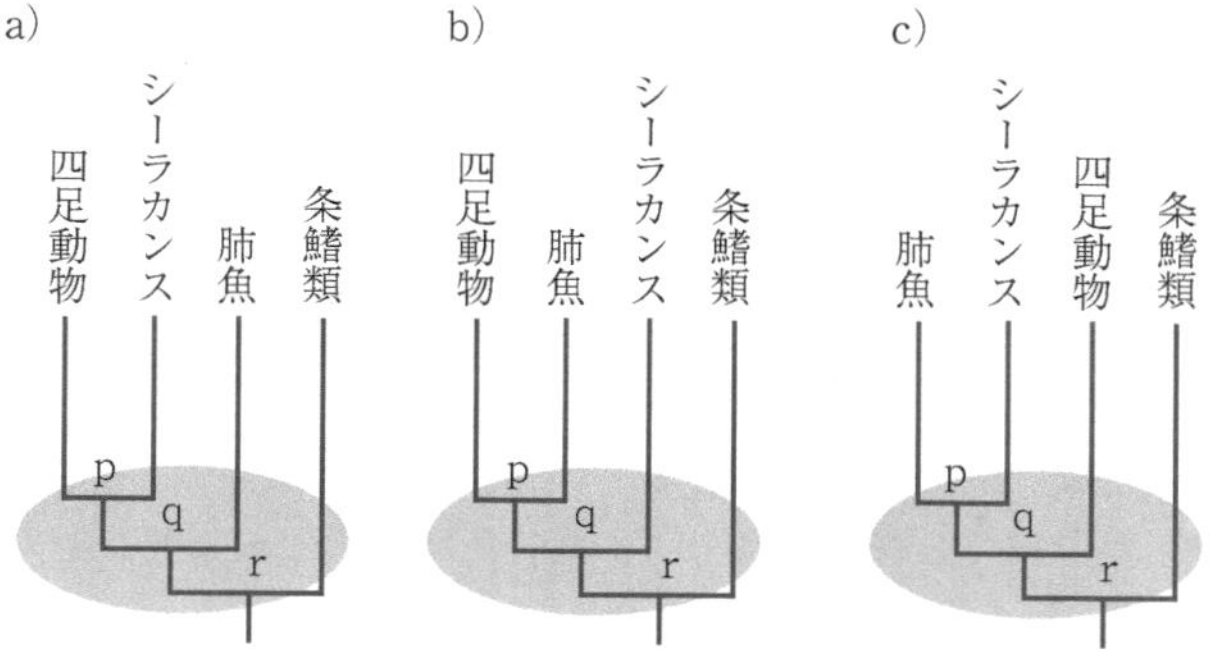

分岐点p、q、rは互いに近い

図20－4　分子で推定された四足動物、肺魚、シーラカンス、条鰭類の間の系統関係

－4b）を支持するという異なる結果になる。これまでのところ、分子系統進化学からのアプローチでは、残念ながら最終的な結論には達していない。

最近の研究を見てみると、二〇一三年に報告されたクリス・アメミヤらが推定した系統樹は肺魚起源（図20－4b）を支持しているが、二〇一一年に報告されたユンフェン・シャンとロビン・グラスによる解析は肉鰭類共通祖先起源（図20－4c）、すなわち、シーラカンスと肺魚の枝が組み、その共通の祖先から四足動物の枝が分かれるという系統樹を支持している。

筆者のグループも、一九九〇年代からこの問題に取り組んできた。357ページのコラムでのべた注意事項を考慮しながら、使用する系統と遺伝子を選びながら解析を進めてきた。佐々木剛博士と岩部直之博士を中心に行われた最新の解析では、すべての細胞ではたらいている八種類のハウスキーピング遺伝子を用い、以下の生物種を比較する系統に選んで、最も信頼性の高い最尤法という方法が使われている。四足動物から系統的に離れた三種（ヒト、カエル、アホロートル）、三種の肺魚（アフリカ肺魚、南米肺魚、オーストラリア肺魚）、一種のシーラカンス、五種の条鰭類（メダカ、アミア、ガー、チョウザメ、ポリプテルス）、三種の軟骨魚類（ナヌカザメ、モトロエイ、ゾウギンザメ）、及び外群として、円口類（ヌタウナギとヤツメウナギ）と頭索動物ナメクジウオが選ばれた。

解析の結果は、シーラカンスを含む総鰭類と肺魚類のグループが集まって一つの単系統群になる肉鰭類共通祖先起源（図20－4c）を、十分ではないが、かろうじて統計的に有意に支持し、かつ、シーラカンス起源説（図20－4a）及び肺魚起源説（図20－4b）を有意に排除する結果になっている。

この問題の難しさは、四足動物、肺魚類、総鰭類、条鰭類の四つの系統が近接して分岐を繰り返しているため、統計的に有意な結果が得難いことが考えられる。さらに、総鰭類に関してはシーラカンスの一系統のみが比較可能であり、かつ、この系統が異常に進化速度が遅い。そのため、相対的に長い枝をもつ四足動物と肺魚類同士がＬＢＡによって誤って結びつきやすくなっているのかもしれない。今後に残された課題である。

カメの系統的位置と爬虫類の進化

盤石に見えた考えがほんの一角からの水漏れで一瞬にして瓦解してしまうことがあるが、そんなことは生物進化の世界ではまれなことではない。その主役となった生物は、どちらかというと控えめで、脚光を浴びてさっそうと表舞台に登場するような存在ではないこともしばしばだ。ここでの主役はカメで、われわれがカメに対して抱くイメージは独特の甲羅をまとってのろのろ歩く、お世辞にもかっこうよい動物ではない。この物静かで大人しいカメが、重要と思われていたある形質では「単純から複雑へ」という大進化のパターンが成り立たないことを強く主張しだした。

爬虫類の頭蓋骨には、分類に有用な特徴があることが古くから知られている。爬虫類のこめかみ部には、系統ごとに異なる「側頭窓」と呼ばれる孔がある。魚類や初期の両生類にはこの側頭窓がない。カメ類はこの仲間に入り、「無弓類」といわれている。哺乳類の祖先型爬虫類には単一の孔があって、かれらは「単弓類」と呼ばれる。トカゲ、ヘビ、ワニなど多くの爬虫類は二つの孔をもっていて、「双弓類」と呼ばれている。恐竜類も双弓類に入る（図20－5）。

鳥類は爬虫類や哺乳類から独立した綱に分類されているが、いくつかの形態的特徴が、恐竜やそれに近縁のワニによく似ている。鳥のこめかみに二つの孔がある点でも恐竜やワニと同じであ

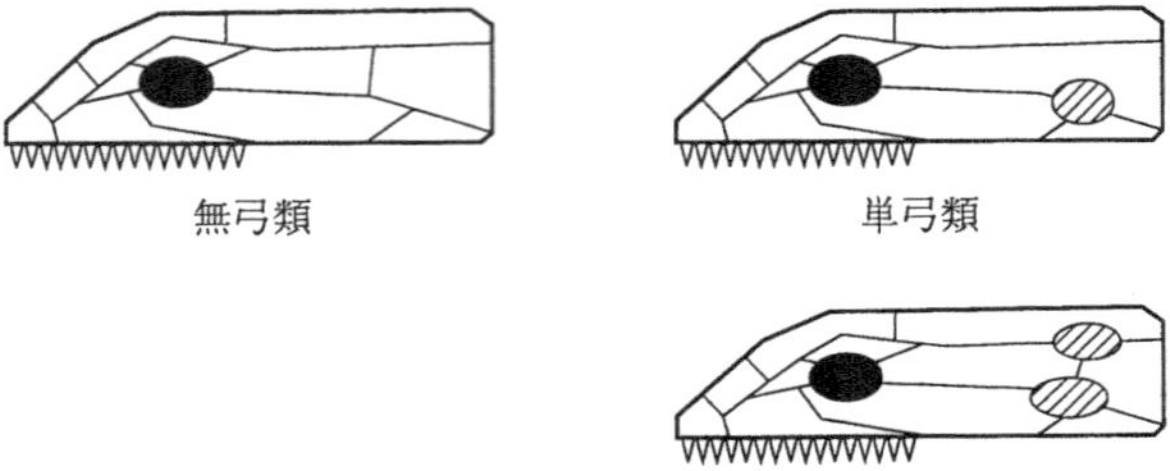

斜線で示した穴（側頭窓）の数で分類されている
図20－5　爬虫類の頭蓋にある側頭窓の模式図

る。これらの形態的な類似性から、鳥類はワニや恐竜などの仲間から進化したと考えられている。

古生物学の権威、アルフレッド・ローマーは側頭窓の機能を以下のように推測している。顎を閉じるときは頬の壁の下方にある側頭筋と呼ばれる筋肉が収縮して外側に脹れ出る。そこに膨れあがった筋肉を収める穴があれば都合がよいので、この穴は適応的に進化したに違いない。

形態的特徴の比較から作られた爬虫類の系統樹は、この便利な側頭窓の特徴が反映されたものになっている（図20－6の系統樹a）。側頭窓をもたないカメが爬虫類の中でもっとも古い分岐を示し、その後、側頭窓をもった、トリ類とワニ類を含むアーコザウリアのグループと、ヘビ類とトカゲ類を含むレピドザウリアのグループが出現する。この系統樹は、側頭窓でみると、「単純から複雑へ」という進化の図式を反映している。

最近、カメの系統的位置に関して形態的に再検討がなさ

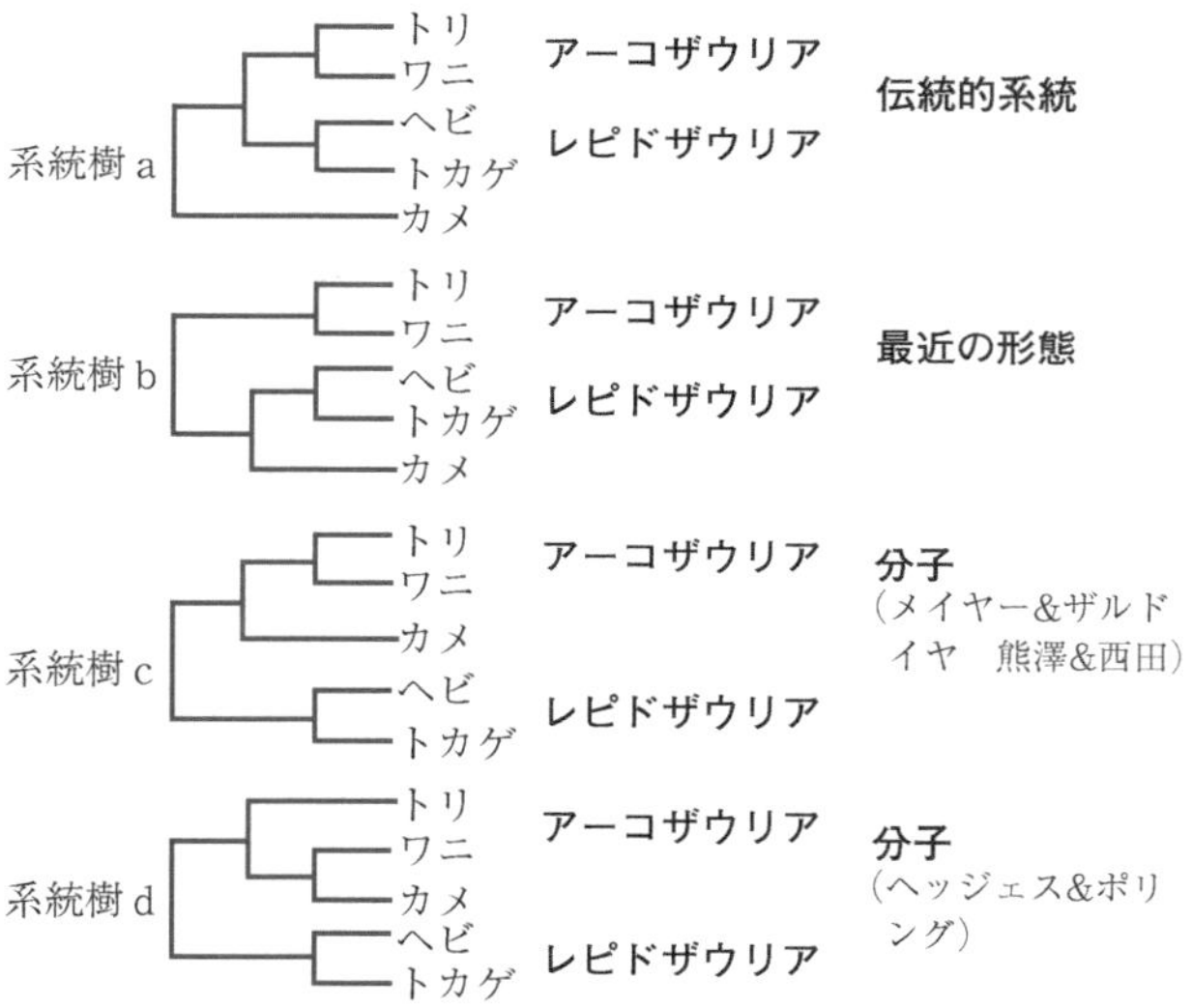

図20－6　カメの系統的位置に関する４つの異なる考え

れた。その系統樹によると、カメ類は単独で古い系統を示すのではなく、レピドザウリアのグループに近縁な関係になっている（図20－6の系統樹b）。この場合でも側頭窓のないカメ類が古い爬虫類の系統とみなすことはできる。

アクセル・メイヤーとラファエル・ザルドイヤおよび西田睦博士と熊澤慶伯博士はミトコンドリアDNAを使って爬虫類の系統樹の推定を試みた。メイヤー&ザルドイヤのグループと西田&熊澤グループによって推定された爬虫類の系統樹は、カメの系統的位置に関して、これまでの形態的特徴から推定されていたものとは全く異なる結果になった。すなわち、カメは爬虫類のなかで決して古い系統ではなく、トリ－ワニ類に近縁な系統であることを示していた（図20－6の系統樹c）。

メイヤー&ザルドイヤおよび西田&熊澤グループとは独立に、ブレア・ヘッジェスとローラ・ポリングのグループは核DNAにコードされている複数の遺伝子を使って解析し、カメが古くないという結果は同じだが、もっと極端にカメはワニに近縁であるという結果を得た（図20－6の系統樹d）。ミトコンドリアDNAを使うか、核DNAを使うかで結果が若干違ったが、カメの位置に関してどちらも伝統的解釈とまったく違った結果になっている。

どちらの分子系統樹が正しいのか？　メイヤー&ザルドイヤと西田&熊澤グループは小さいとはいえ、完全長のミトコンドリアDNAを使っているが、ヘッジェス&ポリンググループが使った核遺伝子の数は必ずしも十分ではない。そこで加藤和貴博士を中心とした筆者のグループは多数の核遺伝子を使って解析をし直してみた。その結果、きわめて明瞭な答えが得られた。すなわち、正しい系統樹はミトコンドリアDNAによる系統樹（図20－6の系統樹c）と一致し、他の系統樹（図20－6の系統樹a、b、d）は、十分な信頼性のもとですべて排除された。

こうしてカメはトリ－ワニ類の姉妹群としての新しい系統的位置を得た。このことは同時に、カメは側頭窓を進化の過程で失ったのであって、はじめから無かったのではないということを意味する。同時に、これまで側頭窓を系統分類に有用な形態的特徴と考えてきたのだが、考え直す必要がでてきたということになる。さらに「単純から複雑へ」という進化の図式がいつも正しいわけではないことを教えている。地味なカメがこれほど重大ないくつかの点を指摘しているのは生物学の面白さといったところか。

第21章　哺乳類の進化
——形態と器官にみられる収斂進化——

これまで第17章から第20章で、短時間で多くの子孫を増やす、「量戦略」によって、形態を単純化させた系統は、形態レベルからの系統分類においても、分子系統樹においても、分岐時期を実際より古い時期に推定される傾向があることを、いくつかの系統分類的に重要な例でのべてきた。ここではもう一つの、主に形態レベルでの分類において、誤りを導きやすい、収斂進化による形態の類似性についてのべる。さらに、軟体動物の眼と脊椎動物の眼は、形態レベルでは収斂現象が認められる例として有名だが、分子レベルでは逆に分岐進化と推定してしまう部分が存在することをのべてみたい。

真獣類の大陸内適応放散と収斂進化

哺乳類には、育児用の袋をもつ有袋類と胎盤をもつ有胎盤類（真獣類）の大きなグループがあって、両者の間でしばしば興味深い形態上の類似性がみられる。子供の頃、図鑑などを見ていて、真獣類のある種に形態的によく似た有袋類バージョンがあるのに、大変不思議に思えたことを覚えている。二つのグループは、恐竜を中心とした爬虫類の多くが滅んだ中生代末（〜六五〇〇万年前）の大絶滅をかろうじて生き延び、ほとんど空白になったそれまでの爬虫類のニッチェを急速に埋め尽くして爆発的に適応放散していったと考えられている。

最近、複数の分子による哺乳類の分子系統解析から、真獣類は大きく四つに分類され、それぞれは大陸特有の適応放散によって生じたという考えが提唱されている。興味あることに、大陸間で真獣類の収斂進化がしばしば見られるというのである。

食虫類は非常に古い形態を示す系統を含んでいることが昔から知られていて、一つのグループにまとまらず、いくつかの独立なグループ（亜目）に分類されていた。哺乳類の目に対応するグループは短期間に爆発的に多様化したため、厳密な分子系統樹の構築は非常に難しい問題である。

スプリンガーらは、三つのミトコンドリア遺伝子と二つの核にコードされている遺伝子を使って真獣類の系統樹を推定した。その結果は予想通り、食虫類は一つのグループにまとまらなかった。興味あることに、アフリカの食虫類の一つキンモグラは、モグラやハリネズミよりも、むしろイワダヌキ、マナティー、ゾウ、ハネジネズミ、ツチブタといった、アフリカ起源のグループに近縁であるということが示された。このことから彼らは、アフリカにおいて適応放散によってアフリカ固有の真獣類のグループ（アフロテリアという）が生じたと考えた。

スプリンガーらとオブライエンらは解析をさらに進め、アフロテリア以外に、ローラシア大陸（北米大陸とユーラシア大陸から成る古生代末期の超大陸）固有のグループ（ローラシアテリア：クジラ、ウマ、ネコ、コウモリ、モグラ、などを含む）の存在を見つけた。それ以外にも南米の固有のグループ（ゼナースラ：ナマケモノ、アリクイ、アルマジェロを含む）、及びユーアーコンタ＆グリレス（カピバラ、モルモット、マウス、シマリス、ナキウサギ等を含む）の存在を見つけ、真獣類は大きく四つのグループに分かれて、それぞれが大放散したことを示した。日本では長谷川政美博士らがこの問題に取り組んでいる。

今後この結果は、より厳密な解析によって確認される必要があるが、興味深い重要な問題を含んでいる。スプリンガーらものべているが、もしこの結果が正しいなら、大陸ごとに真獣類の適応放散がおこり、大陸間で多くの収斂進化がおきたことになる（図21－1）。有袋類と真獣類の間では多くの収斂進化が認められるが、真獣類の内部でも大陸間で頻繁に収斂進化がおきたことになる。なぜ、それほど多くの収斂進化がおこり得るのか？　収斂進化の分子機構は何か？　今後の分子進化学に残された大きな問題の一つであろう。

スティーヴン・J・グールドは彼の著書、『パンダの親指』のなかで、有袋類のフクロオオカミと有胎盤類のオオカミが示す収斂現象に基づいたアーサー・ケストラーの反ダーウィニズムの

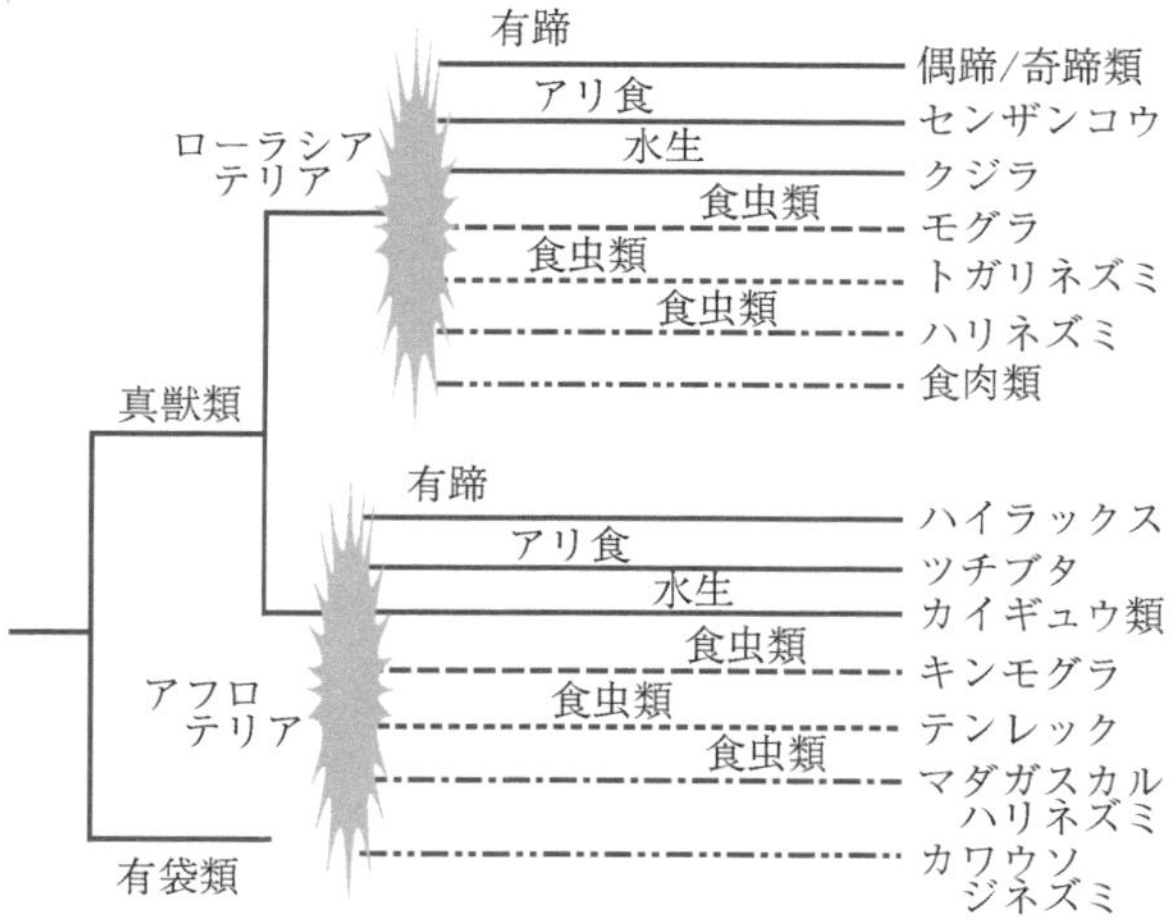

図21－1　真獣類の各超大陸の適応放散と超大陸間の収斂進化

考えを紹介している。ランダムな突然変異と自然選択だけで一つの生物の進化を考えることが困難なのに、ましてやよく似た生物が独立に進化する収斂現象は、いわば奇跡を二乗するようなものだとケストラーは主張する。

一対の生物同士が示す収斂現象が奇跡の二乗なら、有袋類と真獣類のグループ間で見られる収斂は人間の想像を超える現象であろう。ましてや、真獣類では、大陸間で収斂がみられるとなると、生物は進化の産物ではなく、神による創造以外の何物でもない、というケストラーの論理にはまってしまう。

グールドの反論を待つまでもなく、収斂は決して奇跡的なでき事ではない。二つの生物は細部に至るまでよく似ているわけではなく、類似はむしろ表面的にすぎない。だからこそ分類学者は共通の由来に基づく分岐と収斂とを容易に区別できるわけである。

有袋類と真獣類の間のみならず、それに加えて、真獣類の内部でも大陸間で頻繁に収斂進化がおきていたという事実は、ケストラーの意図とは正反対に、収斂という現象が信じられないほど容易におこりうるものだということを物語る。

眼で見る器官レベルの収斂進化

収斂進化の分子機構を具体的に研究するには、現時点ではまだ困難だが、最近の分子生物学からのデータをもとに眼の収斂進化を分子の視点で考察してみよう。眼は動物の行動にとって非常に重要な器官である。そのため、さまざまな動物の系統で多様な眼が進化した。われわれヒトを含めた脊椎動物の眼はカメラに似た構造をもっていることからカメラ眼と呼ばれている。カメラ眼は脊椎動物に限らず、軟体動物のイカなどにもみられる。但し、両者の間では網膜と視神経の位置関係が逆転していて、収斂進化の典型的な例としてしばしば教科書に登場する。

眼の形態形成遺伝子である*Pax6*はすでにショウジョウバエとマウスから単離され、その後いくつかの動物から相同な遺伝子が相次いで見つかっている。さらにショウジョウバエの実験から、この遺伝子を異所的に発現させると、本来あるべき位置とは異なった場所に眼ができることが明らかにされている。したがって*Pax6*は発生の過程で将来眼になる位置を決定する役割をもつと考えられる。また、軟体動物と節足動物の*Pax6*を入れ替えても眼が形成されることも分かっている。こうしたことから*Pax6*は眼の形成に関するマスター制御遺伝子であると考えられている。

さて*Pax6*はマウスのカメラ眼やショウジョウバエの複眼のみならず、最も簡単な構造をしたプラナリアの眼の形成にも関与していることが明らかになってきた。*Pax6*遺伝子が眼をもつ動物に共通に存在することから、ウォルター・ゲーリングは、脊椎動物と軟体動物のカメラ眼のみならず、昆虫の複眼も含めて、あらゆる動物の眼は収斂進化ではなく、共通の祖先から分岐進化（Divergence）によって多様化したと考えている。

なるほど*Pax6*だけを見ていると眼は分岐進化にみえる。しかし、今問題にしているのは、脊椎動物のカメラ眼と軟体動物のカメラ眼は機能・構造的に似ており、こうした眼の部分的類似性が収斂的に進化したのかどうかという点であって、眼という器官全体の進化パターンを問題にしているのではない。節足動物の複眼に存在する*Pax6*を、カメラ眼をもつ軟体動物の*Pax6*と取り替えても眼は生じるが、いぜん複眼ができるのであって、カメラ眼が生じるわけではない。このことは*Pax6*によって将来眼になる位置が決定されるが、複眼やカメラ眼といった眼の構造を決定するのは他の遺伝子（群）ということになる。

たしかに眼の形成に関与する制御遺伝子は*Pax6*だけではない。*Pax6*の後にカスケード的にはたらくいくつもの制御遺伝子のセットが存在することが知られている。したがって問題は、カメラ眼の形成に直接関与する遺伝子群がカメラ眼をもつ脊椎動物と軟体動物の間で相同なのか、あるいは全く由来の違う遺伝子セットなのかということになる。前者であれば分岐進化の可能性が大きいであろうし、後者なら収斂進化ということになろう。もちろん前者であっても遺伝子のセットが完全に相同というわけではなく、一方の系統では部分的にある遺伝子が欠失したり、別の遺伝子が付け加わったりすることもあろう。現在、ショウジョウバエやマウスでは眼の形成に関与する*Pax6*以外の遺伝子が明らかになってきているが、両者でそれらが互いに相同であるかどうか必ずしも明らかでない。こうした視点から近い将来形態レベルでの収斂進化を遺伝子レベルから捉え直すことができるようになると期待している。

眼は動物の行動を支配する重要な器官であり、そのため動物進化の過程で自然選択が強くはたらいたと思われる。まだ想像の域を出ないが、新しい環境に遭遇した動物たちは、速やかに与えられた問題を解決するために手近な「遺伝子」を利用してさまざまな眼を進化させていったのではないだろうか。こうした便宜主義が遺伝子レベルでもはたらいているなら、眼の遺伝子セットは動物の眼ごとにずいぶん違っているのではないだろうか。使っている遺伝子セットがかなり違っていても、表現形では一部を除けば非常によく似た構造（あるいは機能）をもった眼（たとえば脊椎動物と軟体動物のカメラ眼）が進化することもあるかもしれない。

第13章でのべたように、カンブリア紀と先カンブリア時代の境におきた三胚葉動物の未曾有の多様化は、新たに新規遺伝子を作ることなく、多細胞動物の進化のごく初期に既に存在していた遺伝子を利用して達成したことが明らかになっている。すなわち、この大進化においてさえも「便宜主義」なのである。生物は、多少できあがりが不完全なものであっても、手近にある既存の遺伝子を利用して速やかに与えられた問題の解決をはかってきたのではないであろうか。

第22章　われわれはどこから来て、どこへ行くのか

自分がどこへ行くかを知るためには
自分が今いるところを知らなければならない。
そのためには、自分がどこから来たかを知らなければならない。
——フィリピンに残るオセアニアのことわざ——
（『人類の足跡10万年全史』スティーヴン・オッペンハイマー著
仲村明子訳より）

人類進化の研究は、われわれの直接の祖先の問題なので、関心が高く、そのこともあって、分子進化の研究においては、常に最先端の技術が導入されてきた。一方で、われわれ人類は、他の動物とは違って高い知能とそれに由来する高度の文化を有しているので、異なる進化を遂げてきたに違いないという思い込みがある。そのため、他の生物の進化に対しては客観的な判断をして

きた進化学者が、自身の進化については不思議なぐらい客観的になれず、思わぬ落とし穴にはまってしまった事例がいくつもある。ここでは、分子に基づく人類進化の研究の歴史を辿りながら、最近の研究の一端に触れてみよう。また、われわれが自分の祖先を研究する際に陥りやすい過ちを過去の例から考えてみよう。

分子系統進化学の夜明け：ナトールの試み

「ヒトはいつ頃サルから進化したか？」という問題は、人類学者のみならず、一般の人々にも尽きない興味の一つであろう。分子から生物の進化の道筋を解き明かす最初の試みとなった問題が、まさにヒトの起源と霊長類の進化に関する問題であった。

最初の試みは意外に古く、分子進化学が始まる遥か以前のことであった。一九〇一年、ジョージ・ナトールは、これまでにない、きわめて独創的な方法で霊長類の系統を研究した。彼は、まず調べようとするサルから採取した血清をウサギに注射して抗体を作らせ、抗原と抗体の反応の程度を測定した。これをさまざまな霊長類に適用してヒトとサルの関係を調べた。彼はこうした測定から、ヒトは新大陸に棲息する新世界ザルよりも、旧大陸の旧世界ザルに近縁である、という結論に達した。

この方法は今から思えば、異なる種間でタンパク質の配列の違いの程度を測定していたことと原理的に同じである。血清中に存在するタンパク質の表面にあるアミノ酸は異なる種の間で多少異なっており、そのため、抗体との反応の程度に差がでるわけである。

おそらく当時としては全く斬新な方法で得たナトールの結論は、ダーウィンによる人類のアフリカ起源説を支持するものであったので、その後大いに発展してもよさそうであったのだが、不思議とこうしたタイプの研究は彼以後全く途絶えてしまった。あまりにも時代に先んじたせいなのか。

このナトールの先駆的試みを復活させたのが、モーリス・グッドマンであった。なんと六〇年あまりも後のことであった。グッドマンは、ナトールの方法を改良し、免疫拡散法と呼ばれる方法を開発した。彼は、この方法を使って人類の起源と系統進化の問題に応用し、分子人類学の旗手となった。

グッドマンは免疫拡散法をヒトと類人猿に適用し、ヒトはチンパンジー、ゴリラといったアフリカの類人猿に近縁で、オランウータンやテナガザルなどのアジアの類人猿とは遠縁の関係にあることを示した。この系統関係は当時広く受け入れられていた類人猿の分類と著しい相違を示した。すなわち、当時の分類は、アフリカの類人猿はオランウータンも含めてオランウータン科に属し、一方、唯一ヒトはヒト科に属するという分類であった。こうして伝統的な人類学と新しく誕生しつつあった分子人類学との対立が始まった。

ヒトとチンパンジーは五〇〇万年前に分岐

決定的な対立は一九六七年のヴィンセント・サリッチとアラン・ウィルソンの研究から始まった。彼らが用いた方法は、本質的にはナトールやグッドマンが用いた方法と同じだが、血清からアルブミンというタンパク質を精製したり、抗体との反応を定量化するなど、精度の向上をはかっている。さらに重要なことは、彼らは、ズッカーカンドルとポーリングが発見した分子時計を使って、ヒトとチンパンジーが五〇〇万年前に分岐したと推定した。彼らの結果は、ヒトの起源と霊長類の進化に関するこれまでの人類学上の定説と相容れぬものであったので、その後、一五年の長きにわたる人類学者と分子進化学者との論争を巻きおこした。

サリッチとウィルソンが得た系統樹を、従来の伝統的な解釈に基づく系統樹と比較して、図22-1に示した。二つの系統樹を比べると、二つの点で大きな食い違いが見られる。第一に、系統樹の形が両者で違う。伝統的な系統樹では、チンパンジー、ゴリラ、オランウータンといった類人猿がひとかたまりになって一つの系統を形成し、ヒトへ至る系統と区別されている。一方、分子系統樹では、オランウータン、ゴリラ、チンパンジー、ヒトと順に分岐を繰り返している。

もう一つの違いはアフリカの類人猿（チンパンジーとゴリラ）とヒトとの分岐時期である。伝統的な解釈では二〇〇〇万年を下ることはないが、分子レベルの結果はおよそ五〇〇万年と非常

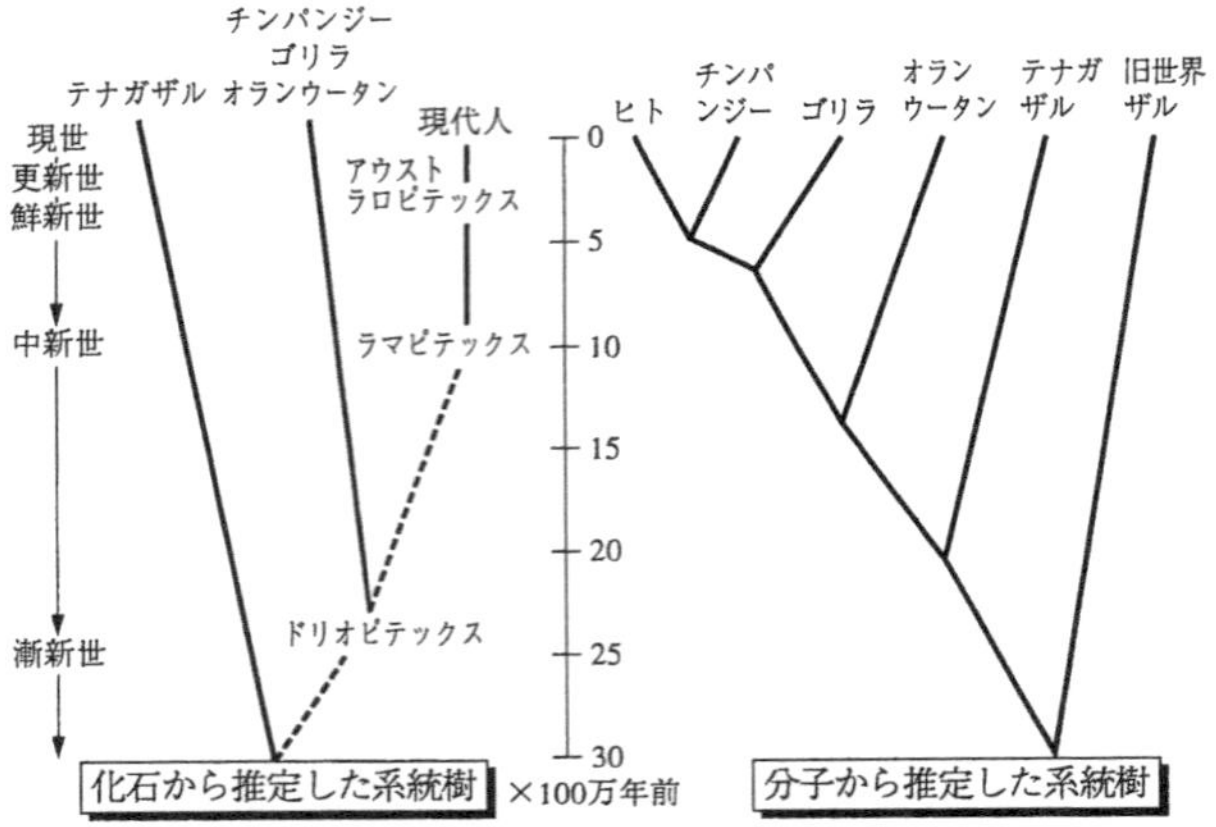

図22－1　人類進化に関するサリッチとウイルソンによる分子系統樹（右）と当時信じられていた化石に基づく系統樹（左）

に最近のでき事になっている。とりわけ後者はその後人類学者との間で大きな論争を呼んだ。分子進化学者はその後利用する分子や方法を変えて、サリッチとウイルソンの結果を確かめたが、どの結果も大筋においてー致していた。

何が原因でこれほどまでに両者の結果が食い違ったのか？　一つには、ラマピテックスという化石の解釈にあった。当時ラマピテックスの骨はいくつも見つかっていたが、いずれも断片に過ぎなかった。それにもかかわらず、「ラマピテックスはおよそ一〇〇〇万年前に生息していた人類の直接の祖先である」という主張が人類学者の間で支持されていた。

一九八二年、ラマピテックスのほぼ完全

な頭骨が発見されるに及んで人類学者の解釈が一変した。すなわち、ラマピテックスはヒトの直接の祖先ではなく、むしろオランウータンに近縁とされた。その結果、論争はいっぺんに氷解し、ほぼ分子進化学者の結果を認める形で終焉を迎えた。

サリッチとウイルソンの研究の後、さまざまな分子で、進化速度の一定性を仮定せず、類人猿の系統を再現する努力がなされた結果、使う分子にもよるが、類人猿の範囲では分子時計の仮定がそれほど悪くはないことが確認されている。また、ラマピテックスがオランウータンの祖先であることが判明したため、ヒトとオランウータンとの分岐を目盛り合わせに使うことができるようになった。こうして、ヒトとチンパンジーの分岐がサリッチとウイルソンの主張から大きくずれていないことが判明している。現在では、ヒトとチンパンジーの分岐は六〇〇～七〇〇万年前とされている。

客観性は科学がもつ重要な特徴の一つだが、われわれヒトの進化についてはどうも例外のようで、強い思い込みに真実が歪められてきた事実が多々ある。ヒトがサルから進化したことは渋々認めたとして、その分岐をできるだけ古い時期のでき事にしたいという気持ちが強くはたらいていたようだ。一九六七年までの古人類学の定説では、チンパンジー、ゴリラ、オランウータンを一つのグループにまとめて、ヒトがこれらの類人猿から分かれたのは二四〇〇万年も前にさかのぼるとなっていた（図22－1）。およそ一〇〇〇万年前に生存していたと考えられるラマピテックスは、驚くことに、その歯の化石だけの証拠から、現生人類の直接の祖先であると信じられていたのだ。

進化学は実験によって学説を直接検証することができないという点で、生物科学にあって特異な研究分野である。このことが、気が遠くなるような長い論争がたえまなく繰り返される結果を招き、ときとして学会に権威主義的傾向さえもたらしたことはいなめない。進化学の発展にあたって、過去に生存した生物の化石が果たした役割はきわめて大きい。化石は生物の進化に関する、ほとんど唯一の、直接的証拠であったし、今日でもその重要性は少しも変わっていない。

逆にその重要性ゆえに、しばしばそれを絶対視し、ごく僅かな、しかも不完全な化石の証拠に基づいた誤った学説が、権威主義を背景に長い間世界の学会を支配することさえあった。サリッチとウイルソンの研究はこうした風潮に一石を投じた点でも意義深い。彼ら以降繰り返しなされた結果の再検討にもかかわらず、彼らの結果がほぼ再現されたという事実は、分子進化学に基づく方法の客観性を如実に示すものであろう。

われわれ現代人はどう進化してきたのか

われわれ現代人は分類学上、ホモ・サピエンスと呼ばれ、ホモ属、サピエンス種に属する。ホモ属の起源はおよそ二五〇万年前にさかのぼる。初期ホモ属のメンバーは、それまでのアウストラロピテックスなどの猿人と比べて、大きな脳をもつなど、いくつかの点で現代人に似た特徴をもっている。また、アフリカ大陸は長らく人類進化の揺りかごであったが、ホモ・エレクトスの時代になると、アフリカを出て、遅くとも一九〇万年前にはユーラシア大陸に到達している。

現在、世界の各地にはさまざまな皮膚の色や体格の異なる人種が生存しているが、これらの現代人はすべて同じ種、ホモ・サピエンスに属する。これらの現生人類（新人）のほかに、上でのべたように、百数十万年前から数十万年前にユーラシアの各地に生存していた、アジアのホモ・エレクトスやネアンデルタール人（ホモ・ネアンデルタレンシス）といった先行の人類もいる。典型的なホモ・エレクトスとしては、ジャワ島や中国で発見された一連の化石が知られている。また、ホモ属の他のメンバーとしては、ヨーロッパに拡がったネアンデルタール人や、最近インドネシアのフローレス島で発見された、体が非常に小さいフローレス人（ホモ・フロレシエンシス）などが知られている。

ところでわれわれ現代人はどのような進化を辿って現在に至ったのか？　この問題は誰にとっても興味深い問題で、昔から、多地域起源説対アフリカ起源説（あるいは単一起源説ともいう）という形で論争が続いてきた。最近になって、そこへ分子系統学が参入し、装いを新たに論争が再燃している。

多地域起源説では、人種の特徴はその地域で発見された先行人類から受けついだもので、人種

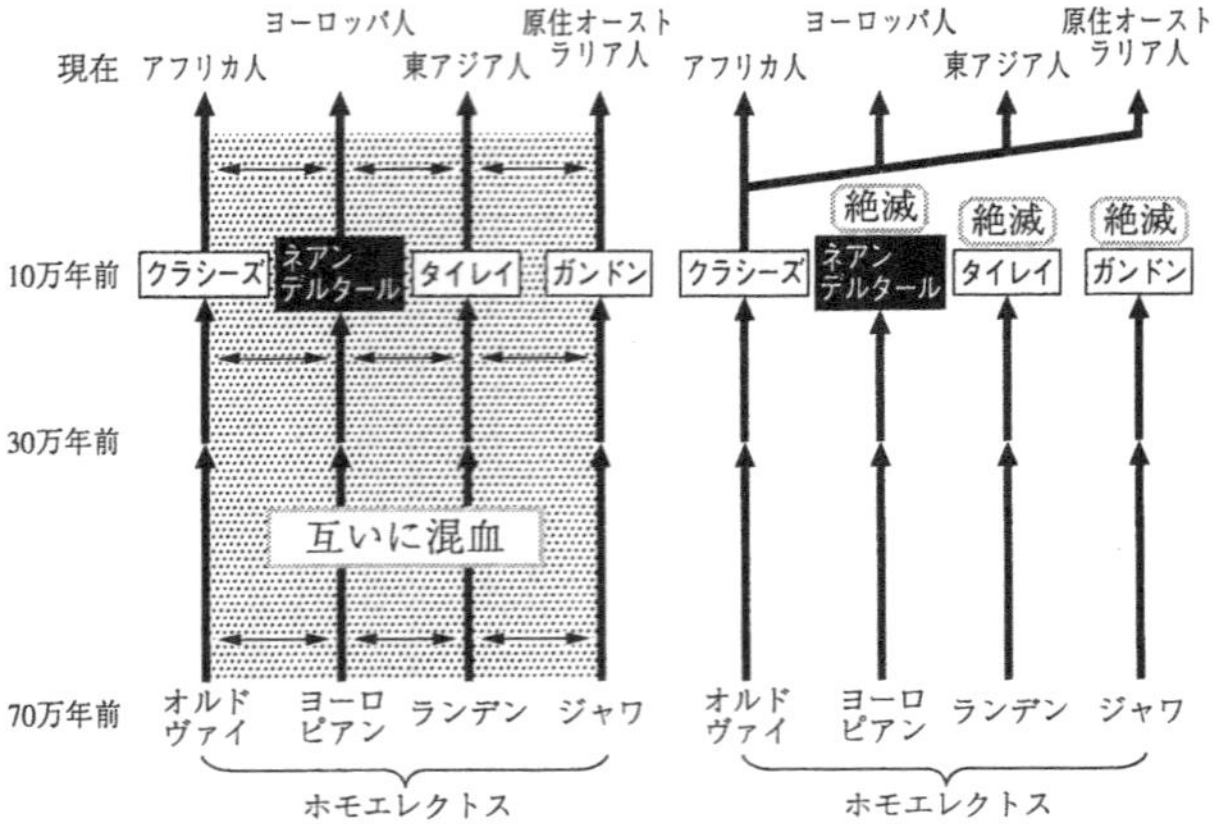

図22－２　多地域起源説（左）とアフリカ起源説（右）

の起源は非常に古く、人種間では遺伝的な交流が常にあったのだと主張する。異なる地域の先行人類たちの特徴はかなり違うが、現代人では人種間にそれほどの差が見られず、むしろ一様に見えるのは混血のせいだというのである。

一方、アフリカ起源説では、現在の人種が成立したのはずっと最近のことで、もともとアフリカにいた現代人の祖先が世界中に広まり、各地域にいた先行人類たちの子孫と混血することなく、それに取ってかわったのだと主張する（図22－２）。

二つの説の重要な相違点は、数十万年の時間間隔で「出アフリカ」を果たした先行人類と現生人類の間の混血の有無にある。多地域起源説では「混血あり」を主張するので、現代ヨーロッパ人とネアンデルタール人とのDNAを比べると、両者にはほとんど違いが見られないはずである。一方、アフリカ起源説では「混血なし」を主張するので、両者のＤＮＡには出アフリカの時間差である数十万年分の違いが認められるはずである。ヨーロッパ人とネアンデルタール人のミトコンドリアＤＮＡを比べればどちらの説が正しいかが検証できることになる。

しかし、実際にはそれは困難である。「現在生きている生物のＤＮＡを比べるだけで、過去におきた進化がわかる」ということが分子進化学の大きな特徴だが、ＤＮＡが取れなければ、その生物の進化が理解できない。化石からはＤＮＡが取れないのである。

一九八〇年代後半から一九九〇年代には、絶滅したさまざまな動植物の化石からＤＮＡの単離が試みられ、論文として発表されていたが、残念ながら、そのすべてが不成功に終わっている。その原因の多くは、実験者本人を含めて、試料以外の外来生物のＤＮＡの混入である。すなわち、コンタミネーション（あるいは単に〝コンタミ〟）であった。なかには、琥珀に閉じ込められた、一億年前の蚊がきわめて保存状態が良いことを利用して、恐竜の血を吸った蚊で、琥珀に閉じ込められたものがあれば、恐竜のＤＮＡが採取できるかもしれないという、たいへんロマンを感じさせる研究もあった。

一九九七年、スヴァンテ・ペーボのグループは、当時の悲観的状況に果敢に挑戦し、ネアンデルタール人のミトコンドリアＤＮＡの一部、Ｄループ領域のクローニングに成功した。現代人のＤＮＡと比べると、ネアンデルタール人と現代人の系統が分かれたのがおよそ六〇万年前（後の

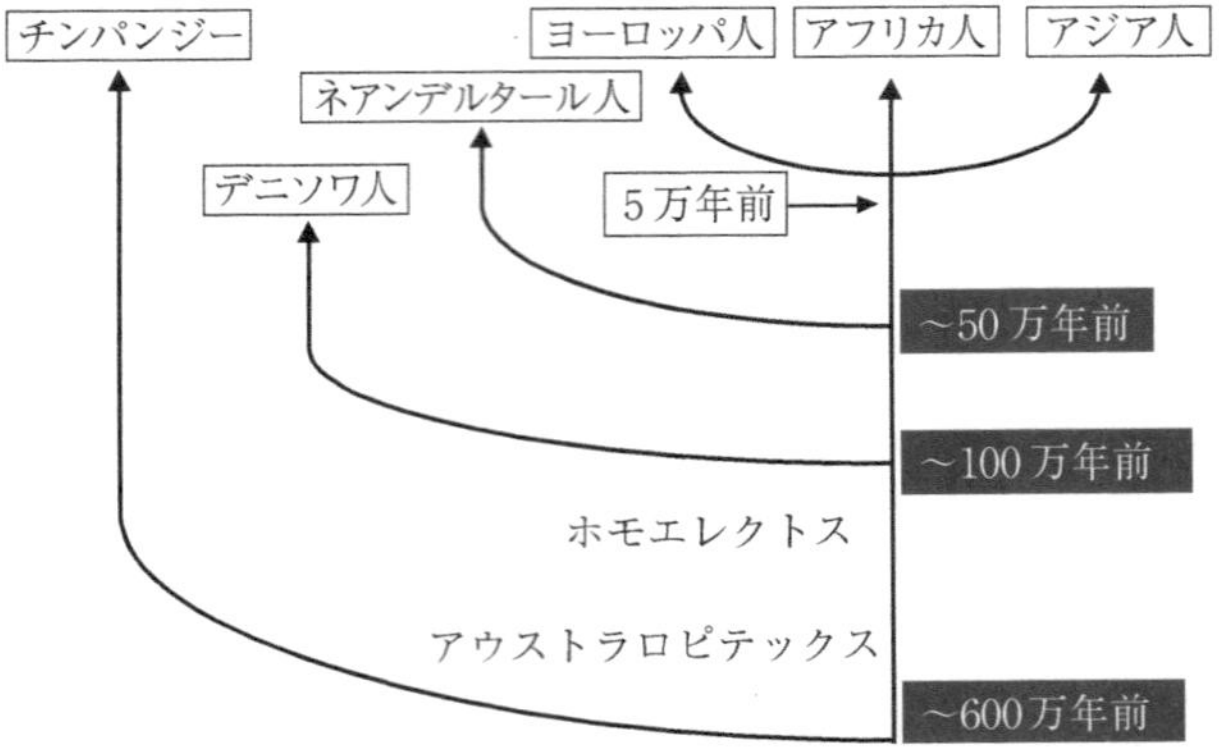

図22－3　化石DNAで推定されたネアンデルタール人、デニソワ人と現代人の分岐時期

詳しい解析では約五〇万年前）で、現代人のなかで最も古い分岐を示すアフリカのグループはせいぜい二〇万年前にさかのぼる程度だった。つまり単一起源説を強く支持する結果となった。図22－3に、ネアンデルタール人の系統的位置が示されている。

ペーボのグループは、ネアンデルタール人のDNAを単離するに際し、極力〝コンタミ〟を回避するため、試料と解析グループを二つにわけ、二つのグループが独立にDNAの単離を試みている。ネアンデルタール人は比較的最近（三万～四万年前）まで生存していたので、DNAの保存状態が比較的良かったと思われるが、それでも彼らの成功は意義深い。ただ、問題点がないわけではない。混血の場合と外来DNAの混入とをどう区別するか。ある限られた地域で一部混血がなかったか。この問題の解決にはより精密な実験が要求される。

化石ＤＮＡによる進化研究の発展

最近、およそ四万年前まで南シベリアのデニソワに生存していたと思われるヒトの祖先、デニソワ人の指の化石が見つかった。ペーボのグループは、その化石からミトコンドリアＤＮＡの全塩基配列を決定することに成功した。その化石ＤＮＡの塩基配列は、世界各地に住む五四人の現代人、ロシアで発見された三万年前の現代人、六個体のネアンデルタール人、およびボノボとチンパンジーからのミトコンドリアＤＮＡの塩基配列と比較され、分子系統樹が推定された（図22－3）。

この系統樹によると、デニソワ人はネアンデルタール人より古い時期に現代人へ至る系統と分岐していることが分かった。ヒトとチンパンジーの分岐時期を六〇〇万年前と仮定し、この時間間隔内での分子進化速度の一定性（分子時計）を仮定すると、デニソワ人の系統と現代人／ネアンデルタール人の系統が分岐したのはおよそ一〇〇万年前と推定された。これは、現代人とネアンデルタール人の分岐時期（～四七万年前）の約二倍古い。

最近、ペーボのグループは、同じネアンデルタール人について、これまでのミトコンドリアのＤＮＡから、核のＤＮＡへと解析を進めた。彼らは、全ＤＮＡの六〇％にあたる領域の塩基配列を決定した。このデータから彼らは、ネアンデルタール人と、アフリカ人をのぞく、現代人との間で、混血があったことを示唆した。今後、より厳密な解析に基づく研究の発展が待たれる。

化石からDNAが単離できるのは、現在の技術では、そのDNAの保存状態に強く依存する。すなわち、その個体が比較的最近まで、せいぜい数万年前まで生存していたことと、化石が寒冷地に保存されていることが必須の条件のようである。温暖な地域には多くの化石が残されているに違いないが、そうした化石からDNAをいかに単離するか、今後の重要な課題になろう。たとえば、インドネシアのフローレス島で最近発見されたフローレス人の系統的位置や体の矮小化の理由などの解明に分子系統学的解析が待たれる。

学生時代にたまたま聞いた、現代科学の研究姿勢を皮肉ったある物理学者の言葉を思い出す。「向こうの暗闇で鍵を落としたのは確かなのだが、暗くて見えないので、この電灯の下で探しているのです」。科学の本質に迫るには「暗闇で鍵を探す」勇気をもつことが大事であると諭した言葉である。ペーボは勇敢に暗闇で鍵を探し、現代人の進化の本質的理解に迫ったのみならず、分子進化学と古生物学の統合という大きな目標に向かって歴史的一歩を記した。

人類進化に対するわれわれの偏見とおごり

ダーウィンの『種の起源』が出版された後、人間がサルと共通の祖先をもつことに対する市民の戸惑いと嫌悪感をよく表している挿話が、スティーヴン・J・グールドの『フルハウス』に引用されている。

「サルの子孫ですって！　まあ、本当じゃないといいのに。でももし本当なら、みんなに知られないようにしなくては」イングランド、ウイスターの主教の妻（『フルハウス』スティーヴン・J・グールド著、渡辺政隆訳より）。

第1章でものべたように、一九世紀のヨーロッパを支配していた思想は、人間は神によって創造された特別な存在であるというもので、それは一般の市民のみならず、当時の哲学者の見解でもあった。エルンスト・マイヤーもいうように、こうした思想背景のもとでは、人間には魂があるが、動物にはないから、動物から人への移行どころか、共通の祖先など論外なことであった。自然選択説のもう一人の提唱者であるアルフレッド・ラッセル・ウォレスでさえ、人間は進化に関しては特別であると考えていた。人間も含めて地球上の全生物は進化の所産であるという考えは、当時のヨーロッパでは、ダーウィンを含めてほんの一握りの人たちに限られていた。

人間は、他の動物とは異なり、特殊な存在であるという信念は、現時点においてさえ、誰もが潜在的にもっているように思われる。こうした誤った信念を背景に、人はだれしも他人のことはよく見えるけれども、自分のこととなるとほとんど見えないという、冷静に自分をみれば、誰しもが経験的に知っている人間の本性が、次のような意地悪い結果をもたらしているのかもしれない。すなわち、われわれは、われわれ以外の生物の進化を語るときは客観的かつ論理的だが、われわれ自身の進化を語るときは、しばしば偏見とおごりに支配されやすい。

ピルトダウン人事件

一九〇九年、ダーウィンの国イギリスで、進化史上最大の汚点とも言うべき捏造事件がおきた。この事件は、人間の理性の盲点を突いたもので、それだけに科学者だけでなく、誰にでもおこりうる本質的な問題である。まず、時代背景からのべてみよう。

一八五六年、ドイツのネアンデル渓谷で、ネアンデルタール人（ホモ・ネアンデルタレンシス）の化石がヨハン・カール・フールロットとヘルマン・シャーフハウゼンによって発見された。それ以降、ウジェーヌ・デュボアは、エルンスト・ヘッケルの予言に基づいて、アジアで人類の化石を探し、一八九一年にインドネシアのジャワ島でジャワ原人（ホモ・エレクトス）を発見する。一九〇八年にはフランスでもネアンデルタール人の化石が発見される。こうして二〇世紀はじめにかけて、少しずつ化石に基づく人類進化の研究が始まった。しかし、アフリカでの本格的な人類化石の発掘はまだ始まっていなかった。

こうした頃に、チャールス・ドーソンは、イギリスのピルトダウンで化石人骨を発見し、大英博物館のアーサー・スミス・ウッドワード卿がその化石を人類の祖先として発表した。その後、イギリス人類学界の大御所アーサー・キース卿が鑑定し、人類の祖先の化石であることを支持した。これがピルトダウン人である。ピルトダウン人は、現代人の頭骨に、オランウータンの下顎骨を巧みに繋ぎ合わせた、まったくの偽物であることが、四〇年も後に発覚することになる。

なぜピルトダウン人は、アーサー・キース卿が鑑定しながら、偽物であることがばれなかったのか？　その大きな理由の一つが、「発達した脳と原始的な顎」の特徴にあったと思われる。この特徴こそ、人間の自尊心をくすぐるものであったのであろう。

当時ユーラシア大陸では、人類の祖先の化石がぼちぼち見つかりだしていたが、残念ながら、イギリスにはまだ見つかっていなかった。そのことは、ピルトダウン人の出現を歓迎したかもしれないが、それだけでは、アーサー・キース卿ほどの大物をだますことができた理由にはならなかったであろう。最大の理由は、「発達した脳と原始的な顎」の特徴であろう。

顎はサルの特徴からまだ抜け出ていないが、脳は現代人並みに大きく（あたりまえである）、したがって、われわれの祖先と呼ぶに相応しい「賢さ」を物語っている。ピルトダウン人が人類の祖先なら、ネアンデルタール人やジャワ原人はサルの祖先である、と自信をもって主張できる。まさにピルトダウン人は世界の覇者たる大英帝国の誇りである。こうした先入観をもって、贋作者はピルトダウン人を創造し、鑑定者は鑑定にあたったのであろう。

ネアンデルタール人が発見された当初は、ダーウィンの進化論が発表されて間もない頃だったこともあって、人類の祖先という視点で人類化石を見ることができず、さまざまな批判の目を向けている。たとえば、ネアンデルタール人は人類の祖先どころか、ナポレオン軍に敗れて、逃げる途中に迷い込んだコサック兵の末路だという話まで出てくる始末である。それに比べてピルトダウン人の場合は、あっさりと人類の祖先と認められているのは、やはり先入観が大きく作用していたのであろう。リチャード・リーキーはこのことに触れて次のようにのべている。

ネアンデルタール人を受け入れるときの不承不承とは対照的に、ピルトダウンの偽造品の場合は、学者が自分の考えに合うことを受け入れるときに示すことのある、見苦しいまでの熱心さを例示していた。現在の研究も、この弱点をもつ点では例外ではなく、それは学問のあらゆる分野で認められることである。

（『オリジン』リチャード・リーキー&ロジャー・レーウィン著　岩本光雄訳より）

一九五〇年、化石人骨に含まれるフッ素含有量から年代を推定する「フッ素法」によって、ピルトダウン人が贋作であることが証明された。なんと四〇年もの長きにわたって偽物であることがばれなかったのだ。その間、人類進化において最重要な発見がなされていた。一九二四年、レイモンド・ダートは、南アフリカ、ヨハネスブルグ近郊のスタークフォンテインの洞窟で、ホモ属とは異なる、古い属のアウストラロピテックス・アフリカヌスを発見していた。ダーウィンが正しく予言したように、人類はアフリカの地で誕生したことを示す重要な証拠となった発見である。しかし、ピルトダウン人の起源は非常に古く推定されていたこともあって、ピルトダウン人が現生人類の直接の祖先なら、アウストラロピテックスはサルの祖先であるとして、その後長く無視されてしまった。もちろん、アウストラロピテックスが人類の祖先として承認されなかったのは、ピルトダウン人の存在だけが理由ではない。何よりも、われわれの起源となった地が「暗黒大陸」だということを認めたがらない偏見も理由の一つであったのであろう。

こうして、ピルトダウン人が現生人類の直接の祖先としての地位が確立し、権威がついてしまうと、よほどの証拠がないかぎり、反論が認められ難くなる。むしろ、それを事実として認め、その上に更なる発展をもくろむ研究が歓迎されるようになる。その結果が、四〇年の長きにわたって「ピルトダウン人時代」が続くことになったのであろう。

心は人間だけのものではない

ピルトダウン人事件の場合もそうであったように、人間の知能の高さを語る際によく持ち出されるのが、脳の大きさであるが、問題はその中身である。脳の大きさでは、オオカミの方が人間に飼い馴らされている犬より大きいようだ。さらに、ヒトの脳は、農業を行うようになって以降小さくなっているらしい。この二例に関する限り、脳を大きくしているのは危険回避・狩猟採集能力に関係することで、知的な能力に関することではないと思われる。したがって、単純に脳の大きさだけで知的能力を言及するのは適切ではない。

現在でさえ、心や知的能力は人間に特有の形質だと考えている人は多いのではないであろうか。しかし、最近、人間によく似た行動が霊長類や鳥にも観察されるようになってきた。たとえば、ジェーン・グドールによると、チンパンジーは肉親の死に際し深く悲しみ、その結果、深刻なうつ状態になり、生きる意志を失うことすらあるらしい。似たことがオシドリやオウムなどの鳥類にもみられるようである（セオドア・バーバー）。さらに、チャールズ・ダーウィンは、同じようなことがサルにも見られると、『人間の由来』のなかでのべている。

ダーウィンは、人間と動物の間の感情と知能の差は程度の差であって質的な差ではない、と一五〇年も前に『人間の由来』のなかで主張している。このことは、当然のことながら、当時批判を受けた。しかし今では、たとえば、セオドア・バーバーはダーウィンの考えをさらに拡張して、心や概念化の能力などはヒト特有の能力ではなく、霊長類、哺乳類、鳥類にもあると主張している。

人間の思い上がりをいさめるあまり、逆に擬人化という落とし穴にはまってしまう可能性がなくはないが、これらは人間自身の能力を客観視するための重要な参考資料として機能すると思われる。

第1章でものべたが、ジークムント・フロイトは、これまで科学は人間の自己愛に対して大きな打撃を加えてきたと言っている。われわれ人間が住む地球は宇宙の中心ではなく、広大な宇宙の微かな一点に過ぎないことと、人間は神の創造による特別な存在ではなく、全生物の一系統に過ぎないことを、科学によって思い知らされた。確かに、このことで、人間の自己愛が大きく傷ついたが、別な見方をすれば、人間は、己がもつ偏見とおごりを悟り、客観的に己を見つめ直すことが可能になった。いまやわれわれは、人間特有と思われていた「心」さえ科学するに至っている。心は広く動物に存在するもので、他の動物との差は程度の差でしかないということを、思い知らされようとしている。それは己の心の弱点を教えてくれる機会になるだろう。

おわりに

ここでは、分子進化の研究分野だけではなく、どの分野にも共通すると思われることについて、二つだけ付け加えておきたい。

①以外とポピュラーな新しい着想　第8章で紹介したオス駆動進化説は、一九八七年に米国ではじめて講演して以後、専門家の研究集会以外、日本での発表を控えていた。「進化」という言葉には、一般的には「進歩」という意味が含まれているため、誤解による批判を恐れたためである。木村資生博士が開いた分子進化の国際シンポジウムで、オス駆動進化説を講演したが、講演終了後、ジェームス・クロー博士から、うれしい評価を受けた。その折、クロー博士から、本文中でも記したが、ハーディー&ワインベルグの法則の発見者として有名なウィルヘルム・ワインベルグが、一九一〇年代に似たことを考えていたことを教えられた。いうまでもないことだが、むろんその事実は知らなかった。

基本的な問題に対して、時代を隔てて同じ考えに辿り着くことが、それほど珍しいことではなさそうに思われる。ただ、当事者が生きた時代や所属していた専門分野の違いによって、理論の立て方や証明方法が異なるように思われる。ワインベルグは二〇世紀初頭に活躍した医者で遺伝学者だが、分子進化の研究者である筆者とは生きた時代におよそ一世紀の差がある。医者であるワインベルグは、人の病気を通して男性由来の遺伝性疾患が多いことに気がついたのであろう。筆者は、第8章でも紹介したように、分子時計と突然変異の由来との関係を考えるなかで思いついた。筆者の場合は、理論が人以外の広い生物に対して成り立つ一般化されたもので、それを分子のデータから客観的に検証可能にしたわけである。おそらく、オスが進化を駆動するという考えは、何人かの人が思いついていたのかもしれない。単純に考えれば、精子は作られる数では卵に比べ圧倒的に多く、かつ、主にＤＮＡ複製時に複製エラー、すなわち、突然変異が生じると考えれば、オスが突然変異の生成源だということに思い至るであろう。

似たようなことは歴史上いくつもおきている。自然選択説に関する論文が、チャールズ・ダーウィンとアルフレッド・ラッセル・ウォレスによって、一八五八年ロンドンのリンネ学会に同時に提出されていたということは、生物学を学んだ人なら誰でも知っている有名な話である。ウォレスはダーウィンと同じ博物学者で、アマゾンやマレー諸島を探検し、その探検記を本に著している。その点、ダーウィンに似ている。さらにウォレスもまた、ライエルの地質学やマルサスの人口論に影響を受けていたようだ。どうやら二人の偉大な博物学者が同じ考えに到達した理由はありそうである。

驚いたことに、スティーヴン・J・グールドは、彼の著書『フラミンゴの微笑』（新妻昭夫訳、早川書房）のなかで、自然選択という考えに到達した人が、ダーウィンとウォレスより遙か以前に少なくとも二人いたとのべている。スコットランドの科学者で医者のウイリアム・チャールス・ウエルズがその一人で、彼は一八一三年の論文で、黒人と白人の間にみられる皮膚の色の違いの原因を自然選択によって説明している。今日の基準からすると正統的な立場にない、集団に働く「群淘汰」による説明ではあるが、人為選択とのアナロジーを引き合いに出すなど、ダーウィンの考えによく似ている。「群淘汰」はつい最近まで、動物の利他行動を説明するために利用されていた概念であることを考えると、驚くことといわねばならない。

野山を歩いていて、ある種類の草の群生のなかに、周りと形の違う変異型を見つけたとしよう。何年か後に同じ場所を訪れてみると、前に見つけた変異型の草が一面に群生していて、前の野生型と置き換わっていたとしよう。もし、変異型の形態に対して、適応的な意味が理解できるなら、自然選択的な概念にたどり着けるかもしれない。また、気に入った形質を選択し、これまでの野生型を捨て去ることを繰り返して新種を作り出す育種家にとっては、ダーウィンやウエルズを待つまでもなく、アナロジーから自然選択の着想に至ることは、それほど難しいことではないのかもしれない。

②発見前の非常識は発見後の常識　二〇世紀がまもなく終ろうとする一九九七年に、スヴァンテ・ペーボのグループが、われわれの遠い祖先であるネアンデルタール人の化石からDNAを取り出すことに成功した。ペーボらは、彼らが得た化石DNAを使って、ネアンデルタール人がおよそ五〇万年前に現代人と枝分かれしたことを分子系統樹からはじめて明らかにした。この年は、考古学と分子進化学が融合した記念すべき年であることを、本文中で紹介した。この年は、ペーボにとっても記念すべき年であったことであろう。それは、化石のDNA採取は苦難の連続を伴うからだ。

ペーボは、大学院時代に、クローニング技術がそれほど一般化していなかった時代に、エジプトのミイラからDNAを採取して話題になった。しかしその後、本文中でも触れたが、化石及び古代に生きた絶滅種からのDNAは、ほとんどが人為的汚染に基づく実験ミスであることが判明した。ペーボのミイラDNAもその例外ではなかった。しかし、その時の苦い経験はネアンデルタール人の実験で生かされた。驚くほど慎重に実験が進められていた。

二一世紀は化石DNAの時代になると、個人的には期待しているのだが、しかし乗り越えねばならない問題があるだろう。DNAが採取されたネアンデルタール人の化石は四万〜五万年前と、比較的最近まで生存していた個体のものである。今のところ、化石DNAが採取されているのは寒冷地に生息していた個体のものだけである。亜熱帯には多くの古い人類が生存していたと思われるが、現在の技術では彼らのＤＮＡはまだ採取されていない。「分子古人類学」の開幕には、最低でも一〇〇万年以前に生息していた人類の化石ＤＮＡが必要であろう。それは、現時点で見る限り、常識的には不可能なことだと考えられている。

それは本当に不可能で非常識な夢物語なのであろうか。無線通信の研究でノーベル賞に輝いたグリエルモ・マルコーニは、イギリスからカナダへの無線通信を計画した。当時、この計画は多くの人から非常識のそしりを受けた。なぜなら、地球は丸く、一方、電波は直進するので、イギリスからカナダへは電波は届かない、という批判だった。この批判は、当時としては、理に適った批判であった。それにもめげず、夢を実現すべく努力し、ついに一九〇一年、イギリスからカナダへ電波を送ることに成功してしまった。後に、批判した人たちは、地球の外側に電波を反射する電離層があることを知ってはじめて、マルコーニの成功に納得した。マルコーニの成功は電離層の存在を明らかにし、その前後で非常識が常識へと変わった。

マルコーニは実験のなかで、通信可能距離が日中では一一〇〇キロであったのに対し、夜間では三二〇〇キロにのびるという結果を得ていたらしい。なにが夜間の伝搬距離を伸ばしていたのかは理解できていなかったかもしれないが、その何かが電波の遠距離伝搬を可能にしているのかもしれないということを感じ取っていたと思われる。

ＤＮＡは時間が経つとバラバラになってしまう。それが化石ＤＮＡの長期保存を困難にしているらしい。しかし、専門家からの非常識の誹りを受けることを承知で敢えていうなら、化石標本の場所によっては、ＤＮＡの長期保存を可能にする「何か」がたまたま存在する可能性がまったくないといえるのであろうか。その「何か」とはなんであろうか。それを知った前後で、非常識が常識になる。非常識を常識にすることこそ科学の醍醐味だと思う。

「分子古生物学」の幕開けの日がそれほど遠くないことを期待しつつ、筆を置くことにする。

さらに進んで読むための本

進化に関する本はこれまで多数出版されているが、そのなかから本書に関連する本で、入手が容易なもの、邦訳があるものに限定して選んでみた。

●分子進化関係

『分子進化の中立説』木村資生著（木村資生監訳　向井輝美、日下部真一訳）紀伊国屋書店　一九八六年

『生物進化を考える』木村資生著　岩波新書　一九八八年

『新しい分子進化学入門』宮田隆編　講談社　二〇一〇年

『新図説　動物の起源と進化』長谷川政美著　八坂書房　二〇一一年

●進化論一般

『種の起原（初版）』C・ダーウィン著　八杉龍一訳　岩波文庫　一九六三年

『進化』N・H・バートンほか著　宮田隆、星山大介監訳　メディカル・サイエンス・インターナショナル　二〇〇九年

【ま行】

【や行】

【ら行】

さくいん

N.D.C.467　409p　18cm

ブルーバックス　B-1849

分子からみた生物進化

DNAが明かす生物の歴史

2014年 1 月20日　第 1 刷発行
2024年11月12日　第 6 刷発行

著者　宮田　隆
発行者　篠木和久
発行所　株式会社講談社
〒112-8001 東京都文京区音羽2-12-21
電話　出版　03-5395-3524
販売　03-5395-5817
業務　03-5395-3615
印刷所　（本文表紙印刷）株式会社ＫＰＳプロダクツ
（カバー印刷）信毎書籍印刷株式会社
製本所　株式会社ＫＰＳプロダクツ

定価はカバーに表示してあります。

ISBN978−4−06−257849−3

発刊のことば

科学をあなたのポケットに

二十世紀最大の特色は、それが科学時代であるということです。科学は日に日に進歩を続け、止まるところを知りません。ひと昔前の夢物語もどんどん現実化しており、今やわれわれの生活のすべてが、科学によってゆり動かされているといっても過言ではないでしょう。

そのような背景を考えれば、学者や学生はもちろん、産業人も、セールスマンも、ジャーナリストも、家庭の主婦も、みんなが科学を知らなければ、時代の流れに逆らうことになるでしょう。

ブルーバックス発刊の意義と必然性はそこにあります。このシリーズは、読む人に科学的に物を考える習慣と、科学的に物を見る目を養っていただくことを最大の目標にしています。そのためには、単に原理や法則の解説に終始するのではなくて、政治や経済など、社会科学や人文科学にも関連させて、広い視野から問題を追究していきます。科学はむずかしいという先入観を改める表現と構成、それも類書にないブルーバックスの特色であると信じます。

一九六三年九月　　野間省一

ブルーバックス　生物学関係書（I）

1073	へんな虫はすごい虫	安富和男
1176	考える血管	児玉龍彦／浜窪隆雄
1341	食べ物としての動物たち	伊藤　宏
1391	ミトコンドリア・ミステリー	林　純一
1410	新しい発生生物学	木下　圭／浅島　誠
1427	筋肉はふしぎ	杉　晴夫
1439	味のなんでも小事典	日本味と匂学会＝編
1472	DNA（上）	ジェームス・D・ワトソン／アンドリュー・ベリー　青木　薫＝訳
1473	DNA（下）	ジェームス・D・ワトソン／アンドリュー・ベリー　青木　薫＝訳
1474	クイズ　植物入門	田中　修
1507	新しい高校生物の教科書	栃内　新　左巻健男＝編著
1528	新・細胞を読む	山科正平
1537	「退化」の進化学	犬塚則久
1538	進化しすぎた脳	池谷裕二
1565	これでナットク！　植物の謎	日本植物生理学会＝編
1592	発展コラム式　中学理科の教科書　第2分野（生物・地球・宇宙）	石渡正志　滝川洋二＝編
1612	光合成とはなにか	園池公毅
1626	進化から見た病気	栃内　新
1637	分子進化のほぼ中立説	太田朋子
1647	インフルエンザ　パンデミック	河岡義裕／堀本研子
1662	老化はなぜ進むのか	近藤祥司
1670	森が消えれば海も死ぬ　第2版	松永勝彦
1681	マンガ　統計学入門	アイリーン・マグネロ＝文　ボリン・V・ルーン＝絵　神永正博＝監訳　井口耕二＝訳
1712	図解　感覚器の進化	岩堀修明
1725	魚の行動習性を利用する釣り入門	川村軍蔵
1727	iPS細胞とはなにか	朝日新聞大阪本社　科学医療グループ
1730	たんぱく質入門	武村政春
1792	二重らせん	ジェームス・D・ワトソン　江上不二夫／中村桂子＝訳
1800	ゲノムが語る生命像	本庶　佑
1801	新しいウイルス入門	武村政春
1821	これでナットク！　植物の謎Part2	日本植物生理学会＝編
1829	エピゲノムと生命	太田邦史
1842	記憶のしくみ（上）	ラリー・R・スクワイア　エリック・R・カンデル　小西史朗／桐野　豊＝監修
1843	記憶のしくみ（下）	ラリー・R・スクワイア　エリック・R・カンデル　小西史朗／桐野　豊＝監修
1844	死なないやつら	長沼　毅
1849	分子からみた生物進化	宮田　隆
1853	図解　内臓の進化	岩堀修明

ブルーバックス　生物学関係書（II）

1861 発展コラム式　中学理科の教科書　改訂版　生物・地球・宇宙編　石渡正志／滝川洋二＝編
1872 マンガ　生物学に強くなる　堂嶋大輔＝作／渡邊雄一郎＝監修
1874 もの忘れの脳科学　苧阪満里子
1875 カラー図解　アメリカ版　大学生物学の教科書　第4巻　進化生物学　D・サダヴァ他／石崎泰樹／斎藤成也＝監訳
1876 カラー図解　アメリカ版　大学生物学の教科書　第5巻　生態学　D・サダヴァ他／石崎泰樹／斎藤成也＝監訳
1889 社会脳からみた認知症　伊古田俊夫
1898 哺乳類誕生　乳の獲得と進化の謎　酒井仙吉
1902 巨大ウイルスと第4のドメイン　武村政春
1923 コミュ障　動物性を失った人類　正高信男
1929 心臓の力　柿沼由彦
1943 神経とシナプスの科学　杉　晴夫
1944 細胞の中の分子生物学　森　和俊
1945 芸術脳の科学　塚田　稔
1964 脳からみた自閉症　大隅典子
1990 カラー図解　進化の教科書　第1巻　進化の歴史　カール・ジンマー／ダグラス・J・エムレン／更科　功／石川牧子／国友良樹＝訳
1991 カラー図解　進化の教科書　第2巻　進化の理論　カール・ジンマー／ダグラス・J・エムレン／更科　功／石川牧子／国友良樹＝訳
1992 カラー図解　進化の教科書　第3巻　系統樹や生態から見た進化　カール・ジンマー／ダグラス・J・エムレン／更科　功／石川牧子／国友良樹＝訳
2010 生物はウイルスが進化させた　武村政春
2018 カラー図解　古生物たちのふしぎな世界　土屋　健／田中源吾＝協力
2034 DNAの98％は謎　小林武彦
2037 我々はなぜ我々だけなのか　川端裕人／海部陽介＝監修
2070 筋肉は本当にすごい　杉　晴夫
2088 植物たちの戦争　日本植物病理学会＝編著
2095 深海——極限の世界　藤倉克則・木村純一＝編著／海洋研究開発機構＝協力
2099 王家の遺伝子　石浦章一
2103 我々は生命を創れるのか　藤崎慎吾
2106 うんち学入門　増田隆一
2108 DNA鑑定　梅津和夫
2109 免疫の守護者　制御性T細胞とはなにか　坂口志文／塚﨑朝子
2112 カラー図解　人体誕生　山科正平
2119 免疫力を強くする　宮坂昌之
2125 進化のからくり　千葉　聡
2136 生命はデジタルでできている　田口善弘
2146 ゲノム編集とはなにか　山本　卓
2154 細胞とはなんだろう　武村政春

ブルーバックス　生物学関係書（III）

ブルーバックス　医学・薬学・心理学関係書(I)

921	自分がわかる心理テスト	芦原 睦／桂 戴作＝監修
1021	人はなぜ笑うのか	志水 彰／角辻 豊／中村 真
1063	自分がわかる心理テストPART2	芦原 睦＝監修
1117	リハビリテーション	上田 敏
1176	考える血管	児玉龍彦／浜窪隆雄
1184	脳内不安物質	貝谷久宣
1223	姿勢のふしぎ	成瀬悟策
1258	男が知りたい女のからだ	河野美香
1315	記憶力を強くする	池谷裕二
1323	マンガ　心理学入門	N・C・ベンソン　清水佳苗／大前泰彦＝訳
1391	ミトコンドリア・ミステリー	林 純一
1418	「食べもの神話」の落とし穴	髙橋久仁子
1427	筋肉はふしぎ	杉 晴夫
1435	アミノ酸の科学	櫻庭雅文
1439	味のなんでも小事典	日本味と匂学会＝編
1472	DNA（上）	ジェームス・D・ワトソン／アンドリュー・ベリー　青木 薫＝訳
1473	DNA（下）	ジェームス・D・ワトソン／アンドリュー・ベリー　青木 薫＝訳
1500	脳から見たリハビリ治療	久保田競／宮井一郎＝編著
1504	プリオン説はほんとうか？	福岡伸一
1531	皮膚感覚の不思議	山口 創
1551	現代免疫物語	岸本忠三／中嶋 彰
1626	進化から見た病気	栃内 新
1633	新・現代免疫物語「抗体医薬」と「自然免疫」の驚異	岸本忠三／中嶋 彰
1647	インフルエンザ　パンデミック	河岡義裕／堀本研子
1662	老化はなぜ進むのか	近藤祥司
1695	ジムに通う前に読む本	桜井静香
1701	光と色彩の科学	齋藤勝裕
1724	ウソを見破る統計学	神永正博
1727	iPS細胞とはなにか	朝日新聞大阪本社科学医療グループ
1730	たんぱく質入門	武村政春
1732	人はなぜだまされるのか	石川幹人
1761	声のなんでも小事典	和田美代子　米山文明＝監修
1771	呼吸の極意	永田 晟
1789	食欲の科学	櫻井 武
1790	脳からみた認知症	伊古田俊夫
1792	二重らせん	ジェームス・D・ワトソン　江上不二夫／中村桂子＝訳
1800	ゲノムが語る生命像	本庶 佑
1801	新しいウイルス入門	武村政春
1807	ジムに通う人の栄養学	岡村浩嗣
1811	栄養学を拓いた巨人たち	杉 晴夫
1812	からだの中の外界　腸のふしぎ	上野川修一
1814	牛乳とタマゴの科学	酒井仙吉